中国特色学徒制试点　学徒岗位教材

U0965130

Web 前端开发学徒岗位手册

李　欣　张　吉　主编

中国农业大学出版社
·北京·

内容简介

本书紧密结合互联网行业发展对Web前端开发工程师岗位的技术和能力要求，以成熟网站为例，以师带徒，通过6个项目完成一个开发实际前端网站的过程。每个项目开始之前明确知识目标、技能目标和素质目标；同时明确项目目标与质量要求、学习产出目标。主要内容涵盖前端技术概述、HTML语言基础、CSS层叠样式表基础和进阶、JavaScript语言基础、jQuery、Ajax等。每个项目都配套有工作任务实施记录与评价，方便师生使用。

本书适合于高等职业院校软件技术等计算机相关专业的学徒制学生使用，也可以作为Web前端爱好者的参考用书。

图书在版编目(CIP)数据

Web前端开发学徒岗位手册 / 李欣，张吉主编．--北京：中国农业大学出版社，2024.9

ISBN 978-7-5655-3102-6

Ⅰ.①W… Ⅱ.①李… ②张… Ⅲ.①网页制作工具－岗位培训－手册
Ⅳ.①TP393.092.2-62

中国国家版本馆CIP数据核字(2023)第210405号

书　　名 Web前端开发学徒岗位手册
Web Qianduan Kaifa Xuetu Gangwei Shouce

作　　者 李　欣　张　吉　主编

策划编辑 康昊婷　　**责任编辑** 康昊婷
封面设计 李尘工作室
出版发行 中国农业大学出版社
社　　址 北京市海淀区圆明园西路2号　　**邮政编码** 100193
电　　话 发行部 010-62733489，1190　　读者服务部 010-62732336
编辑部 010-62732617，2618　　出　版　部 010-62733440
网　　址 http://www.caupress.cn　　**E-mail** cbsszs@cau.edu.cn
经　　销 新华书店
印　　刷 河北朗祥印刷有限公司
版　　次 2024年9月第1版　2024年9月第1次印刷
规　　格 185 mm×260 mm　16开本　19印张　473千字
定　　价 59.00元

编 审 人 员

主　编　李　欣（新疆农业职业技术学院）

　　　　张　吉（达内时代科技集团有限公司）

副主编　沈旭升（北京华晟经世信息技术股份有限公司）

　　　　张　媛（新疆农业职业技术学院）

参　编　豆腾飞（北京华晟经世信息技术股份有限公司）

　　　　李桂珍（新疆农业职业技术学院）

　　　　刘素霞（新疆农业职业技术学院）

　　　　崔道江（新疆轻工职业技术学院）

审　稿　卢国强（新疆农业职业技术学院）

前　言

党的二十大报告指出，教育、科技、人才是全面建设社会主义现代化国家的基础性、战略性支撑。“加快发展数字经济，促进数字经济和实体经济深度融合”。Web 前端开发课程是计算机类专业的专业基础课程，Web 前端开发技术已经成为网站开发、App 开发及智能终端设备界面开发的主要技术。工业和信息化部教育与考试中心依据教育部《职业技能等级标准开发指南》中的相关要求，制定了《Web 前端开发职业技能等级标准》。编者结合自己多年从事企业及教学工作和 Web 应用开发的实践经验，结合职业教育学徒制工作精心编写了本书。本书主要有以下特色：

1. 学徒特色内容。本书依据新疆农业职业技术学院《软件技术专业学徒制人才培养方案》，结合部分“双高”院校的《Web 前端技术课程教学标准》，并依据 1＋X 证书《Web 前端开发职业技能等级标准（初级）》编写。全书以师傅带徒弟的学徒模式讲解 Web 前端必备知识及相关应用。

2. 校企结合共同编写本书。本书围绕 Web 标准的三大关键技术——HTML5、CSS3 和 JavaScript/jQuery，由教学一线的高校教师会同企业专家共同策划和编写。

3. 项目化案例式教学。本书以项目化的结构组织编写，选取 Web 开发设计的典型应用作为教学项目，以网站创建和网页设计为中心，以实例为引导，把知识介绍与实例设计、制作、分析融于一体。全书以一个完整的购物网站为例，将相关知识点融入该网站的具体制作环节中，案例具有代表性和趣味性，同学们在完成项目的同时掌握前端语法以及技术的应用。

4. 注重能力培养。本书编者长期从事网页设计、Web 前端开发等课程的教学工作，还参与了多个网站项目的开发工作，从中总结和积累的丰富的教学和实战经验在书中也有所体现。因此本书不仅是单纯介绍 Web 前端开发技术的教材，而且是一本凝聚了大量实战经验的、以提高动手能力为目标、师徒方便使用的教材。

5. 本书适合作为高等职业院校 Web 前端开发技术、网页设计与制作课程学徒制的教材，也可作为 Web 前端开发职业技能等级标准(初级)考试的参考用书。

本书具体的编写分工为:李欣编写第一部分、第二部分、第三部分项目 1 和项目 2 及附件,张吉编写第三部分的项目三、项目四,沈旭升、张媛编写第三部分项目五,刘素霞、李桂珍、豆腾飞、崔道江编写第三部分项目六。

由于编者水平有限,书中疏漏和不足之处难免,敬请读者批评指正。

编　者
2024 年 1 月

目　录

The first part

The first part

第一部分

步入企业

The first part

The first part

入职培训专题1

我国IT产业发展机遇与挑战

坚持创新，驱动发展是企业在困难环境中生存并走向成功与持续发展的关键要素，只要坚定信念、团结进取、居安思危、创新开拓、求真务实，就一定能在未来发展中开创IT领域的全新局面。

改革开放使中国发生了历史性的巨大变化，在这几十年中飞速发展的计算机和通信技术彻底改变了世界，也改变了中国。科技创新、IT创新仍然是中华民族面临的历史机遇和重大挑战。面对新的IT产业的竞争和挑战，着力发展高新科技产业、加快发展服务产业，特别是现代服务业，是中国IT产业发展的大趋势，也是中国式现代化对IT科技创新与产业发展提出的新要求。

针对当前国际和国内经济社会发展的复杂形势，IT人必须注重以下几点：第一，凝聚共识、开放合作。公平、开放的多方沟通、合作机制有利于在新形势下，产业结构、区域贸易调整的稳定与增长，符合各方利益。第二，积极变革、自主创新。始终坚持自主创新的战略思想，改革创新，与时俱进，不断创新科技管理体制和企业经营模式，将面向国家战略需求和面向世界产业科技前沿紧密结合，将满足人民物质生活需要与实现企业价值紧密结合，不断提出创新目标，提升企业自主创新能力。第三，以人为本、激发潜力。始终坚持以人为本，在新形势下，以正确的价值观引导人，以良好的创新环境吸引人，以合理的待遇激励人，充分发挥企业创新队伍的主动性、积极性和创造性。第四，因地制宜、科学发展。始终坚持立足中国国情，不断前瞻，适时实施一系列以科学发展观统领的IT产业、IT企业发展新战略。

当前，IT市场呈现出崭新的发展态势，国家从战略层面出发，倡导信息化和工业化深度融合，推行了一系列普惠政策，鼓励企业创新升级。伴随着云计算、大数据、智能制造、物联网等新兴技术的快速发展，传统的IT应用水平乃至用户投资方向都在发生着变革。这些都要求中国IT方案商认真思考如何通过转型升级，进行商业模式的创新和自身价值的再造，以应对日益变化的客户需求和日新月异的信息技术发展。推进制造业与互联网融合创新，要在七个方面做好战略部署：第一，打造制造企业互联网双创平台；第二，推动互联网企业构建制造业双创服务体系；第三，支持制造企业与互联网企业跨界融合；第四，培育制造业与互联网整合新模式；第五，强化和发展基础支撑；第六，提升融合发展系统解决方案能力；第七，提高工业信息系统安全水平。

入职培训专题 2
Web前端开发与个人职业生涯发展

Web 前端开发工程师的工作与网站前台、后台系统的页面相关，使用到的主要技术包括：HTML、CSS、JavaScript、Ajax 等。现代 Web 前端开发已经不能像传统那样，Web 开发不只是简单的描述成切图、CSS、JS 了。在新的 HTML5 规范中，加入很多新的特性，这样就对 Web 前端工程师有了更高的要求，比如数据库操作，使用 CANCVS、CSS3 绘图。切图这个概念已经是过去时了，早期由于技术匮乏，所以要将设计图切成一块一块的，并拼接成网页。现在则能使用 HTML5 组织页面，使用 CSS3 绘图，很多元素已经不需要再使用图片还原设计，这是一个很大的进步。Java 也在向更强大的编程语言发展，新的 ECMA6 标准也在制定中。最重要的一点，Web 前端技术的生态环境也在同时发展，Chrome OS、Firefox OS 都是未来能直接使用原生前端技术开发程序的系统。包括现在很多浏览器的插件，也是直接使用前端技术开发。NodeJS 也是未来的一个热门方向，它让前端技术可以做后台开发。

Web 前端的职业规划：

一、职业方向定位

首先，只有确定好自己的职业方向，才能做好职业规划。做 Web 前端技术能够找到的职业方向有以下几种：

1. 资深 Web 前端工程师

这个方向是 Web 前端最基本的选择，倡导把自己的专业做到极致，能一辈子就在一个专业领域不断学习和积累。而在业内，Web 前端技术人员业务能力的提升通常会因为 Web 前端知识的更新速度太快而变得辛苦，最终转向后台或其他道路。

2. 资深 Web 架构师

这个方向，既兼顾了工作的单纯性，又能够减少实际 Coding 的工作量，从而能腾出更多时间钻研技术。在国内，Web 前端工程师遇到较多的情况是：总是反复编写着同样的代码，总是面对着同样的技术和产品，容易感觉枯燥。作为一名架构师不得不学习后端技术、DBA、Platform 等内容，而这种学习通常需要实际操刀做项目，而不是自己在家里写两个 Demo 就可以，这就势必会遭遇一段时间的阵痛期。虽然不是很顺利，但是，对于一个大局观好、悟性好、知识面广的前端工程师，架构师之路也比较合适。

3. 自己创业

自己创业是一种方式，但也是充满风险的道路，挑战和机遇并存。作为一个前端技术人员，需要将自己的视野更多放在行业的动态、产业链的动态、相关产品领域的动态，关注细节，同时增强把控一个产品乃至一个公司命运的能力。

二、职业发展目标

职业发展需要有一个最终的目标，在这个目标之上，我们需要给自己制订一系列学习和成长计划，制订的方法如下：

1. 梳理知识架构

哪些技术是前置、哪些技术是后继，哪些技术是深度、哪些技术是广度，按照这两个维度梳理好知识架构之后，我们才能准确地制订清晰的成长目标和高效的成长计划。

2. 分解目标

大抵可分解为三个阶段，包括起步阶段、提升阶段、成型阶段。这三个阶段分别对应着不同的目标。

(1)起步阶段

①基本知识的掌握。在梳理的知识架构中，以分析的两个维度里最前置的、最浅显的部分，作为打基础的阶段，必须要在这个过程中将更多精力投入实践中去，通常做得多了、熟练了，就认为这部分知识和内容被掌握了。

②常用工具的掌握。应该掌握一些有大公司或专业团队背景的流行工具，这些工具的熟练掌握能够提升专业度、职业度，同时能提升工作效率。只有在检验自己对于知识和技能熟练程度的时候，才会“自虐式”的用 Notepad 去编写页面、CSS 和脚本等内容。

③沟通技巧的掌握。通常做技术的人会被定位为“不善沟通”的人，这是为什么呢？究其原因，主要是因为多跟程序和代码打交道，跟人的沟通较少。这时要特别注意增加与人沟通的机会，着重提升这方面的能力。另外，技术人员经常被认为是“不懂沟通技巧”的人。技术人员通常都是自己制订方案、自己执行方案，在执行过程中又缺乏相关产品、交互设计等人员的沟通，大多是在自己的思路贯彻下进行开发，久而久之，习惯于信任自己的观点，站在自己的视角看问题，对于挑战总是百般地“据理”力争。因此需要更多提升的是，如何站在对方的视角看问题、如何站在用户的视角看问题。

④良好的开发习惯。开发习惯是不断养成的，一旦有不好的习惯，将来去修正会困难重重。因此培养良好开发习惯一定要从起步时做起。例如：写代码之前先分析、写文档、写注释。定义变量见名知意，最好能用直接可理解的语义。如果是英文，不使用生僻单词，否则将来自己忘了还要找翻译工具。同样，文件最好用有意义的文件夹来命名管理，文件名最好有意义，需要版本号的最好能和项目版本号一同更新等。

(2)提升阶段

①高级技术的掌握。在提升阶段对于知识和技能掌握，需要从梳理好的知识架构中选择更深一层次的技术进行学习，选择之前，先通过类比或预估的方法，衡量自身学习的难点，以学习难点和自己最不感兴趣的部分为主。这样做的原因是：这个阶段我们兴趣正浓，已经度过了苦涩的起步阶段，到达了兴奋的提升阶段，我们要用兴趣和兴奋去挑战最困难的部分，在信心

受挫和兴趣浓厚之中找到平衡。同时，辅以其他的深层次知识一起学习和研究。

②产品思想的学习。没有正确的产品思想，很难设计出良好的程序。无论是从界面、交互，还是接口、逻辑，不能够理解产品、理解用户需求，都会给自己造成很大的麻烦。例如：我们千辛万苦用最新技术、最复杂的方式做出的功能，却得不到使用者或领导、同事的认可。为了使我们的工作和学习更加有效率、避免无用功，我们需要不断地学习产品的思路，只有理解了产品的思路，才知道用技术去输出什么。

③各种框架的学习。框架是提高工作效率的优秀手段，对于框架的学习是成长的必经之路。学习框架的路线通常应该是：使用→分析→个性化定制→模仿编写自己的框架。只有大量的使用，才能明白设计框架者在设计背后的思路，只有了解了设计的思路，才能做正确全面地分析，只有正确全面地分析才能支撑我们去对其裁剪或扩展，只有经过实际分析、修改别人的框架，才有可能写出优秀的、自己的框架。通常学习路线是：学习、理解、模仿、创造。

④富客户端应用的学习。随着带宽和计算机性能的提升，富客户端应用盛行，如果不懂富客户端应用，就不能被认为是一个合格的前端技术人员。可以按照：Flash 动画→Flash 编程→Flex→Air→Silverlight 动画→Silverlight 编程的步骤学习，先学 Flash 后学 Silverlight 的原因是：一来 Silverlight 还不太成熟，二来实际 Silverlight 借鉴了很多 Flash 的思想，在学习的时候不要本末倒置。

⑤各种网络协议的学习。Web 前端技术就是云上的技术，云的协议有 N 种，我们应该着重学习：TCP/IP、UDP、HTTP、POP3、SMTP 这几种协议，在开发 Web 前端应用过程中，这些协议是技术的载体，有时候决定了应用能否实现、有时候决定了应用是否高性能，同时，这些协议还是和后端技术交互的重要手段，这些协议就像是密码字典，帮助我们把后端传输过来的密文解释成前端技术能够理解的明文。

⑥程序设计。这个阶段需要学习面向对象、UML、设计模式、设计方法等，我们要让技术开发工作变的目的性、有计划性，并且这些目的和计划必须有理论的支持。我们设计出来的程序才能够更优秀、我们的开发才更有效率；这样我们的技术才能有所提升。即使我们不用 Flash 的 ActionScript 编写程序的前端逻辑，至少要把 JavaScript 函数、包的定义规划起来，避免将来自己或他人维护代码的时候出现问题。

(3)成型阶段

如果能达到这个阶段，就证明后续的成长之路是异彩纷呈的，是成为一个资深 Web 前端工程师，还是成为一个资深 Web 架构师，抑或其他，都要具体分析自身的特点和兴趣所在。如果是资深的前端工程师，更重要的是去做新技术的研究。互联网技术发展速度日新月异，只有不断学习新技术，才不会被淘汰。此外，建议在知识的广度、深度方面最好能挑选一个自己最擅长和最感兴趣的一两个领域深入钻研，不要挑太多，多而不精。

第二部分

认识岗位

The second part
The second part
The second part
The second part

入职培训专题3

认识学徒业务岗位

Web 前端开发工程师是一个新兴职业，在国内乃至国际上真正开始受到重视的时间不超过 10 年。

回顾互联网的发展，2000 年互联网泡沫是互联网发展史上不得不说的故事，那时候，新浪、网易、搜狐门户网站占据了国内互联网的舞台，我们称之为 Web1.0 时代，网站提供内容，用户上网冲浪浏览内容。企业开始意识到互联网的机遇，开始建设企业网站，用于宣传公司产品和优势。

到 Web2.0 时代，以社交网络、视频为代表的互联网应用突飞猛进，更加注重用户交互，网站不仅仅是静态资源展现，而是可以和用户交流、互动的平台，国外有 Facebook、YouTube，国内有优酷、豆瓣、QQ 空间一批优秀的 Web2.0 的网站。互联网开发开始分为前端开发、后台开发，Web 前端工程师在 Web2.0 的时候开始得到重视，人们开始关注 Web 前端界面美观和用户体验了。

新技术的发展，特别是云计算，基本改变了软件交付的方式，一切都在互联网上运行，人们可以通过浏览器获取各种应用服务。传统软件都在向互联网、移动互联网迁移，Web 前端开发工程师的时代来了。Web 前端开发的门槛看似很低，其实学习起来通常由简入深，而行业需求旺盛、薪资待遇不错，对于从事 IT 工作的人来说，前端开发是个不错的切入点。

Web 前端开发技术包括三个要素：HTML、CSS 和 JavaScript。Web 前端开发工程师既要与上游的交互设计师、视觉设计师和产品经理沟通，又要与下游的服务器端工程师沟通，需要掌握的技能非常多。Web 前端技术所能做的事情也越来越多，有很多开源的前端框架可以使用，像 bootstrap、jQuery、node.js，看到这些优秀的框架就能感觉到 Web 前端开发也是一门非常专业和深入的技术。

Web 前端开发通过 HTML、CSS、JavaScript 以及衍生出来的各种技术、框架、解决方案，来实现互联网产品的用户界面设计交互。

Web 前端开发是从网页制作演变而来的，名称上有很明显的时代特征。在互联网的演化进程中，网页制作是 Web1.0 时代的产物，那时网站的主要内容都是静态的，用户使用网站的行为也以浏览为主。从 2005 年开始，互联网进入 Web2.0 时代，各种类似桌面软件的 Web 应用大量涌现,网站的前端由此发生了巨大的变化。网页不再只是承载文字和图片,各种媒体形式让网页的内容更加生动,网页上软件化的交互形式为用户提供了更好的使用体验,这些都是基于前端技术实现的。随着 Web2.0 概念的普及和 W3C 组织的推广,网站重构的影响力正以惊人的速度增长。

Web 前端工程师岗位主要内容为:

(1)掌握 Web 前端开发基础知识;

(2)具备静态网页设计、开发、调试、维护等能力;

(3)能从事 Web 前端软件编码、软件测试、软件技术服务等工作。

一、移动电商概述

移动电子商务是通过智能手机、PDA(掌上电脑)等移动通信设备与互联网有机结合进行的电子商务活动。凭借手持移动终端,借助于无线通信的普及和技术进步,使得移动电子商务在获取营销和销售信息、接受订货信息、做出购买决策、支付款项上,真正实现了使任何人(Anybody)可以在任何时间(Anytime)、任何地点(Anywhere)进行电子商务活动。

随着通信技术、信息技术的快速发展以及各种高性能移动智能终端的出现,移动电子商务必将成为电子商务发展的趋势。用户在哪里,市场就在哪里,商家也深谙这个道理,转战移动电子商务,使移动电商系统不可或缺。

这里的移动电商系统可以理解为移动电商平台,是为企业及消费者提供的在 PC 端和移动终端上进行电子商务活动的平台。常见的移动电商系统有淘宝、天猫、京东、当当等。

以淘宝平台商品详情页为例,在 PC 端、移动端商品详情页展现的商品信息及效果基本一致,除此之外,消费者信息、订单信息、商品信息等都保持高度的一致性,也就是说淘宝平台是一个跨平台的移动电商系统。

二、移动电商分类

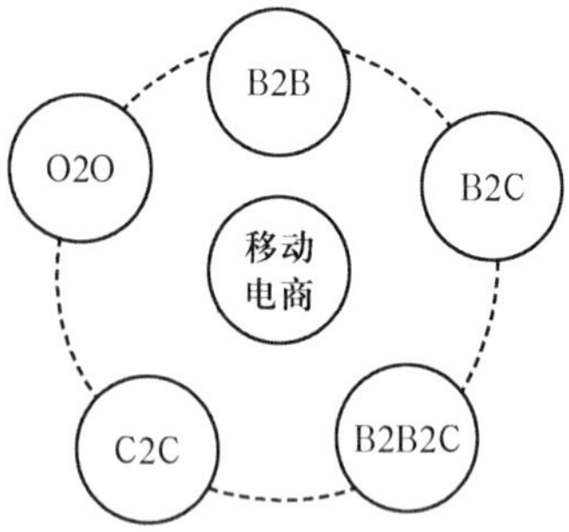

图 2-1 移动电商系统按照商业模式分类

移动电商系统按照商业模式可分为 B2B、B2C、B2B2C、C2C、O2O 等(图 2-1)。

B2B:Business to Business,是指商家与商家之间通过专用网络或 Internet,进行数据信息的交换、传递,开展交易活动的商业模式。常见的 B2B 平台如阿里巴巴。

B2C:Business to Customer,是指商家与客户建立的商业关系,也就是通常说的直接面向消费者销售产品和服务的商业零售模式。这种形式的电子商务一般以网络零售业为主,主要借助于互联网开展在线销售活动。B2C 即企业通过互联网为消费者提供一个新型的购物环境——网上商店,消费者通过网络在网上购物、网上支付等消费行为。如早期的京东、当当、卓越就是典型的 B2C 商业模式。

B2B2C:Business to Business to Customer,是 B2B 和 B2C 两种商业模式的结合,第一个“B”并不仅仅局限于品牌供应商、影视制作公司和图书出版商,任何的商品供应商或服务供应商都可以成为第一个 Business,第二个“B”指的是从事电子商务的企业,通过统一的经营管理对商品和服务、消费者终端同时进行整合，是广大供应商和消费者之间的桥梁，为供应商和消费者提供优质的服务，是互联网电子商务服务供应商。"C"表示消费者，在第二个"B"构建的统一电子商务平台购物的消费者。如我们可以作为买家在天猫商城上买东西，也可以作为卖家在天猫商城上卖东西。天猫、京东都是 B2B2C 商业模式。

C2C：Customer to Customer，是指个人与个人之间的电子商务行为。如淘宝、易趣都是典型的 C2C 商业模式。

O2O：Online To Offline，是指将线下的商务机会与互联网结合，让互联网成为线下交易的前台。在 O2O 平台商业模式中，整个消费 O2O 消费过程由线上和线下两部分构成。线上平台为消费者提供消费指南、优惠信息、便利服务（预订、在线支付、地图等）和分享平台，而线下商户则专注于提供服务。如大众点评、饿了么等平台。

下面以开发一个 B2C 模式的移动电商系统为例，分析如何针对 B2C 商业模式挖掘用户的需求，开发出用户认可、市场满意的移动电商系统。

"临渊羡鱼，不如退而结网"，如何挖掘用户需求呢？可以先问自己及项目组如下三个问题：

(1)是什么项目？

(2)主要用户有哪些？

(3)针对不同的用户群分析用户使用这个系统做什么。

回答"是什么项目"就可以明确"项目名称"。

解决"主要用户有哪些？"就可以明确项目的"使用人群"。

分析"针对不同的用户群分析用户使用这个系统做什么？"就可以概括到"需求"。

根据"项目名称""使用人群""需求"三者的交集我们就可以确定项目的主要功能(图 2-2)。

先回答前面问题：

其一，项目是什么？

是 B2C 模式的移动电商系统。

其二，项目的主要用户有哪些？

使用人群：消费者和管理员。

其三，针对不同的用户群分析用户使用这个系统做什么。

B2C 模式的移动电商系统，使用人群主要是分为两类，消费者和管理员。

接下来回答第 3 个问题"针对不同的用户群分析用户使用这个系统做什么？"，我们可以用头脑风暴的方式分析。

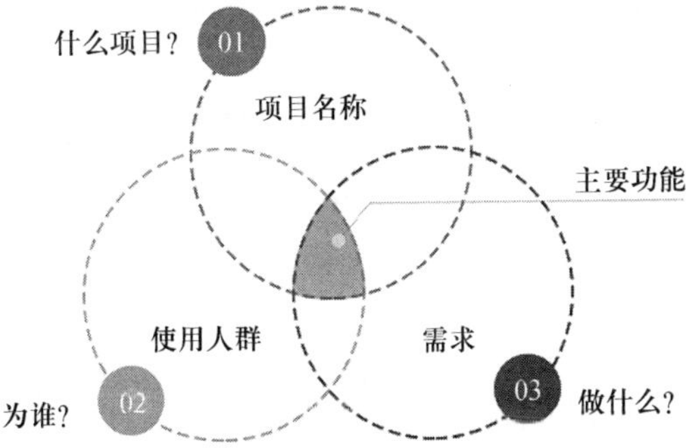

图 2-2　三维度思考项目

B2C 模式的移动电商系统，使用人群主要是分为两类，消费者和管理员。

从消费者的角度分析，消费者进入系统之后，做些什么呢？如"搜索自己需要的商品""浏览商品""选择商品""下订单""支付""修改密码"等，我们采用头脑风暴的方式把需求的关键字穷举出来。

从管理员的角度分析，管理员是商家的管理员，进入系统之后，他可能要做些什么呢？"商品上传""商品上线下线""订单管理""物流""库存管理""确定订单"等，我们同样穷举出来。

总而言之，针对消费者，核心功能就是"商品、订单、会员、支付"；针对管理员，系统提供的核心功能就是“商品管理、订单管理、管理员管理”(图 2-3)。

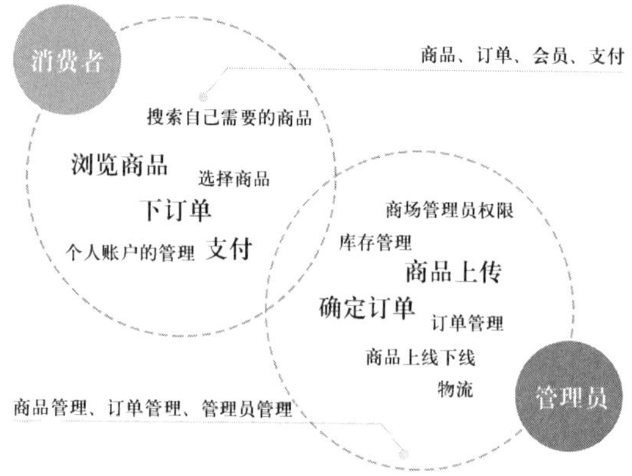

图 2-3　头脑风暴分析法分析需求

进一步细化功能模块，如图 2-4 所示。至此，B2C 模式的移动电商系统主要功能分析就有了结果。

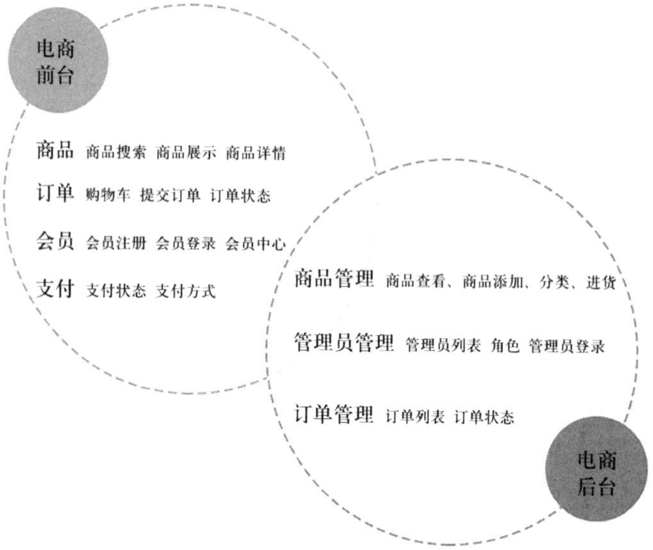

图 2-4　B2C 模式的移动电商系统前台后台功能分析

三、CSS 基础

CSS 全称为层叠样式表(Cascading Style Sheets)，它主要是用于定义 HTML 内容在浏览器内的显示样式，如文字大小、颜色、字体、加粗等。

CSS 代码通常存放在<style></style>标签内。

CSS 样式由选择符和声明组成，而声明又由属性和值组成。

选择符：又称选择器，指明网页中要应用样式规则的元素。选择符{属性：值}，例：p{color：red；}。

声明:在英文大括号"{}"中的就是声明,属性和值之间用英文冒号":"分隔。当有多条声明时,中间用英文分号";"分隔。

1. CSS 的语法规则

CSS 的语法规则由两个主要的部分构成:选择器(Selector),以及一条或多条声明(Declaration)(图 2-5)。

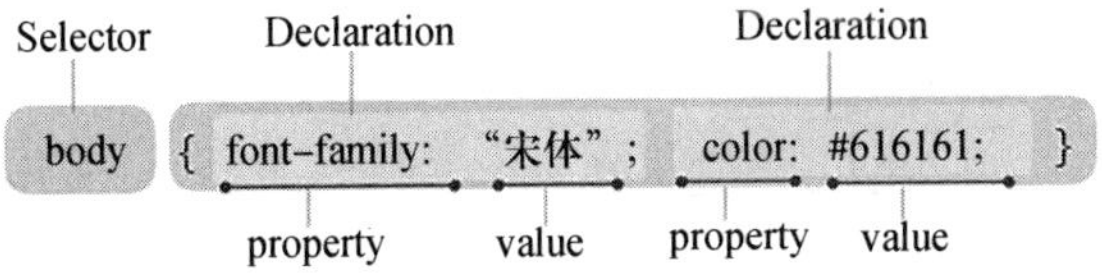

图 2-5 CSS 的语法规则

CSS 通过选择器(Selector)将规则与相应的 HTML 元素相关联。

如图 2-5 所示,选择器 Selector 为 body 元素,表明该 CSS 规则是为 body 元素定义的,页面 body 元素应该遵循这条 CSS 规则显示样式。

CSS 声明(Declaration)描述选择器所指向的 HTML 元素的样式及布局。

它位于一对大括号中,每条声明由属性(property)及属性值(value)组成,中间由冒号隔开。一条 CSS 规则可以拥有多个声明,声明之间用分号隔开。一些特殊的 CSS 声明可能包含多个属性值,此时,属性值之间需要用空格隔开。

2. CSS 注释

与 HTML 注释类似,CSS 注释的作用是为 CSS 代码提供人们可以理解的解释,内容也不会被浏览器解析。CSS 注释以 "/ * " 开始,以 " * /" 结束。

四、JS 基础

(1)JavaScript 的发展史。

①1992 年前后,Nombas 公司发明了一种嵌入式脚本语言(C——)。

②1995 年,JavaScript 诞生。由 Netscape(网景)的 Brendan Eich 开发。

③JavaScript 又称为 JScript。JScript 是由微软(IE)开发的。

④1997 年,由 ECMA(欧洲计算机制造商协会)定义了名为 ECMAScript 的全新脚本语言(规范)。

(2)JavaScript 是一种专门为与网页交互而设计的脚本语言。

(3)JavaScript 的解释器被称为 JavaScript 引擎,为浏览器的一部分,广泛用于客户端的脚本语言。

(4)JavaScript 由三部分组成。

①ECMAScript 由 ECMA-262 定义,提供核心语言功能。

②DOM (document object model)文档对象模型,提供访问和操作网页内容的方法和接口。

③BOM (browser object model)浏览器对象模型,提供与浏览器交互的方法和接口。

(5)JavaScript 能做什么。

①JavaScript 可以将动态的文本放入 HTML 页面。

②JavaScript 可以读写 HTML 元素。

③JavaScript 可以被用来验证数据。

④JavaScript 可以对事件做出响应。

(6)把 JavaScript 插入 HTML 页面中要使用<script>元素。JavaScript 可以嵌入 HTML 页面中,也可以引用外部的 JavaScript 文件(设置 src 属性)。

```
<script type="text/javascrip" src="jq. js"></script>
```

(7)延迟脚本用 defer 属性。

```
<script type="text/javascript" src="" defer="defer"> </script>
```

(8)异步脚本用 async 属性。

```
<script type="text/javascript" src="" async="async"> </script>
```

只对外部文件生效,对内嵌不生效。

(9)alert()系统弹出框,阻断程序运行。

(10)console. log() 控制台输出,用于调试程序及报错信息的收集。

(11)document. write() 打印到页面,如果在文档已完成加载后执行 document. write,整个 HTML 页面将被覆盖。

五、jQuery 基础

jQuery 是一个 JavaScript 框架,可以简化 JS 的开发。jQuery 库可以通过一行简单的标记被添加到网页中。

(1)什么是 jQuery?

jQuery 是继 prototype 之后又一个优秀的轻量级 JavaScript 框架。其宗旨是——“Write Less, Do More”,即写更少的代码,做更多的事情。

它是一个快速和简洁的 JavaScript 库,可以简化 HTML 文档元素的遍历、事件处理、动画和 Ajax 交互以实现快速 Web 开发,它被设计用来改变编写 JavaScript 脚本的方式。

(2)jQuery 可以做哪些工作?

jQuery 库为 Web 脚本编程提供了通用(跨浏览器)的抽象层,使得它几乎适用于任何脚本编程的情形。jQuery 通常能为我们提供以下功能:

①方便快捷获取 DOM 元素。

如果使用纯 JavaScript 的方式来遍历 DOM 以及查找 DOM 的某个部分,需要编写很多冗余的代码,而使用 jQuery 只需要一行代码就足够了。

②动态修改 CSS 样式。

使用 jQuery 可以动态的修改页面的 CSS,即使在页面呈现以后 jQuery 仍然能够改变文档中某个部分的类或者个别的样式属性。

③动态改变 DOM 内容。

使用 jQuery 可以很容易地对页面 DOM 进行修改。

④响应用户的交互操作。

jQuery 提供了截获形形色色的页面事件(比如用户单击某个链接)的适当方式,而不需要使用事件处理程序拆散 HTML 代码。此外,它的事件处理 API 也消除了经常困扰 Web 开发人员浏览器的不一致性。

⑤为页面添加动态效果。

jQuery 中内置的一批淡入、淡出、擦除等动态效果。

⑥jQuery Ajax 操作。

jQuery 统一了多种浏览器的 Ajax 操作。

(3)jQuery 的语法规则(图 2-6)。

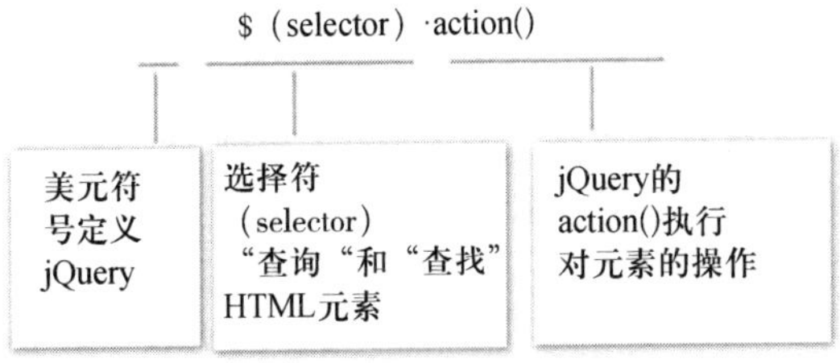

图 2-6　jQuery 的语法规则

通过选择器选取 HTML 元素,并对选取的一个或者多个元素执行某些操作。例如:

```
$ ("li").hide();/*选取所有的 li 元素,并执行 hide()函数进行隐藏*/
$ (".test").hide();/*选取所有 class="test" 的元素,并执行 hide()函数进行隐藏*/
$ ("#test").hide();/*选取 id="test" 的元素,并执行 hide()函数进行隐藏*/
```

六、Ajax 基础

Ajax = Asynchronous JavaScript and XML(异步的 JavaScript 和 XML)。

Ajax 不是新的编程语言,而是一种使用现有标准的新方法。在不重新加载整个页面的情况下,Ajax 是与服务器交换数据并更新部分网页的艺术。在本任务中,我们一起深入探讨 Ajax。

具体地说,Ajax 是指一种创建交互式网页应用的网页开发技术。当页面采用 Ajax 进行异步请求时,浏览器会向服务器端请求数据,获取到数据之后,再更新原页面中的某一部分内容从而实现异步更新。

七、业务流程

业务流程就是不同角色的人为了完成某个目标而进行的一系列活动。

根据之前分析,B2C 模式的移动电商系统业务流程通常包括相互联系、相互支持的电商前台和电商后台系统,它们相辅相成,共同构成了 B2C 模式的移动电商系统的有机整体。

其中前台消费者网上购物流程及后台管理员订单处理流程构成一个完整的业务流程闭环。

1. 前台消费者网上购物流程

B2C 模式的移动电商系统前台页面是直接面向消费者的,虚拟购物车重塑消费者在商场购物的场景。消费者进入前台页面之后,需要注册、登录,并根据自己的喜好挑选商品,加入购物车,下订单,选择付款方式并付款,这时商家接到订单之后会送货,消费者收到货物之后确认收货,整个购物流程结束。

2. 后台管理员订单处理流程

B2C 模式的移动电商系统后台是面向商家管理员的,是为消费者购物提供支持和服务的平台。其中管理员订单处理流程尤为重要,管理员接到消费者订单之后,要进行订单受理,按照订单上的商品去查询商品库存,商品有货则出库并发货,待消费者收到货物之后进行结算。假如商品无货则立即采购入库,再走发货流程。

八、前辈们对 Web 项目开发模式的探索

1. 前端开发模式演变过程

前端开发模式的演变过程也是 Web 项目开发模式的发展过程。

早期的 Web 开发,前后端并未实现分离,前端工程师的主要工作是完成 HTML 静态页面,然后交给 JSP、PHP 等后端工程师去实现页面动态化。这样的开发模式,适合业务逻辑简单的小型 Web 项目的开发(图 2-7)。

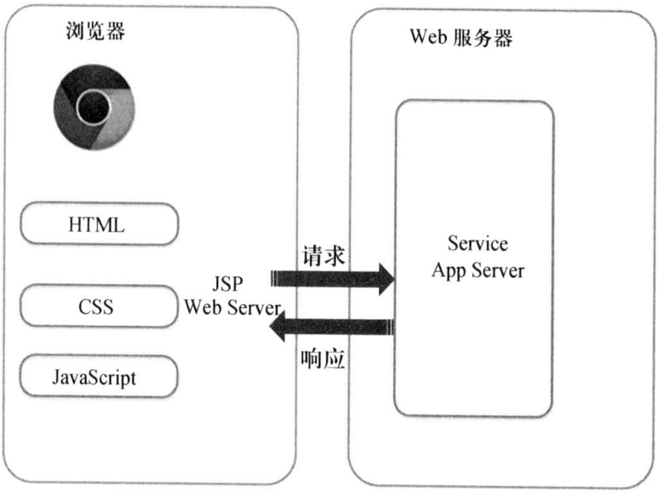

图 2-7 早期的 Web 开发模式

然而随着 Web 项目的业务逻辑越来越复杂,参与项目开发的工作人员增加到几十个乃至更多时,这个模式显然不能满足要求。为了降低开发复杂度,增强代码的可维护性,以后端为出发点,有了 Web Server 层的架构升级,比如 Structs、Spring MVC 等,这是后端的 MVC 时代。这种开发模式下前端写好 demo,让后端工程师去套模板(Velocity、Freemaker 等模板技术)(图 2-8)。

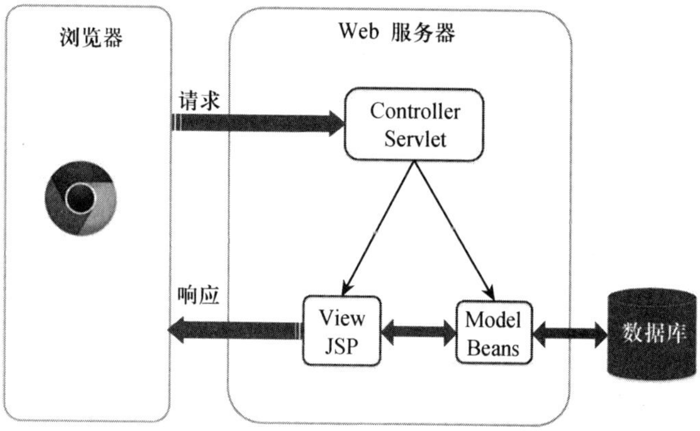

图 2-8 后端的 MVC 开发模式

什么是 MVC 开发模式呢?

MVC 是模型(Model)-视图(View)-控制器(Controller)的缩写,是一种软件设计模式,目的是将 M(业务逻辑)和 V(显示)分离,其最大优点是耦合性低和可维护性高。

Model:即模型,用来包装和应用程序的业务逻辑相关的数据或者对数据进行处理,模型可以直接访问数据。

View:即视图,负责显示界面和用户交互。在视图中一般没有程序上的逻辑,为了实现视图上的最新功能,视图需要访问它监听的数据模型。

Controller:即控制器,负责调控模型和视图的联系,它的作用是控制应用程序的流程,处理事件并作出响应。注意:事件不仅仅包括用户的行为还有数据模型的变化。

如图 2-9 所示,控制器通过捕获用户请求事件,通知模型层做出相应的更新处理,同时将模型层的更新和改变通知给视图,视图即做出相应的改变。

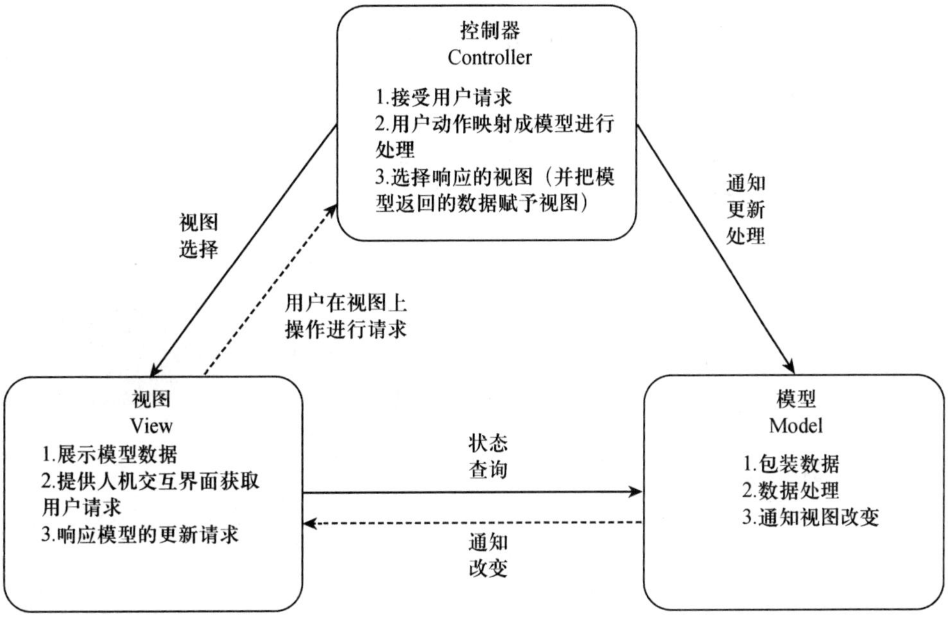

图 2-9　MVC 模式示意图

Ajax 的出现,让前端开发有了一次质的飞跃,掀起了单页面应用 SPA(Single Page Application)时代。这种模式下,前后端的分工非常清晰,通过 Ajax 接口进行数据的交互(图 2-10)。

同时在客户端 Web 开发领域,MVC 模式也逐渐被认可和普及起来,如图 2-11 所示。这一时期,为了降低前端开发复杂度,大量框架涌现,诸如 BackboneJS、EmberJS、KnockoutJS、AngularJS、ReactJS 等。

2. 前端技术方案

一个网页页面可以划分为结构、表现及行为三部分内容,将它们分离开来进行代码组织,有利于代码的可维护性和重用性。那么结构、表现及行为分别指的是什么呢?

结构:即 Structure,负责页面的内容结构。

表现:即 Presentation,负责页面内容的展现样式。

行为:即 Behavior,负责页面的行为,使页面更富有交互性。

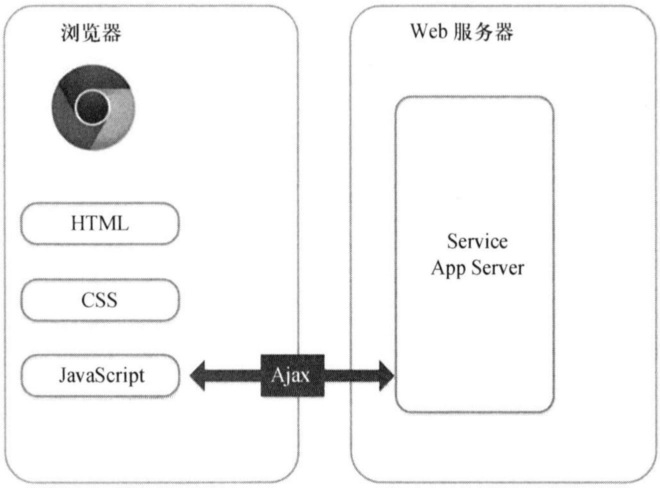

图 2-10　Ajax 时代

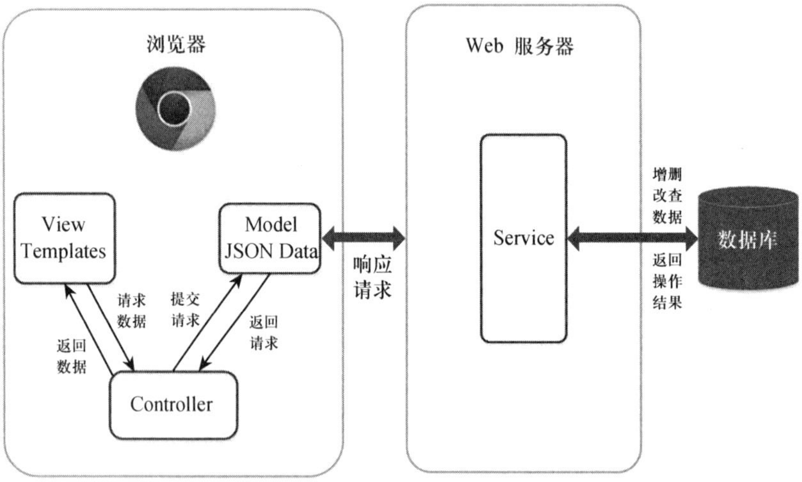

图 2-11　浏览器端的 MVC 分层架构

如果将一本书比喻为一个网站，那么每一页就是一个页面，而书中分章节、段落，就构成了这本书的“结构”。每个部分的内容如何排版，文字用什么字体、字号、颜色，图片和文字如何展现就是这本书的“表现”。而书中的互动提问、知识延展、拓展练习就是与读者之间交互的“行为”。

“结构”“表现”“行为”三者相辅相成，都是网页不可或缺的内容，它们分别由不同的技术来实现。“结构”由 HTML 实现，“表现”由 CSS 实现，“行为”则由 JavaScript 脚本语言实现。

为了提高工作效率以及代码的兼容性，我们常常会选择使用 JavaScript 库，原生的 JavaScript 需要几十行代码就能完成的交互效果，可能 JavaScript 库只需要几行就能完成。常见的 JavaScript 库有：jQuery、Prototype、Mootools、YUI、Dojo、ExtJS、Kissy。

随着移动端 Web 应用的崛起，也涌现出大量移动端开发框架，如 jQuery Mobile、Sencha Touch、Dojo Mobile、Kissy Mobile、Foundation。

入职培训专题4
岗位业务能力要求和培养目标

一、岗位业务能力要求

(1)自觉遵守中国软件行业基本公约。

(2)有良好的知识产权保护观念和意识,自觉抵制各种违反知识产权保护法规的行为。

(3)能自觉遵守企业规章制度与产品开发保密制度,遵守有关隐私信息的政策和规程,保护客户隐私。

(4)遵循从软件需求分析到软件验收完成整个软件生命周期的标准规范。

(5)执行和遵守软件开发所需的方法、时间进度、制度控制和相关软件开发事项。

(6)能够根据产品经理和主管的要求修改完善软件,提高代码质量。

(7)开发过程应遵循企业标准,应依据需求说明书客观地验证软件开发产品。

(8)依据文档编制规范,自觉学习,提高程序编写文档的规范性、准确性和易读性。

(9)学习标准和操作规范,提高对所使用的软件和相关文档的理解能力,以及对这些软件和文档将要应用的环境的理解能力。

二、岗位培养目标

(一)职业素质目标

(1)具备良好的职业道德和法律意识,能做到遵守法律法规,文明上网、守法上网,对待工作认真负责、积极进取、乐于奉献,自觉遵守中国软件行业基本公约。

(2)具备良好的语言、文字表达能力、阅读能力,能表达、理解项目要求。

(3)具备良好的团队合作能力和人际交往能力,与团队成员积极配合完成任务。

(4)具备良好的心理调适能力,能通过课堂、课下的各种教学活动提高排解压力、缓解焦虑的能力,并能自觉、能动、有选择地改造和利用环境。

(5)具备良好的学习与创新能力,能根据学习任务制定学习计划,通过自学提高学习效率、质量和学习能力。

(二)专业知识技能目标

(1)具备扎实的 HTML 与 CSS 开发基础。

(2)能够独立进行整体操作规划及规范编写。

(3)能负责完成任务,具有严格的时间观念以及时间管理意识。

(4)能够利用 HMTL5 开发工具进行页面规划、设计。

(5)能够利用 CSS3 制作相应的动画效果。

(6)能够综合利用所学知识进行各类网站的制作。

入职培训专题 5

制订学徒培养计划

一、学徒工作计划

在师傅的指导带领下，经过 3～4 个月的学习，掌握 Web 前端开发基础知识，静态网页设计、开发、调试、维护等内容。具体内容为：学习企业文化，学习基础及材料，学习安全知识与职业道德知识，学习静态网页设计、开发、调试、维护的方法。具体计划如下：

序号	工作计划内容	时间
1	熟悉企业文化、安全知识、职业道德等。	1 周
2	下载安装相关软件，准备软件、硬件环境及初步开发环境测试。使用 HTML 文档结构开发首页面。规范网站目录结构，包括标题、分隔线、段落、列表。制作图文并茂的页面、表格、表单、超链接。	2 周
3	熟悉 CSS 样式，CSS 样式表分类，选择器，美化页面的页脚；制作苏宁易购网站商品列表页（包括商品展示列表、商品排序模块、关键字搜索）。	1～2 周
4	熟悉 JS，创建 JS 脚本，制作下拉菜单；制作苏宁易购网站首页交互；制作频道模块选项卡动态效果；制作用户注册表单验证。	1～2 周
5	熟悉 jQuery；使用 jQuery 选择器，创建第一个 jQuery 页面；使用 jQuery 控制 CSS 样式；使用 jQuery 制作苏宁易购网站首页分类导航交互；制作商品详情页动效。	1～2 周
6	熟悉 Ajax，熟悉 JSON；能够增删改查管理数据（包括加载管理员列表、删除管理员、添加管理员、修改管理员）。	1～2 周
7	熟悉 Backbone，能够创建 Backbone 页面；实现"商品管理"模块导航，实现"上架商品"模块（下架、删除、编辑、搜索）。	3～4 周

二、学徒学习计划

序号	工作任务	学习内容
1	静态网页制作	1. 掌握并熟练应用 HTML 文本标签、头部标记、页面创建超链接、创建表格表单功能 2. 掌握 CSS 的选择器、单位、字体样式、文本样式、颜色、背景的使用方法 3. 掌握 CSS 的区块、网页布局属性的使用方法 4. 掌握 JavaScript 基础语言、函数、面向对象功能的使用方法 5. 掌握 jQuery 中选择、插件、事件和动画功能的使用方法 6. 掌握 Bootstrap 布局、组件、基本样式、插件、组件的使用方法
2	静态网页美化	1. 掌握 CSS3 选择器在页面中插入各种盒子模型、背景样式使用方法 2. 掌握 HTML 在网页中嵌入多媒体、使用框架结构、网页中使用表格创建表单的使用方法
3	动态网页制作	1. 掌握 CSS3 特性、动画效果、多列布局以及弹性布局的使用方法 2. 掌握 MySQL 中创建表、设置约束、设置自增型字段、表结构的复制、修改表、修改字段、修改约束条件、修改表名、删除表、数据的插入/修改/查询/存储、触发器、事务、视图的使用方法 3. 掌握操作 MySQL 数据库、管理 MySQL 数据库中数据的使用方法 4. 掌握基本的 API 设计方法 5. 掌握 Ajax 技术，实现异步刷新，异步获取数据的使用方法
4	移动端动态网页制作与美化	1. 掌握 HTML5 新增全局属性、结构化与页面增强、表单标签、多媒体元素的使用方法 2. 掌握 CSS3 选择器、边框特性、颜色、字体、盒阴影、背景特性、盒模型、渐变功能的使用方法 3. 掌握 JavaScript 基础语言、函数、面向对象功能的使用方法 4. 掌握 Bootstrap 布局、组件、基本样式、插件、组件的使用方法 5. 理解 HTML5 新增全局属性、结构化与页面增强、表单标签、多媒体元素的使用方法 6. 掌握 CSS3 选择器在页面中插入、各种盒子模型、背景样式使用方法 7. 掌握 MySQL 中创建表、设置约束、设置自增型字段、表结构的复制、修改表、修改字段、修改约束条件、修改表名、删除表、数据的插入/修改/查询/存储、触发器、事务、视图的使用方法

三、专题研修计划

(1)UI 设计专题研修计划。
(2)HTML 与 CSS 专题研修计划。
(3)JavaScript 专题研修计划。
(4)jQuery 专题研修计划。
(5)Ajax 专题研修计划。
(6)需求分析报告专题研修计划。
(7)项目验收专题研修计划。

学习产出：通过项目学习，最终完成学徒工作计划、学徒学习计划、专题研修计划。

第三部分

The third part

The third part

学徒工作学习任务

The third part

The third part

项目1

苏宁易购网站实战入门

知识目标：

- 认知理解 HTML。
- 理解 HTML 目录结构。
- 认知理解 Web 前端。
- 理解编写网页时的布局思想。

技能目标：

- 掌握 HTML 构建图文、表格类页面的方法。
- 掌握 HTML 构建表单、超链接等页面的方法。
- 掌握构建规划 Web 前端系统的步骤及方法。
- 熟练掌握创建网页的步骤及方法。

素质目标：

- 具有计算机应用相关的信息安全、知识产权保护和质量规范意识。
- 具有获取前沿技术信息、学习新知识的能力。
- 具有熟练的信息技术应用能力。
- 具有良好的职业道德，能自觉遵守行业法规、规范和企业规章制度。
- 具有良好的人际交往、团队协作能力和客户服务意识。

【项目目标与质量要求】

下载安装相关软件，准备软件、硬件环境及初步开发环境测试。使用 HTML 文档结构开发首页面。通过需求分析落实网站模块，与公司沟通需求文档情况准备软件、硬件环境及初步开发环境测试。

熟悉目录结构，制作图文混排页面包括，插入图片，使用相对路径与绝对路径，使用 figure 标签、figcaption 标签为图片添加标题。制作表格，制作用户登录表单，制作用户反馈表单，制作超链接。

【学习产出目标】

(1)熟知 Web 前端概念,确定网站模块,网页的步骤及方法要求。
(2)搭建开发环境。
(3)开发出首页面。
(4)熟悉目录结构。
(5)制作图文混排页面。
(6)制作表格。
(7)制作表单。
(8)制作超链接。

任务 1　Web 前端开发环境建设

任务 1.1　第一个页面制作

1.1.1　开发环境搭建

对于进行 Web 前端开发程序员来说,选择一款合适的网页开发工具会让你的效率大大提高,接下来我们了解几款常用的开发工具。

1. Bootstrap

Bootstrap 是快速开发 Web 应用程序的前端工具包。它是一个 CSS 和 HTML 的集合,它使用了最新的浏览器技术,给你的 Web 开发提供了时尚的版式、表单、按钮、表格、网格系统等。Bootstrap 界面图(图 1-1-1)。

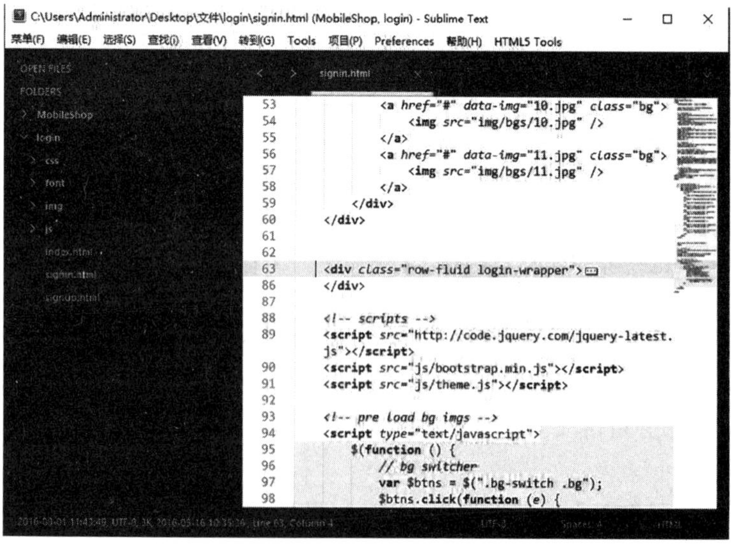

图 1-1-1　Bootstrap 开发界面

• 它为开发人员创建接口提供了一个简洁统一的解决方案。
• 它包含了功能强大的内置组件,易于定制。
• 它还提供了基于 Web 的定制。
• 它是开源的。

2. Webstorm

Webstorm 是 jetbrains 公司旗下一款 JavaScript 开发工具。被广大中国 JavaScript 开发者誉为"Web 前端开发神器""最强大的 HTML5 编辑器""最智能的 JavaScript IDE"等。

在后面项目中编写 JavaScript 或者 jQuery 代码时,我们可以选择这款 IDE,它的优点如下:

• 智能的代码补全。支持不同浏览器的提示,还包括项目中所有用户自定义的函数提示,代码补全包含了所有流行的库,如 jQuery、YUI、Dojo 等。
• 具有代码折叠功能。
• 强大的文件结构分析,可以快速浏览和定位代码。
• 有浏览器工具条,提供快捷预览(图 1-1-2)。

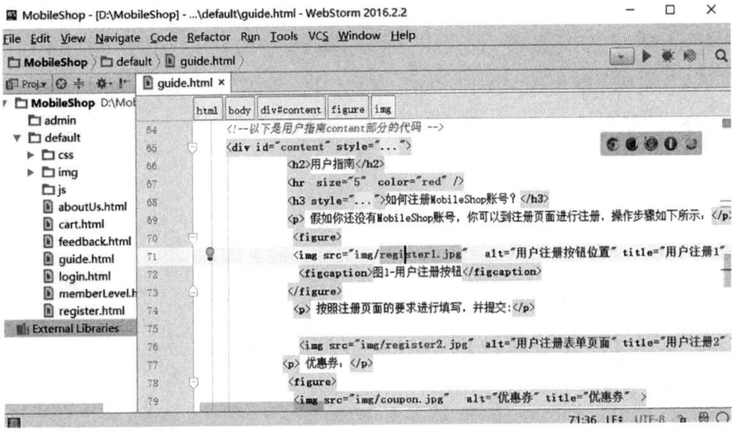

图 1-1-2 Webstorm 开发界面

3. Eclipse

Eclipse 是一个开放源代码的、基于 Java 的可扩展开发平台。在做前后端数据交互的时候,前端工程师可以采用 Eclipse 作为开发工具。对于我们的项目来说,Eclipse 中创建的 Web 工程前端的内容在 WebContent 文件夹下面(图 1-1-3)。

相比之下,Sublime 是比较轻量级的编辑器,作为初学者,刚开始进行 Web 前端开发,我们可以选用 Sublime 作为开发工具。目前 Sublime 最新版本是 Sublime Text 3,我们可以去官网下载与你电脑相匹配的版本,Sublime Text 3 只有 8 M,双击下载的 EXE 安装文件即可安装使用。

1.1.2 HTML 文档结构

• HTML 标签是由<>包围的关键词,如<html>
• HTML 标签通常成对出现,分为标签开头和标签结尾,如<html> </html>

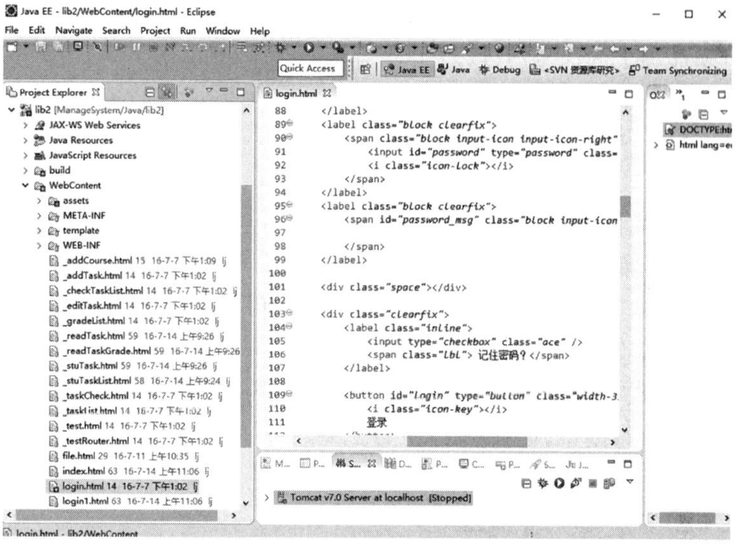

图 1-1-3 Eclipse 集成开发环境

• 有部分标签是没有结束标签，成为单标签，单标签内必须用“/”结尾，如
• 页面中所有的内容，都要放在 HTML 标签中
• HTML 标签主题分为三个部分
- 标签名称
- 标签内容
- 标签属性
• HTML 标签具有语义化
- 语义化就是仅通过标签名就能判断出该标签的内容
- 语义化的作用
• 网页结构层次更清晰
• 更容易被搜索引擎收录
• 更容易让屏幕阅读器读出网页内容
• 标签的内容就是在一对标签内部的内容
• 标签的内容可以是其他标签

每次学习一门新的语言，我们都习惯从“hello world”启航，它就像一句低调又充满好奇心的问候。今天我们所编辑的第一个 HTML 文档也将从“hello world”开始。

打开 Sublime 编辑器，执行“菜单→新建文件”命令，给文件命名为“demo. html”，在右边编辑区录入以下代码：

【代码 1-1-1】demo. html

```
<! DOCTYPE html>
<html>
<head>
<meta charset = "utf-8">
```

```
<title>第一个页面</title>
</head>
<body>
hello  world
</body>
</html>
```

1. 什么是 HTML 和 HTML5

HTML 是用来描述网页的一种语言，全称是超文本标记语言，英文 HyperText Markup Language，如果继续追问什么是超文本呢？这个很好理解，超文本就是指页面内可以包含图片、链接，甚至音乐、视频、程序等非文字元素。

HTML 自产生以来，经历了 HTML2.0、HTML3.2、HTML4.0、HTML4.01 等几次变革，随着移动互联的迅速崛起，HTML5 版本应运而生。HTML5 是 HTML 最新的修订版本，是 2014 年 10 月由万维网联盟(W3C)完成标准制定，它的目的就是为了在移动设备上支持多媒体，目前大部分浏览器已经具备支持 HTML5 的能力，随着技术的发展，HTML5 会越来越通用。

2. HTML 文档的基本结构

Demo.html 是一个最简单的 HTML5 文档，其后缀名为“.html”，图 1-1-4 是页面代码结构。

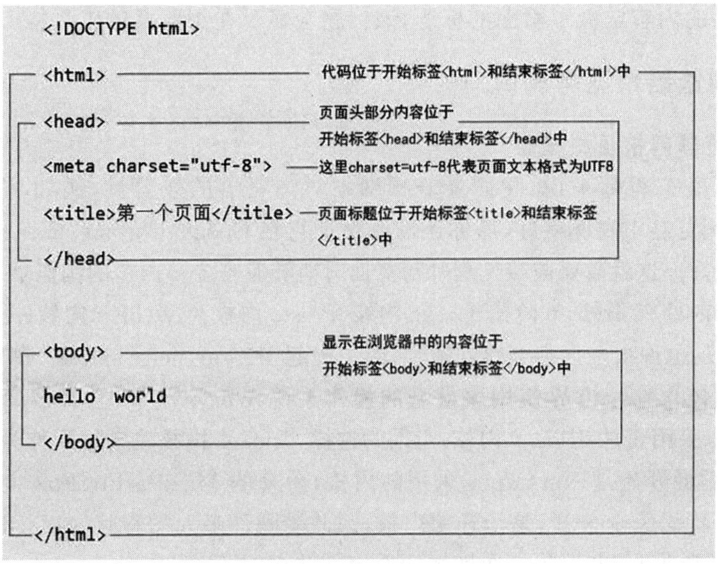

图 1-1-4　页面代码结构

类型描述：为了说明文档使用的超文本标记语言标准，所有超文本标记语言文档应该以“文件类型声明”开头，即<! DOCTYPE>开头，HTML5 文本的开头十分简洁，如下所示：

```
<! DOCTYPE html>
```

HTML 标签：HTML 标签是由尖括号包围的关键词，例如：图 1-1-4 中的<html></html>、<head></head>等都是 HTML 标签，他们常常成对出现，称为双标记标签。

但也有单独出现的情况，如<meta>标签，称之为单标记标签。

HTML 元素：HTML 元素是组成 HTML 文档的基本单元。若要说 HTML 文档描述着页面的结构，那么 HTML 元素就是描述细枝末节，描述页面中的文字、图片等元素的结构。

HTML 元素通常由两个标签组成：一个起始标签和一个结束标签。

```
<body> hello world </body>
```

<body>是开始标签，而</body>是结束标签，会多一个斜杠。位于 body 元素中的所有内容将显示在浏览器中。

另外，例子中还有<html></html>元素，它定义了整个 HTML 文档的内容。

<head></head>元素定义了 HTML 文档的头部分，例中 head 元素包含了两个 HTML 元素，如下：

```
<meta charset = "utf-8">
```

meta 元素是单标记标签，属性 charset="utf-8"说明该 HTML 文档采用 UTF8 字符编码，对于中文网页一定需要加上这句申明，否则会出现乱码。meta 元素通常用于指定网页的描述、关键词、文件的最后修改时间、作者和其他数据。这些内容不会在浏览器中显示，但是会被浏览器解析到，项目 2 中会用 meta 做搜索引擎的一些工作。

```
<title>第一个页面</title>
```

title 元素中的内容定义了页面的标题，该标题会显示在浏览器的工具栏上。

1.1.3 浏览器预览与调试

1. 常用浏览器内核及浏览器

对于前端开发工程师来说，我们要兼顾网站对浏览器的兼容性，例如，你完成的页面在 Mozilla Firefox 浏览器中表现良好，那你还需要保证它在 Google Chrome、IE、Opera 等其他主流浏览器中表现良好。这就需要前端工程师写页面时能够兼容多种内核的浏览器。目前市面上流行的几种浏览器内核有 Trident 内核、Gecko 内核、Presto 内核及 WebKit 内核(图 1-1-5)。

Trident 内核：也许很多人都会感到陌生，而一提起 IE(Internet Explorer)浏览器却是被大众熟知，因为 IE 被包含在全世界使用率最高的操作系统 Windows 中，它有极高的市场占有率。Internet Explorer 采用正是 Trident 内核，也因为这样，Trident 内核也常被人称为 IE 内核。

Gecko 内核：最开始是 Netscape6 采用的内核，后来的 Mozilla FireFox 也采用了该内核，Gecko 的特点是代码完全公开，是个开源内核，因此受到许多人的青睐。Mozilla FireFox 浏览器的市场份额也非常大，也是我们在做页面兼容性测试时不可忽略的。

Presto 内核：Presto 是由 Opera Software 开发的浏览器排版引擎，供 Opera 7.0 及以上使用。Presto 的特点就是渲染速度的优化达到了极致，它是目前公认的网页浏览速度最快的浏览器内核，然而代价是牺牲了网页的兼容性。

WebKit 内核：WebKit 是一个开放源代码的浏览器引擎(Web Browser Engine)，WebKit 最初的代码来自 KDE 的 KHTML 和 KJS(它们均为开放源代码，都是自由软件，在 GPL 协议下授权)。它的特点在于源码结构清晰、渲染速度极快。主要代表产品有 Safari 和 Google 的浏览器 Chrome。

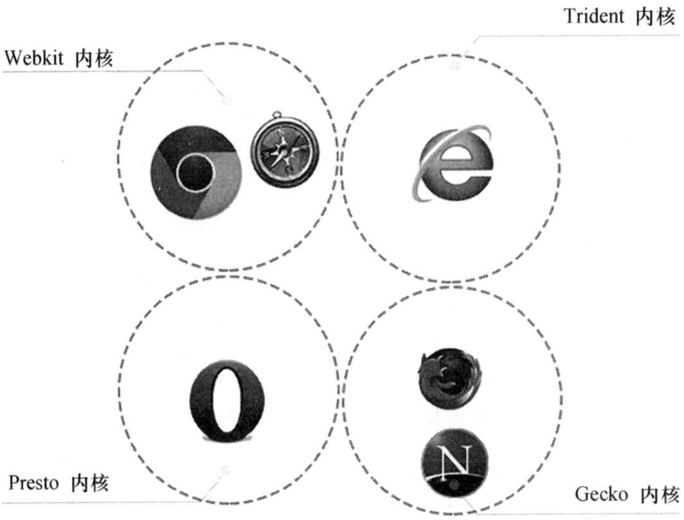

图 1-1-5　常见浏览器内核及代表浏览器

WebKit 内核在手机上的应用也十分广泛，如 Google 的 Android 平台浏览器、Apple 的 iPhone 浏览器、Nokia S60 浏览器等所使用的浏览器内核引擎，都是基于 WebKit 引擎的。移动互联网发展迅猛，移动互联市场的市场份额剧增，为了让你的 Web 应用在手机端也有优秀的表现，WebKit 内核浏览器的测试也是不可绕过的。本书正是采用具有 WebKit 内核的 Chrome 浏览器为主，其他浏览器为辅的方式对页面进行预览及调试。

2. 调试工具

完成了页面代码之后，难免会出现代码 BUG，Web 项目的代码是基于浏览器运行的，所以大部分代码调试工具都需要依托 Web 浏览器。这里主要介绍 Google Chrome 开发者工具。

因为 Google Chrome 开发者工具是内嵌到浏览器中的，所以只要安装了 Google Chrome，就可以使用了。打开 Chrome 浏览器，按键盘上 F12 或者 shift+ctrl+i 就可以打开(图 1-1-6)。

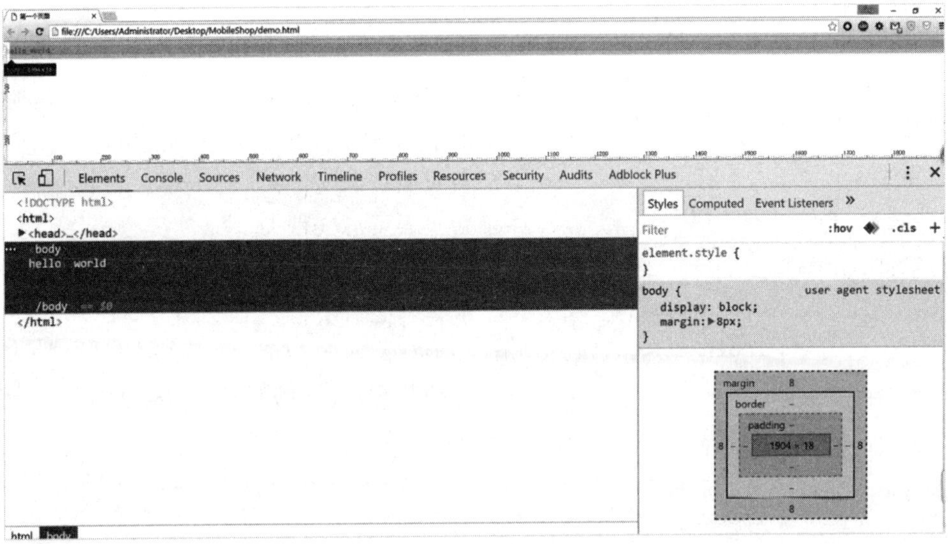

图 1-1-6　开发者工具

开发者工具选项卡面板中，每一个选项都有自己的功能(表 1-1-1)。

表 1-1-1　开发者工具选项功能

工具名	作用	备注
Elements	Elements 使我们从 Chrome 浏览器的角度看渲染页面所需要的 HTML、CSS 和 DOM(Document Object Model)对象。此外，还可以编辑这些内容并观察页面效果的变化。	构建页面结构及样式时常用
Console	显示各种警告与错误信息，并且提供了 shell 用来和文档、开发者工具交互。	
Sources	Sources 可以查看运行的 JavaScript 代码以及调试代码。	
Network	可以查看页面向服务器请求了哪些资源、资源的大小以及加载资源花费的时间，也可查看到哪些资源不能成功加载。此外，还可以查看 HTTP 的请求头、返回内容等。	前后端数据交互时常用
Timeline	提供了加载页面时花费时间的完整分析，所有事件，从下载资源到处理 JavaScript，计算 CSS 样式等花费的时间都展示在 Timeline 中。	
Profiles	分析 Web 应用或者页面的执行时间以及内存使用情况。	
Resources	对本地缓存中的数据进行确认及编辑。	如 Cookie
Audits	分析页面加载的过程，进而提供减少页面加载时间、提升响应速度的方案。	

任务 1.2　目录结构制作

1.2.1　目录结构及页面整体结构

构建一个网站的前端项目，需要若干资源文件做支撑，如 html 文件、CSS 样式文件、JavaScript 文件、图片、视频、其他框架的 JS 和 CSS 文件，应该以什么样的目录结构来组织这些资源呢？

目录的构建并没有一个统一的标准，通常是按照资源类型、频道模块等进行划分，但是项目组内部一定要统一规范，我们将目录构建为如下：

```
$ {root}/                          --|根目录(这里定义为 MobileShop)
  admin/                             |--后台页面资源文件夹
  default/                           |--前台页面资源文件夹
        css/                            |--CSS 样式文件夹
            index.css
            login.css......
        img/                            |--图片文件夹(例如 png、jpg、gif 等图片文件)
            bg.png......
        js/                              |--JavaScript 文件夹
            index.js
            login.js......
```

```
            login.html              |--各个页面的 html 文件
            productList.html
            aboutUs.html
            guide.html
            feedback.html
            ......
    index.html                      |--首页 index.html,是 Web 应用的入口页面,
                                       直接放在根目录下
```

打开 Sublime 编辑器,将项目文件夹 MobileShop 拖入 Sublime 的左侧边栏中,你可以清晰地看到项目的目录结构。

default 文件夹中存放着前台所需的文件及资源,在 default 文件中新建"关于我们"页面 aboutUs.html,观察图 1-2-1 分析其页面结构,可以将页面划分为 siteNav、header、content、footer 四部分(图 1-2-2)。

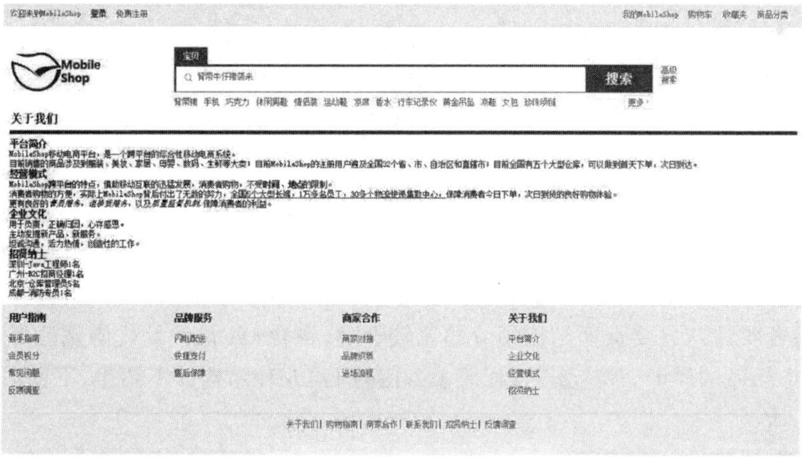

图 1-2-1 页面

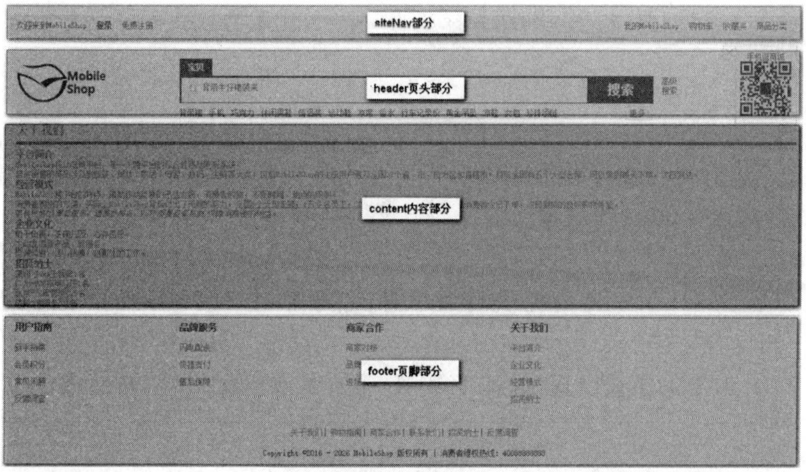

图 1-2-2 页面结构

aboutUs. html 页面的整体结构代码如下：

【代码 1-2-1】aboutUs. html

```
<! DOCTYPE html>
<html lang = "en">
    <head>
        <meta charset = "utf-8">
        <title>关于我们</title>
    </head>
    <body  bgcolor = "blue"   background = "img/bg. jpg" >
        <! --以下是 siteNav 部分代码 -->
        <div id = "siteNav" >siteNav 部分</div>
        <! --以下是 header 页头部分代码 -->
        <div id = "header" style = "background: # ccc;">页头部分</div>
        <! --以下是 content 内容部分代码 -->
        <div id = "content" style = "background: # fff;">
        </div>
        <! --以下是 footer 页脚部分代码 -->
        <div id = "footer"  style = "background: # ccc;">页脚部分</div>
    </body>
</html>
```

例中“aboutUs. html”的这种结构比较通用，但是实际工作中页面的结构并不唯一，俗话说“条条大路通罗马”，只要页面结构划分的比较合理，符合 UI 设计及代码规范都是可行的。

经过上个任务的学习，你应该对【代码 1-2-1】的 HTML 结构并不陌生，下面我们将分析其中新的知识点：

1. HTML 注释

HTML 注释的作用是为 HTML 代码提供人们可以理解的解释。HTML 注释是由一对注释标签构成，开始标记为“<! --”，结束标记为“-->”，使用方式如下：

```
<! --以下是 header 页头部分代码 -->
```

HTML 注释中的内容不会被浏览器解析，也就不会显示在浏览器中。

你可使用注释对代码进行描述及解释，尤其是当代码越写越多时，切记一定要写注释，这样做有助于后期代码的阅读与维护。

2. HTML 属性

HTML 属性为 HTML 元素提供附加信息，用于描述 HTML 元素的呈现方式、相关内容。

属性以名称/值对的形式出现，假如 HTML 元素是双标记标签，属性常常位于开始标签中，例如：

```
<body  bgcolor="blue"   background="img/bg. jpg" >
```

其中，body 的属性 bgcolor="blue"，表示 body 的背景颜色是蓝色；background="img/bg.jpg"，则表示 body 的背景图片是"img/bg.jpg"，这两个属性都是描述的 body 的背景设置。后面的属性会覆盖前面的属性，多个属性之间用空格分隔。

假如 HTML 元素是单标记标签，它的属性就位于“>”前面，例如：

```
<meta charset="utf-8">
```

这里 meta 的属性 charset="utf-8"，定义该 HTML 文档采用 UTF8 字符编码。我们将在后面就 meta 元素的属性做详细的讨论。

每个 HTML 元素都有自己专有的属性，只有它拥有这个属性才可以使用，没有这个属性就不可以使用，当然也有一些共有属性，几乎是每个 HTML 元素都拥有的，表 1-2-1 是核心属性。

表 1-2-1　核心属性

属性名	描述	属性值
class	为 HTML 元素定义一个或多个类名(classname)(类名从 CSS 样式文件中引入)	1 个或多个类名
id	为 HTML 元素定义的唯一 ID	唯一的 ID，不能重复
style	为 HTML 元素定义行内样式(inline style)	多个样式键值对组成
title	描述了 HTML 元素的额外信息（作为工具条使用）	文本

除去以上属性，还有一些属性比较重要(表 1-2-2)。

表 1-2-2　重要属性

属性名	描述	属性值
accesskey	设置访问 HTML 元素的键盘快捷键。	字符
tabindex	设置可交互的 HTML 元素的 Tab 键控制次序。	数字
dir	为 html 元素定义行内样式(inline style)	多个样式键值对组成
lang	规定元素内容的语言。	language_code 例如：<html lang="en">中表示 en 表示 English
contenteditable	指定元素内容是否可编辑。	true(可编辑)|false(不可编辑)
data-*	存储私有页面后应用的自定义数据，可以用于所有 HTML 元素，在项目 8 中将会运用到该属性。	任何字符串
draggable	规定 HTML 元素是否可拖动。	true(可拖动)|false(不可拖动)|auto(依照浏览器默认情况)
hidden	hidden 属性规定对 HTML 元素进行隐藏。但是目前 Internet Explorer 浏览器并不支持。	例如： <p hidden>隐藏该段落</p>
spellcheck	spellcheck 属性规定是否对元素内容进行拼写检查。	true(应当对元素文本进行拼写检查)|false(不应当拼写检查)

【知识引申】

表中 lang 的属性值 language_code 采用的是 ISO 639-1 语言代码，为各种语言定义了缩略词。可参见《HTML 语言代码参考手册》。

此外，还有 HTML 事件属性，事件属性可以为 HTML 标签绑定对应的事件，当用户触发该事件时会执行相应的动作。如鼠标单击事件 onclick，HTML 事件将在后期项目中讨论，这里不再赘述。

不同的 HTML 元素具有自己特有的属性，可以根据属性的作用做相关的工作。如 meta 元素，可以使用它的 name 和 content 属性帮助产品运营的同事进行 SEO 网站优化。

Web 前端开发技术具有更新快，涉及知识面广的特点，在平时的工作中，不可能将所有标签属性记在心里，教材也无法做到面面俱到，所以需要学会自主学习。

meta 元素可以说对网站的关键词排名有着举足轻重的地位，如何运用 meta 元素进行 SEO 网站优化呢?

步骤 1 查看参考手册或者官方帮助文档。

例如这里我们想深入探究 meta 的属性值，可以去查询《HTML 语言代码参考手册》，<meta>标签的属性(表 1-2-3)。

表 1-2-3 meta 属性列表

属性名	描述	属性值
charset	HTML5 新属性，定义文档的字符编码。 例如：<meta charset="utf-8">表示字符编码为 utf-8	character_set
content	定义与 http-equiv 或 name 属性相关的元信息	text
http-equiv	把 content 属性关联到 HTTP 头部。 例如： <meta http-equiv="refresh" content="30"> 表示每 30 秒刷新页面	content-type default-style refresh
name	把 content 属性关联到一个名称。 例如： <meta name="author" content="willa"> 表示 content 中的 willa 是作者名字	application-name author description generator keywords

看完参考手册后，如果你依旧迷茫，可以继续寻找优秀的例子去模仿学习。

步骤 2 参考优秀范例或者简单 demo。

例如在百度网站搜索关键字“html5”，查看返回的网站的关键词排名列表(图 1-2-3)。

我们可以打开图 1-2-3 中第 3 条链接“www. runoob. com/html”，鼠标右键执行“查看网页源代码”命令，或者 F12 打开开发者工具，能找到这样一段代码(图 1-2-4)。

当用户输入关键字“html5”时，搜索引擎就会自动捕捉各网站页面，当 meta 元素的 name=

图 1-2-3　网站优化

图 1-2-4　网站优化代码

"keywords"时 content 的值，若有关键字"html5"，就会在搜索列表中显示出该页面，代码如下所示：

```
<meta name = "keywords" content = "HTML5 教程,html5">
```

代码中 keywords 的 content 值必须准确的描述出你网站的卖点，才能提升网站的 SEO 排名。

图 1-2-4 所示"2 description 描述的内容"，则是 meta 元素的 description 的 content 值所定义的，如下所示：

```
<meta name = "description" content = "HTML5 简介 HTML5 是 HTML 最新的修订版本，2014 年 10 月由万维网联盟(W3C)完成标准制定。HTML5 的设计目的是为了在移动设备上支持多媒体。HTML5 简单易学。什么是 HTML5？HTML5 是下一代 HTML 标准。HTML，HTML 4.01 的上一个版本诞生于 1999 年。自从那以后，Web 世界已经经历了巨变。HTML5 仍处于完善之中。然而，大部分现代浏览器已经具备了某些 HTML.. ">
```

代码中 description 的 content 值必须快速地吸引住用户，才能提升网站的访问率。

图 1-2-4 所示"3 title 设置"，则是由 title 元素定义，这也是页面的标题。代码如下：

```
<title>HTML5 教程 | 菜鸟教程</title>
```

【做一做】

学习完如何使用<meta>标签进行 SEO 网站优化之后，请为我们 B2C 模式的苏宁易购系统 MobileShop 做一个 SEO 网站优化，请自行构思关键字及描述内容的文案，突出 B2C、移动电子商务、购物等关键字。

常常听前辈说起 div+css 布局网页，那什么是网页布局？网页布局是指页面中各种元素的结构化排列及定位。而 div+css 布局则是先使用 div 元素将页面结构化，再使用 css 进行定位、排列、美化，这里我们先认识一下 div，为在项目 3 网页布局打下坚实基础。

什么是 div **元素？** div 元素定义 HTML 文档中的一个分隔区块或者一个区域部分。犹如一个容器，可以将 HTML 其他元素嵌套在 div 元素中，从而达到结构化页面的目的。

div 元素是双标记标签，使用 id 属性定义了 div 的唯一 ID 名，style 属性可以定义它的行内样式，例如"background: #ccc;"定义该 div 的背景色为 #ccc。

【代码 1-2-2】定义网页布局

```
......
    <div id = "siteNav" style = "background: #fff;">siteNav 部分</div>
    <div id = "header" style = "background: #ccc;">页头部分</div>
    <div id = "content" style = "background: #fff;">内容部分</div>
    <div id = "footer"  style = "background: #ccc;">页脚部分</div>
......
```

页面被划分为 4 个部分，预览效果如图 1-2-5 所示。

图 1-2-5　div 定义页面结构

1.2.2　标题、分隔线、段落

"关于我们"该页面划分为 siteNav、header、content、footer 四个部分，我们来完成 content 部分页面效果(图 1-2-6)。

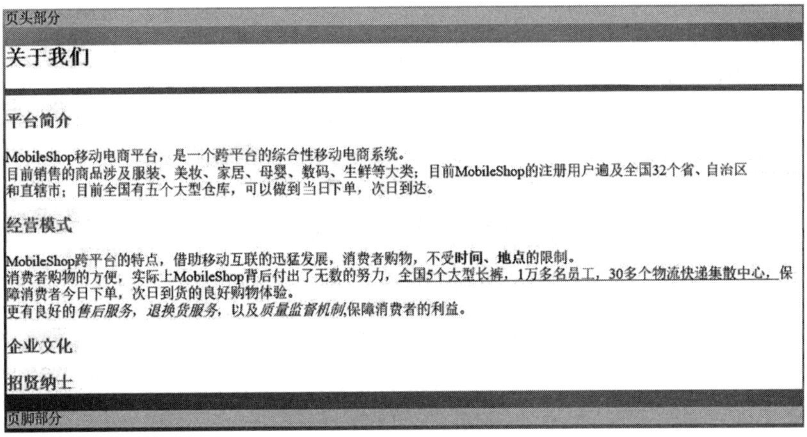

图 1-2-6　预览 aboutUs. html 页面效果

代码如下：

【代码 1-2-3】content div 的 HTML 代码

```
......
    <! --以下是 content 内容部分代码 -->
    <div id = "content" style = "background:#fff;">
        <h2>关于我们</h2>
        <hr  size = "5"  color = "red" />
        <h3 style = "color:red;" >平台简介</h3>
        <p>  MobileShop 移动电商平台，是一个<span style = "color:red;" >跨平台</span>的综合性移动电商系统。<br/>目前销售的商品涉及服装、美妆、家居、母婴、数码、生鲜等大类；目前 MobileShop 的注册用户遍及全国 32 个省、自治区和直辖市；目前全国有五个大型仓库，可以做到当日下单，次日到达。</p>
        ......
    </div>
......
```

1. 标题

在 HTML 文档中，标题(Heading)是通过 <h1>至<h6> 标签进行定义的。

代码 1-2-3 中，“<h2>关于我们</h2>”与“<h3 >平台简介</h3>”就分别表示 2 级标题和 3 级标题。

<h1>至<h6>标签，<h1> 定义最大的标题，<h6> 定义最小的标题。

如下：

```
<h1>这是标题 1</h1>
<h2>这是标题 2</h2>
<h3>这是标题 3</h3>
<h4>这是标题 4</h4>
```

```
<h5>这是标题 5</h5>
<h6>这是标题 6</h6>
```

在 Google Chrome 中预览效果如图 2-1-7 所示。

这是标题 1

这是标题 2

这是标题 3

这是标题 4

这是标题 5

这是标题 6

图 1-2-7　标题标签

代码 1-2-3 中,“平台简介”“经营模式”“企业文化”“招贤纳士”都是 3 级标题,为了凸显出来显示为红色,代码如下:

```
<h3 style="color:red;" >平台简介</h3>
```

2. 华丽分隔线

<hr>标签在 HTML 页面中创建水平线,可以用来分隔页面内容。<hr> 标签是单标记标签,如下代码,采用 size="5"　color="red"属性定义水平线的粗细及颜色。

```
<hr  size="5"  color="red" />
```

3. 段落

段落是通过 <p> 标签定义的,用于文章分段。

例如:代码 1-2-3 中,平台简介自成一段,使用<p> 标签定义。

```
<p> MobileShop 移动电商平台,是一个<span style="color:red;" >跨平台</span>
的综合性移动电商系统。<br/>目前销售的商品涉及服装、美妆、家居、母婴、数码、生鲜等
大类;目前 MobileShop 的注册用户遍及全国;目前全国有五个大型仓库,可以做到当日下
单,次日到达。</p>
```

如果希望在不产生一个新段落的情况下进行换行,请使用
 标签,它是单标记标签,直接在换行处写
 即可。

如果希望将某一部分内容独立出来,可以采用 span 标签。如图 1-2-6 所示为了重点显示“跨平台”,将其用 span 独立出来,并设置为红色。代码如下所示:

```
<span style="color:red;" >跨平台</span>
```

【知识引申】

还有一些 HTML 标签可以用于强调文本。

加粗文本:b 和 strong。

倾斜文本:i 和 em。

给文本添加下划线:u。

给文本添加删除线:s 和 del。

b、strong、i、em、u、s 等都是双标记标签,如文中“消费者购物,不受时间、地点的限制。”,想要强调“时间”“地点”两个关键词,可以采用 b 或者 strong 标签,代码如下:

```
消费者购物,不受<b>时间</b>、<strong>地点</strong>的限制。
```

请使用以上标签,完成如图 1-2-6 所示的“经营模式”段落的文字强调效果。

1.2.3 列表

列表在页面中会经常使用,可分为三类:无序、有序和自定义列表(图 1-2-8)。

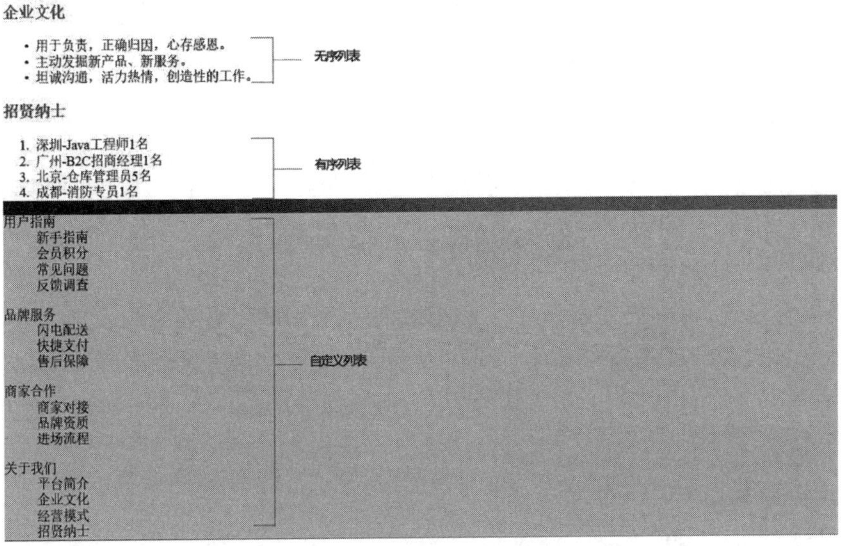

图 1-2-8 列表在“关于我们”页面中的使用

1. 无序列表

无序列表是一个项目的列表,此列项目使用粗体圆点(典型的小黑圆圈)进行标记。如图 1-2-8 所示的“企业文化”部分就是采用无序列表实现。

无序列表使用 <ul> 标签定义列表显示的区块,为列表项目提供显示容器,而列表项目标签<li>则用于承载各列表的内容。代码如下:

```
<ul >
   <li>用于负责,正确归因,心存感恩。</li>
   <li>主动发掘新产品、新服务。</li.>
   <li>坦诚沟通,活力热情,创造性的工作。</li>
</ul>
```

2. 有序列表

有序列表也是一个项目的列表，列表项目使用数字进行标记。如图 1-2-8 所示的“招贤纳士”部分就是采用有序列表展现招聘岗位。

有序列表使用 <ol> 标签定义列表显示的区块，每个列表项就是一个 <li> 标签。代码如下所示：

```
  <ol >
  <li>深圳-Java 工程师 1 名</li>
  <li>广州-B2C 招商经理 1 名</li>
  <li>北京-仓库管理员 5 名</li>
  <li>成都-消防专员 1 名</li>
</ol>
```

3. 自定义列表

footer 的菜单列表部分如图 1-2-9 所示。

图 1-2-9　footer 菜单列表部分

仔细观察会发现，每一组列表都有一个标题，每一个标题跟着几个列表项，这样的结构就可以采用自定义列表。自定义列表以 <dl> 标签开始；每个自定义列表项标题以 <dt> 开始；具体列表项定义以 <dd> 开始。代码如下：

```
<dl>
<dt>用户指南</dt>
<dd>新手指南</dd>
<dd>会员积分</dd>
<dd>常见问题</dd>
<dd>反馈调查</dd>
</dl>
```

【做一做】

请使用自定义列表完成如图 1-2-9 所示的 footer 部分的“用户指南”“品牌服务”“商家合作”“关于我们”的页面结构，暂不用美化。

1.2.4　项目梳理

(1)项目前端目录结构、HTML 注释的写法、标签属性的定义及使用。

(2)运用 meta 标签进行 SEO 网站优化、运用 div 定义页面整体结构。

(3)标题标签、水平线、段落。

(4)无序列表、有序列表、自定义列表的使用。

任务 1.3　HTML 图文并茂类页面构建

1.3.1　插入图片

HTML 之所以被称为超文本标记语言，是因为页面中除了文字以外，还可以展示图片、声音、视频、动画、程序等超文本信息。以苏宁易购网站为例，苏宁易购网站中，很多页面都是以图片展现为主，我们以“用户指南”页面为例，学习在页面中插入图片。

“用户指南”的 content 部分，代码如下：

【代码 1-3-1】“用户指南”的 content 部分 HTML 代码

```
......
        <! --以下是用户指南 content 部分的代码 -->
  <div id = "content" style = "background: #fff;">
        <h2>用户指南</h2>
        <hr  size = "5"  color = "red" />
        <h3 style = "color:red;">如何注册 MobileShop 账号？ </h3>
        <p>假如你还没有 MobileShop 账号，你可以到注册页面进行注册，操作步骤如下所示：</p>
          <img src = "img/register1. jpg"   alt = "用户注册按钮位置" title = "用户注册 1"  width = "1138px">
          <p> 按照注册页面的要求进行填写，并提交：</p>
          <img src = "img/register2. jpg"  alt = "用户注册表单页面" title = "用户注册 2">
  </div>
......
```

1. img 标签插入图片

在前期任务中提及项目的目录结构规划，其中 img 文件夹就是专门存放页面所需图片的。我们将“用户指南”页面中介绍用户注册所需的“register1. jpg”和“register2. jpg”存放在 img 文件夹里。

img 是一个单标记标签。例如：插入 register2. jpg 图片采用 img 标签。代码如下：

```
<img src = "img/register2. jpg"  alt = "用户注册表单页面" title = "用户注册 2">
```

src：img 标签的 src 属性，申明了插入的图片的 URL 地址。

alt：为图片定义一串预备的可替换的文本。当浏览器无法载入图中时，浏览器将显示这个替代性的文本。

title：申明图中的附加信息，大部分浏览器支持在光标悬停于图片上方时显示 title 的内容(图 1-3-1)。

图 1-3-1　鼠标悬停于图片上方

2. height 与 width 属性

将图片显示在页面中时，有时候大小不太合适，我们可以采用 height 与 width 来设置图片的大小。

height：制定图像的高度。

width：制定图像的宽度。

如代码 1-3-1 所示的为了使 register1. jpg 与 register2. jpg 的宽度一致，进行了如下代码设置：

```
<img src = "img/register1. jpg"   alt = "用户注册按钮位置" title = "用户注册 1"
width = "1138px">
```

这里只设置 register1. jpg 的 width 的值，height 的值也会等比例自行匹配。

当然在实际工作中，页面中需要多大尺寸的图片，我们就尽量制作多大尺寸的图片，这样浏览器在加载图片时不会太耗费时间，如同一个商品的主图，往往会制作尺寸不一样的多个版本，以方便使用在不同的位置。

3. 图片的格式

网站页面插入的图片格式通常有 gif、png、jpg，了解图片格式的特点可以帮助你正确选择图片格式。

gif：gif 支持动画，不支持半透明，也就是要么全透明，要么全不透明。gif 比较适用于很小或者简单的图片（10 px×10 px 以下图片或者 3 种颜色以下的图片），如小动画、图标。

png：png 相对 gif 来说，不支持动画，通常体积比较小，而且支持 alpha 全透明，当图片中颜色较少或者大面积同色时，也比较适合保存为 png 格式，如网站的 Logo、按钮多采用 png 格式。

jpg：jpg 相对于 gif 与 png 来说，不支持动画，不支持透明，但是能够展现出丰富多彩的颜色。如网站的 banner 广告图、商品展示图片、拍摄的照片多采用 jpg 格式。

1.3.2　相对路径

相对路径就是从源文件本身出发，去寻找引用文件所在的路径地址。通常会有以下三种情况：

(1)源文件和引用文件在同一个目录里。例如：我们将图片 register2. jpg 从 img 中移出，放置在与 guide. html 同一个目录 default 下，这时，在 guide. html 引入图片 register2. jpg 的代码将修改为：

```
<img src = "register2. jpg"   alt = "用户注册表单页面" title = "用户注册 2">
```

可以看出这里 src 的 url 值，只需要写上文件的名字即可。

(2)引用文件在源文件的下级目录里。例如：图片 register2. jpg 还是在 img 中，这时，在 guide. html 引入图片 register2. jpg 的代码为：

```
<img src = "img/register2. jpg"   alt = "用户注册表单页面" title = "用户注册 2">
```

可以看出这里 src 的 url 值，需要写上文件夹名后面加上正斜杠，再加上文件的名字。

(3)引用文件在源文件的上级目录里。例如：我们将图片 register2.jpg 从 img 中移出，放置在 guide.html 的上级目录 MobileShop 下，这时，在 guide.html 引入图片 register2.jpg 的代码将修改为：

```
<img src = "../register2.jpg"  alt = "用户注册表单页面" title = "用户注册 2">
```

假如放置在 guide.html 的上级目录 MobileShop 下的 admin 这个目录下，在 guide.html 引入图片 register2.jpg 的代码将修改为：

```
<img src = "../admin/register2.jpg"  alt = "用户注册表单页面" title = "用户注册 2">
```

可以看出使用 ../即可表示当前文件的上一级目录。

相对路径不仅仅用于引用图片，还能引用所有的文件和素材。

【知识引申】

绝对路径：在树型目录结构中，绝对路径就是从根节点去查找一个文件的唯一的通路。HTML 的绝对路径，就是指带了域名的文件的完整路径。如你有一个域名为 www.test.com，同时你申请了虚拟主机，虚拟主机提供商会给你一个目录，比如 www，这个 www 就是你网站的根目录。

假设 www 根目录下放了一个文件 index.html，这个文件的绝对路径就是 http://www.test.com/index.html。

假设你在 www 根目录下的 img 文件夹中放置了图片 bg.png，这个图片的绝对路径就是 http://www.test.com/img/bg.png。

1.3.3　为图片添加标题

html5 还提供了 figure 标签来标记文档中的一个图像，采用 figcaption 标签说明图片的标题(图 1-3-2)。

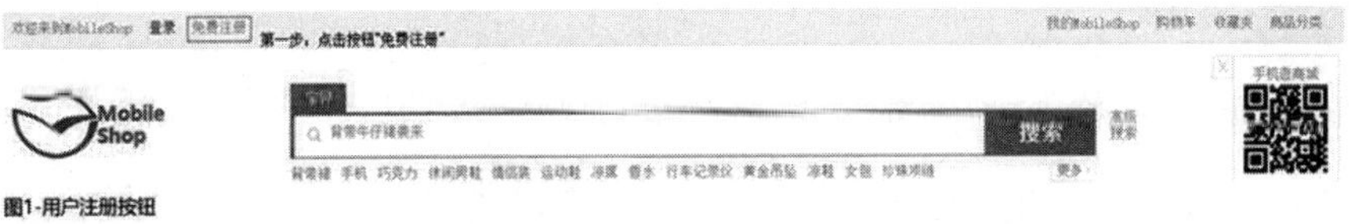

图 1-3-2　带有标题的图片

代码如下：

```
  <figure>                              figure 标签里包含 img 与 figcaption 标签。
      <img src = "img/register1.jpg"  alt = "用户注册按钮位置" title = "用户注
册 1"  width = "1138px"  >
      <figcaption>图 1-用户注册按钮</figcaption>
  </figure>                             figcaption 标签放置图片标题。
```

1.3.4 项目梳理

(1)插入图片、img 标签插入图片、height 与 width 属性、图片的格式。
(2)相对路径与绝对路径。
(3)figure 标签、figcaption 标签为图片添加标题。

任务 1.4 表格数据制作

1.4.1 插入表格

表格以网格的形式展现数据,表格分为若干行,每行又有多个单元格,单元格是表格的最小单位。

例如:需要构建如图 1-4-1 所示的"极速退款"表格。

极速退款

会员级别	信用额度
金卡会员	200
钻石会员	500

图 1-4-1 "极速退款"表格

代码如下:

【代码 1-4-1】"极速退款"表格 HTML 代码

```
<table width = "300px" border = "1"  cellpadding = "0" cellspacing = "0" >
        <caption>极速退款</caption>
          <tr>
            <th>会员级别</th>
            <th>信用额度</th>
          </tr>
           <tr>
            <td>金卡会员</td>
            <td>200</td>
          </tr>
           <tr>
            <td>钻石会员</td>
            <td>500</td>
          </tr>
      </table>
```

1. <table>、<tr>、<td>构建表格

table、tr、td 标签都是双标记标签,table 嵌套 tr,tr 嵌套 td,table 标签用来创建表格,tr 表示表格的一行,td 表示一个单元格。

2. <th>与<td>

<th>标签与<td>标签用法一样，往往<td>存数据，而<th>存数据标题的。默认情况下<th>中的内容会粗体、居中显示。如图 1-4-1 中所示表格的第 1 行“会员级别”“信用额度”放置在<th>中，代码如下。

```
<tr>
    <th>会员级别</th>
    <th>信用额度</th>
</tr>
```

3. <caption>标签定义表格标题

<caption>标签可以定义一个表格的标题，如为“极速退款”表格添加标题，代码如下。

```
<caption>极速退款</caption>
```

4. 常用属性

<table>标签 border 属性定义表格有无外边框，border="1"表示有边框，border=""表示无边框。

<table>标签还有其他属性，如表 1-4-1 所示展示部分 table 的属性。

表 1-4-1　table 的部分属性

属性名	描述	属性值
align	HTML5 不支持。HTML 4.01 已废弃。规定对齐方式。	left center right
bgcolor	HTML5 不支持。HTML 4.01 已废弃。规定表格的背景颜色，td 也有这个属性。	rgb(x,x,x) #xxxxxx colorname
cellpadding	HTML5 不支持。规定单元边沿与其内容之间的空白。	pixels
cellspacing	HTML5 不支持。规定单元格之间的空白。	pixels
width	HTML5 不支持。规定表格的宽度。	pixels 或者%

以上的属性在 HTML5 中不支持，同样的效果均是采用 CSS 定义，但是这些属性经常会在旧代码中遇见。

5. 细线表格

如图 1-4-2 所示的细线表格，是巧妙地运用了表格的 cellspacing、bgcolor 等属性。设置 table 背景色为想要的细线颜色 bgcolor="#d7d7d7"，设置单元格之间的距离 cellspacing 设置为 1px，在这 1px 的位置透出底部 table 的背景色，还需要设置单元格的背景色 bgcolor="#FFFFFF"。代码如下：

极速退款

会员级别	信用额度
金卡会员	200
钻石会员	500

图 1-4-2　“极速退款”细线表格

【代码 1-4-2】"极速退款"细线表格代码

```
<table width="300px"  cellpadding="0" cellspacing="1"  bgcolor="#d7d7d7">
    <caption>极速退款</caption>
      <tr>
        <th bgcolor="#FFFFFF">会员级别</th>
        <th bgcolor="#FFFFFF">信用额度</th>
      </tr>
      <tr>
        <td bgcolor="#FFFFFF">金卡会员</td>
        <td bgcolor="#FFFFFF">200</td>
      </tr>
      <tr>
        <td bgcolor="#FFFFFF">钻石会员</td>
        <td bgcolor="#FFFFFF">500</td>
      </tr>
</table>
```

1.4.2 表格分区

如图 1-4-3 所示,请观察标注的三个部分。

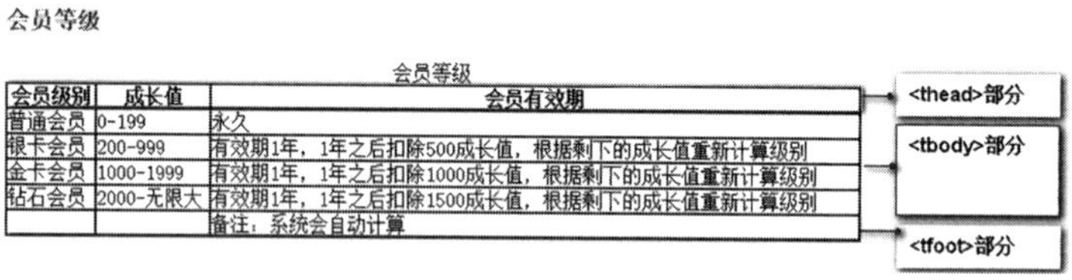

图 1-4-3 "会员等级"表格

如图 1-4-3 所示的"会员等级"表格,是比较复杂的长表格,可以划分为<thead>、<tbody>、<tfoot>三个部分。代码如下:

【代码 1-4-3】"会员等级"表格代码

```
<table width="700px" border="1px"  cellpadding="0" cellspacing="0" >
                <caption>会员等级</caption>
                <thead>
                  <tr>
                    <th>会员级别</th>
                    <th>成长值</th>
                    <th>会员有效期</th>
                  </tr>
                </thead>
```

```
            <tbody>
              <tr>
                <td>普通会员</td>
                <td>0-199</td>
                <td>永久</td>
              </tr>
              ......
            </tbody>
            <tfoot>
              <tr>
                <td></td>
                <td></td>
                <td>备注:系统会自动计算</td>
              </tr>
            </tfoot>
    </table>
```

1.4.3 跨行、跨列

如图 1-4-4 所示的表格中第 2 行的第 4、5 单元格合并，这是属于跨行，采用属性 colspan=2；第 3、4、5 行的最后一个单元格合并，是跨列，采用属性 rowspan=3。

会员特享

会员特享

会员特享	普通会员	银卡会员	金卡会员	钻石会员	备注
免运费	满199元免运费	满99元免运费	满69元免运费		运费优惠
评论奖励	无	成长值+3	成长值+5	成长值+8	其他优惠
生日礼包	无	价值19	价值59	价值99	
兑换礼品	无	无	可享	可享	

本会员积分规则解释权归MobileShop所有。

图 1-4-4 “会员特享”表格

代码如下：

【代码 1-4-4】“会员特享”表格代码

```
<h3 style="color:red;">会员特享</h3>
<table width="500px" border="1px"  cellpadding="0" cellspacing="0">
  <caption>会员特享</caption>
  <thead>
    <tr>
       <th>会员特享</th>
       <th>普通会员</th>
       <th>银卡会员</th>
```

```
            <th>金卡会员</th>
            <th>钻石会员</th>
            <th>备注</th>
        </tr>
    </thead>
    <tbody>
        <tr >
            <td>免运费</td>
            <td>满 199 元免运费</td>
            <td>满 99 元免运费</td>
            <td colspan = "2">满 69 元免运费</td>
             <td>运费优惠</td>
        </tr>
            <tr>
            <td>评论奖励</td>
            <td>无</td>
            <td>成长值 + 3</td>
            <td>成长值 + 5</td>
            <td>成长值 + 8</td>
             <td rowspan = "3"> 其他优惠</td>        </tr>
            <tr>
            <td>生日礼包</td>
            <td>无</td>
            <td>价值 19</td>
            <td>价值 59</td>
            <td>价值 99</td>
        </tr>
            <tr>
            <td>兑换礼品</td>
            <td>无</td>
            <td>无</td>
            <td>可享</td>
            <td>可享</td>
        </tr>
    </tbody>
</table>
```

其中，th 的属性 colspan＝"2"表示水平相邻 2 个单元格合并。td 的属性 rowspan＝"3"表示垂直相邻的 3 个单元格合并。

任务 1.5 表单类页面制作

1.5.1 用户登录表单

表单主要用于采集用户数据。

如图 1-5-1 所示，“用户登录”表单是为了采集用户登录信息。浏览器通过表单控件获取到用户名及密码，点击提交按钮之后，将数据传递给服务器进行处理，服务器端程序会判断该用户名及密码是否正确，正确，用户登录成功；用户名及密码错误，用户登录失败，并在页面上显示错误提示信息。这就完成了一次前后端数据交互的过程，而表单则是采集用户数据，并将数据传送到服务器的工具。

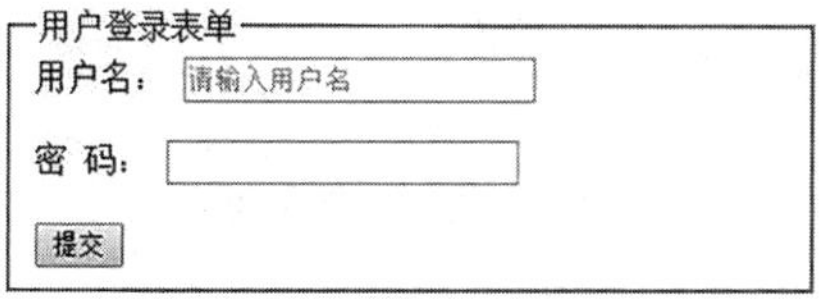

图 1-5-1 “用户登录”表单

图 1-5-1 中所示的“用户登录”表单代码如下：

【代码 1-5-1】“用户登录”表单代码

```
<form action = "" method = "post">
 <fieldset >
   <legend>用户登录表单</legend>
   <label>
     用户名：<input type = "text" id = "userName" placeholder = "请输入用户名"    >
   </label>
   <br/> <br/>
     <label>
     密  码：<input type = "password" id = "userPassword"    >
    </label>
      <br/> <br/>
      <input type = "submit"   value = "提交"   id = "submitBtn">
  </fieldset>
 </form>
```

1. 表单的结构

<form>标签是所有表单控件的基本容器，它的结构如下：

```
<form  action = "URL"   method = "get|post">
  <! --表单控件-->
</form>
```

每一个<form>标签都有一个 action 属性，它定义了提交数据的 URL，当用户填入数据，点击提交按钮之后，表单就按照这里的 URL 将数据提交给服务器相应的文件去处理。

<form>标签的 method 属性，定义了表单提交数据的两种方式：get 或者 post。

get 方式：将表单数据以名称/值对的形式附加在 action 所定义的 URL 末尾来进行传输，默认情况是采用 get 方式。

如果对此理解得还不够深刻，可以找一个网站验证一下。例如打开 http://www.runoob.com/，这是一个学习编程技术的网站，在搜索框中输入关键字“html5”，回车之后，url 为“http://www.runoob.com/? s=html5”(图 1-5-2)。

图 1-5-2　搜索表单

再去看一下代码就明白了，我们采用 Google Chrome 开发者工具查看，如图 1-5-3 所示，可以看出代码如下：

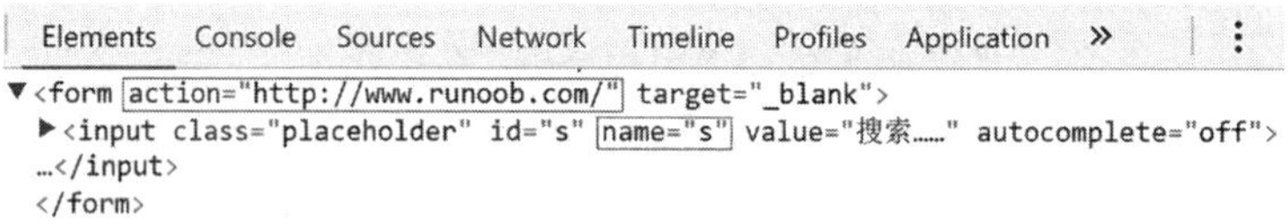

图 1-5-3　搜索表单代码

果然表单的 action 属性值为"http://www.runoob.com/"，没有 method 表示默认为 get 方式，文本框的 name＝"s"，所以当输入关键字“html5”之后，url 为“http://www.runoob.com/? s=html5”，“s=html5”作为参数附加在"http://www.runoob.com/"末尾。

注意 get 的用法：

• URL 中的参数是可见的，所以不要用 get 来传递保密数据，如账户信息。

• 那些要往数据库里面添加或者删除的数据也不适合用 get 来发送，如商品添加、删除等。

• URL 的长度是有限的(大约 3 000 字符)，所以 get 方式常用于短表单的数据传递。

post 方式：将表单数据放在 HTTP 头信息中进行传输，在使用 post 方式时通常会涉及下面这些情况：

• 用户有文件上传时，如图片、附件等。

• 表单数据非常长。

• 包含需要保密的数据，如账户信息。

• 向数据库添加、删除数据时。

在项目 6 用户登录与注册页面中，我们就采用 post 方式来进行数据传输。

2. <label>标签

<label>标签用于为 input 元素定义描述信息，如表单控件的名称等。同时它还可以扩大表单控件的焦点区域，当点击描述信息时，也同样可以触发该表单控件的点击事件。

它的结构如下：

```
<label>
  用户名：<input type = "text" id = "userName" placeholder = "请输入用户名"  >
</label>
```

也可以不采用环绕的方式，需要借助 for 属性将标签与表单控件相关联，属性 for 的值等于<input>标签 id 的值。

```
<label for = "userName">用户名：</label>
 <input type = "text" id = "userName" placeholder = "请输入用户名"  >
```

3. <fieldset>与<legend>标签

<fieldset>与<legend>标签的作用是将表单控件进行分组，<fieldset>在相关表单控件周围绘制边框，而<legend>为这一组表单控件定义标题。

代码如下：

```
<fieldset >
<legend>用户登录表单</legend>
<label>
 用户名：<input type = "text" id = "userName" placeholder = "请输入用户名"  >
 </label>
 </fieldset >
```

4. input 输入控件

<input>标签在<form>中使用，是用来声明允许用户输入数据的 input 输入控件，根据 type 属性的取值，决定输入的字段的类型。输入字段可以是文本字段、密码、单选、复选框、文件上传、按钮等。

<input>标签的部分属性(表 1-5-1)。

表 1-5-1　<input>标签的部分属性

属性	值	描述
checked	checked	checked 属性规定在页面加载时应该被预先选定的 <input> 元素。(只针对 type="checkbox" 或者 type="radio")
name	text	name 属性规定 <input> 元素的名称。
placeholder(html5)	text	placeholder 属性规定可描述输入 <input> 字段预期值的简短的提示信息。
readonly	readonly	readonly 属性规定输入字段是只读的。
required(html5)	required	属性规定必须在提交表单之前填写输入字段。

续表 1-5-1

属性	值	描述
type	button checkbox email file hidden image password radio reset search submit tel text time	按钮类型 复选框 邮箱 文件上传 隐藏 定义图像作为提交按钮 密码 单选 重置按钮 搜索 提交按钮 定义用于输入电话号码的字段 单行文本框 定义用于输入时间的控件(不带时区)
value	text	指定 <input> 元素 value 的值。
width(html5)	pixels	width 属性规定 <input> 元素的宽度。(只针对 type="image")

单行文本框:当<input> 标签的 type 属性值为"text"时,会创建一个单行文本框。本任务中"用户登录"表单的用户名输入文本框。

```
用户名: <input type = "text" id = "userName" placeholder = "请输入用户名"
required = "required" >
```

属性 placeholder 可以预设置文本框在未输入数据时显示的内容,可以起到提示的作用。

属性 required 可以在文本框未输入数据就提交时,提醒用户文本框不能为空。

密码框:当<input> 标签的 type 属性值为"password"时,会创建一个密码框。本任务中"用户登录"表单的密码输入文本框。

```
密码: <input type = "password" id = "userPassword" >
```

按钮:当<input> 标签的 type 属性值为"submit"时,会创建一个提交按钮。

```
<input type = "submit"  value = "提交"  name = "submitBtn">
```

当<input> 标签的 type 属性值为"button"时,也会创建一个提交按钮,但是这个按钮是普通按钮,不会自动提交数据。

当<input> 标签的 type 属性值为"reset"时,会创建一个重置按钮,点击这个按钮,会将目前填写的内容清空。

当<input> 标签的 type 属性值为"image "时,会创建一个图片按钮,代码如下:

```
<input type = "image" src = "img_submit.gif" alt = "submit" width = "48" height =
"48">
```

1.5.2 用户反馈表单

接下来，我们完成如图 1-5-4 所示的“用户反馈”表单。

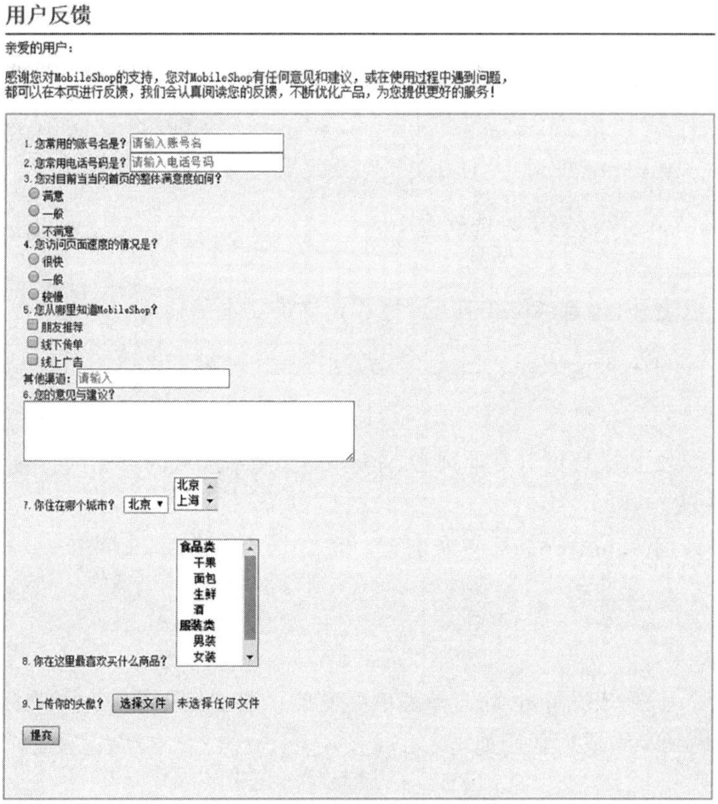

图 1-5-4 “用户反馈”表单

1. 单选按钮

如图 1-5-4 所示，满意度调查及页面速度调查，就是属于单选按钮。

当<input>标签的 type 属性值为“radio”时，会创建一个单选按钮，通常是成组出现，未选中为空心圆形，选中为实心圆形，同一组单选按钮的 name 属性一致，否则选择时不能具有排他性。代码如下：

```
3. 您对目前当当网首页的整体满意度如何？<br/>
<input type="radio" name="contentment"  value="满意">满意 <br/>
<input type="radio" name="contentment"  value="一般">一般 <br/>
<input type="radio" name="contentment"  value="不满意">不满意 <br/>
4. 您访问页面速度的情况是？<br/>
<input type="radio" name="speed"  value="很快">很快 <br/>
<input type="radio" name="speed"  value="一般">一般 <br/>
<input type="radio" name="speed"  value="较慢">较慢 <br/>
```

2. 复选框

如图 1-5-4 所示，渠道调查，就是属于复选框。

当<input> 标签的 type 属性值为“checkbox”时，会创建一个复选框，通常也是成组出现，复选框不具有排他性，可以同时选中，代码如下：

```
5. 您从哪里知道 MobileShop? <br/>
<input type="checkbox"  value="">朋友推荐 <br/>
  <input type="checkbox"  value="">线下传单<br/>
  <input type="checkbox"  value="">线上广告<br/>
```

属性 checked 可以预设置该复选框选中。

3. 多行文本框

除单行文本框之外，还有<textarea> 标签允许长文本的输入。

```
<textarea name="suggest"  cols="50"  rows="4"   >
 </textarea>
```

其中 cols 表示文本区域内可见的列数，rows 表示文本区域内可见的行数。

4. button 按钮

按钮还可以采用 <button>标签来定义。

```
<button type="submit">提交</button>
```

5. 列表菜单

如图 1-5-5 所示，列表菜单也是选择表单标签的一种，它采用列表菜单标签<select>与菜单项标签<option>组成。代码如下：

图 1-5-5　列表菜单

```
7. 您住在哪个城市？
  <select  size="1">
  <option value="beijing">北京</option>
  <option value="shanghai">上海</option>
  <option value="shenzhengs">深圳</option>
  <option value="guangzhou">广州</option>
  </select>
  <select  size="2">
  <option value="beijing">北京</option>
  <option value="shanghai">上海</option>
  <option value="shenzhengs">深圳</option>
  <option value="guangzhou">广州</option>
  </select>
```

之所以图 1-5-5 中左右两个列表菜单效果不一样，是因为 size 属性的值，可以决定显示出几个菜单项。

还可以采用<optgroup>对同一个<select>里面的菜单项进行分组。代码如下：

```
8. 您在这里最喜欢买什么商品?
<select  size="8">
<optgroup label="食品类">
  <option value="beijing">干果</option>
  <option value="shanghai">面包</option>
  <option value="shenzhengs">生鲜</option>
  <option value="guangzhou">酒</option>
</optgroup>
 <optgroup label="服装类">
  <option value="beijing">男装</option>
  <option value="shanghai">女装</option>
  <option value="shenzhengs">婴儿服装</option>
</optgroup>
</select>
```

效果如图 1-5-6 所示。

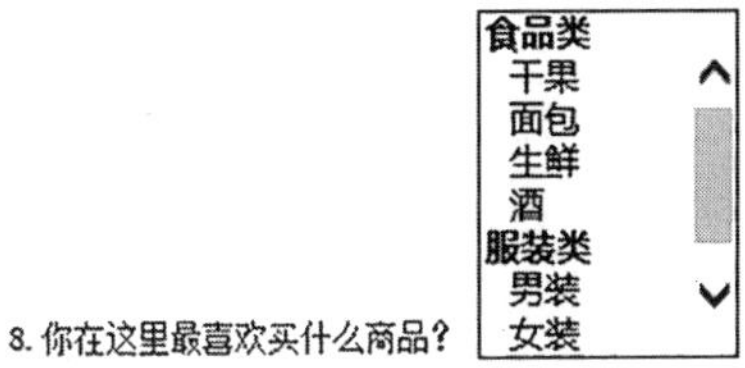

图 1-5-6　列表菜单

6. 上传文件

当<input> 标签的 type 属性值为"file"时，会创建一个上传文件控件，如上传图片、附件等(图 1-5-7)。

图 1-5-7　上传文件控件

代码如下：

```
9. 上传您的头像? <input type="file" >
```

当有文件上传时，表单提交数据的方式选择 post。

任务 1.6　超级链接制作

超级链接可以是一个字、一个词，也可以是一幅图像，点击这些链接时可以指向新的内容，按照新内容的不同情况，可以将链接划分为以下几种情况：

- 指向同站点的其他页面。
- 指向另一个网站。
- 命名锚记链接。
- 电子邮件链接。

超链接可以很好地组织页面信息，一个页面完全可以围绕自己的主题展开，旁枝末节的内容或者需要单独说明的内容可以采用链接到新的页面中去展示。

指向同站点的其他页面：标签<a>可以创建一个超级链接，如将 aboutUs. html 页面的"新手指南"链接到 guide. html 页面，代码如下：

```
<a href = "guide. html">新手指南</a>
```

属性 href 的值就是要链接的目标页面，因为 aboutUs. html 页面与 guide. html 页面的属于源文件和引用文件在同一个目录里的情况，所以 URL 链接直接写上"guide. html"。

接下来，为"会员积分"链接到"memberLevel. html"，为"反馈调查"链接到"feedback. html"。"常见问题"的页面还未完成，采用"＃"代替 URL，可以建立一个空链接，代码如下：

```
<dl>
<dt>用户指南</dt>
<dd><a href = "guide. html">新手指南</a></dd>
<dd><a href = "memberLevel. html">会员积分</a></dd>
<dd><a href = "#">常见问题</a></dd>
<dd><a href = "feedback. html">反馈调查</a></dd>
</dl>
```

效果如图 1-6-1 所示。

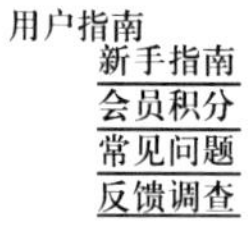

图 1-6-1　超级链接

从图 1-6-1 可知，超级链接未点击时，默认样式是蓝色文字、有下划线的。实际项目中，我们会采用 CSS 样式对超级链接的样式进行设置。

指向另一个网站：网站上的友情链接，经常会从自己的页面跳转到其他网站上去，这时只需设置属性 href 的值为该网站的 URL 地址，如我们想建立一个百度的友情链接。代码如下：

```
<a href = "www. baidu. com">百度</a>
```

命名锚记链接：在“会员级别”memberLevel. html 中，希望点击“如何成为会员？”之后，能跳转到具体的内容上去(图 1-6-2)。

图 1-6-2　命名锚记链接

我们采用命名锚记链接来完成(图 1-6-3)。

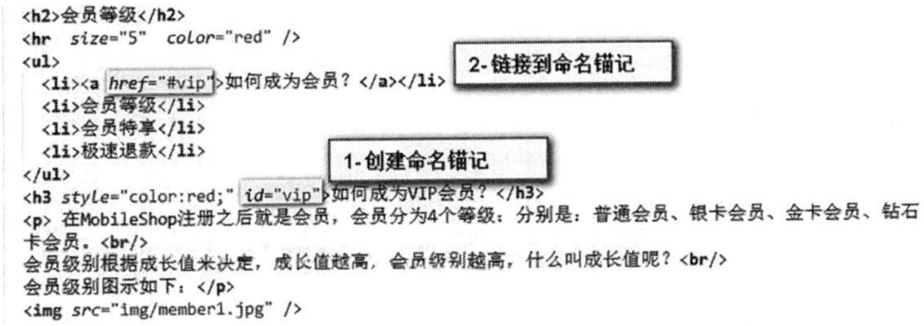

```
<h2>会员等级</h2>
<hr size="5" color="red" />
<ul>
  <li><a href="#vip">如何成为会员？</a></li>
  <li>会员等级</li>
  <li>会员特享</li>
  <li>极速退款</li>
</ul>
<h3 style="color:red;" id="vip">如何成为VIP会员？</h3>
<p> 在MobileShop注册之后就是会员，会员分为4个等级：分别是：普通会员、银卡会员、金卡会员、钻石
卡会员。<br/>
会员级别根据成长值来决定，成长值越高，会员级别越高，什么叫成长值呢？<br/>
会员级别图示如下：</p>
<img src="img/member1.jpg" />
```


图 1-6-3　命名锚记链接代码

步骤 1　创建命名锚记。在需要创建命名锚记的位置，将标签的 id 属性设置好。

步骤 2　链接到命名锚记。将链接的 href 的值设置为“＃id 的值”，如上图中链接的 href="＃vip"。

【做一做】

请为“会员级别”memberLevel. html 页面中的“会员等级”“会员特享”“极速退款”制作命名锚记链接。

电子邮件链接：还可以用＜a＞元素建立邮件链接。邮件链接的 href 值以 mailto：开始，后面跟上一个收件人的 email 地址。代码如下：

```
<a href = "mailto:mobileshop@ictuniv. com">联系我们</a>
```

当单击“联系我们”时，将发送邮件给“mobileshop@ictuniv. com”。

【师傅小结】

本项目是完成苏宁易购 Web 前端项目的第一步，通过本项目的学习，我们掌握了构建规划苏宁易购系统的步骤及方法，还有掌握创建网页的步骤及方法。通过本项目的学习，提高了项目构建规划的能力；提高了分析解决问题的能力；锻炼了开发工具选择及使用能力。

本项目为制作移动电商前端页面打下坚实基础，通过本项目的学习，掌握了 HTML 构建文本类页面的步骤及相关 HTML 元素的使用；掌握了 HTML 构建图文并茂类页面方法；掌握了使用表格的方法；掌握了制作表单类页面的方法；掌握了超级链接分类及使用方法。

通过本项目的学习，提高了结构分析能力和设计能力。

【学徒思考】

通过这个任务我学会了插入表格、表格分区、跨行跨列、表单、超链接等。我想进一步探索新的问题：

如果我想自主设计实现系统前端页面 siteNav 部分和 header 部分，那么页面结构该如何设计才更合理呢？

【思政园地】

《“十四五”国家信息化规划》指出，“十四五”时期，信息化进入加快数字化发展、建设数字中国的新阶段。习近平总书记明确提出“没有信息化就没有现代化”。信息化为中华民族带来了千载难逢的机遇，必须敏锐抓住信息化发展的历史机遇。Web 前端开发本身也是信息化的一部分，本课程实践性强，要求同学们明确设计规范，掌握布局技巧，要“懂分析，善逻辑，精技巧”。

【工作任务实施记录与评价】

1. 环境搭建和目录记录

师傅指导记录	环境测试评价	目录评价	评价成绩
			年　月　日

2. 首页面检查记录

检查质量评价	是否使用 Bootstrap	是否使用 Webstorm	是否使用 Eclipse	评价成绩	评价日期

3. 图文混排页面检查记录

检查质量评价	是否插入图片	是否使用相对路径	是否为图片添加标题	评价成绩	评价日期

4. 表格数据页面检查记录

检查质量评价	是否表格分区	是否跨行跨列	是否创新与改进	评价成绩	评价日期

5. 表单与超链接页面检查记录

检查质量评价	是否能正确运行	是否能正常输入	是否能正常显示	超链接是否能正常跳转	评价成绩	评价日期

6. 学徒关键职业能力及职业品质、工匠精神评价

项目	A	B	C	D
工作态度				
学习能力				
团队协作				
沟通交流				
编码素养				
认真负责				

7. 页面网址附在此处

项目 2

苏宁易购网站实战进阶

知识目标：

- 认知理解 CSS。
- 理解 CSS 样式与分类。

技能目标：

- 掌握制作商品页面的方法。

素质目标：

- 具有代码规范、注释规范意识。
- 具有获取前沿技术信息、学习新知识的能力。
- 具有团队合作能力及组织意识。
- 遵循从软件需求分析到软件验收完成整个软件生命周期的标准规范。

【项目目标与质量要求】

在师傅带领与指导下，熟悉 CSS 样式、CSS 样式表分类、选择器、美化页面的页脚；制作苏宁易购网站商品列表页（包括商品展示列表、商品排序模块、关键字搜索）。

【学习产出目标】

(1)熟悉 CSS。

(2)制作苏宁易购网站商品列表页。

任务 2　CSS 使用和商品列表页的制作

任务 2.1　CSS 使用

2.1.1　CSS 样式表分类

当读到一个样式表时，浏览器会根据它的样式规则来格式化 HTML 文档，从而在浏览器中显示出相应的样式。CSS 样式表根据位置的不同分为外部样式表、内部样式表和内联样式表三种类型。

1. 外部样式表

外部样式表将 CSS 样式规则与 HTML 结构分离，单独存放在 CSS 文件中。当多个页面需要采用同一样式规则时，我们可以将共同样式抽离出来，写入一个 CSS 文件中，并在多个页面中链接该 CSS 文件，从而实现修改一个样式表文件，改变整个站点的外观。

要实现如图 2-1-1 所示的效果、采用外部样式表步骤如下。

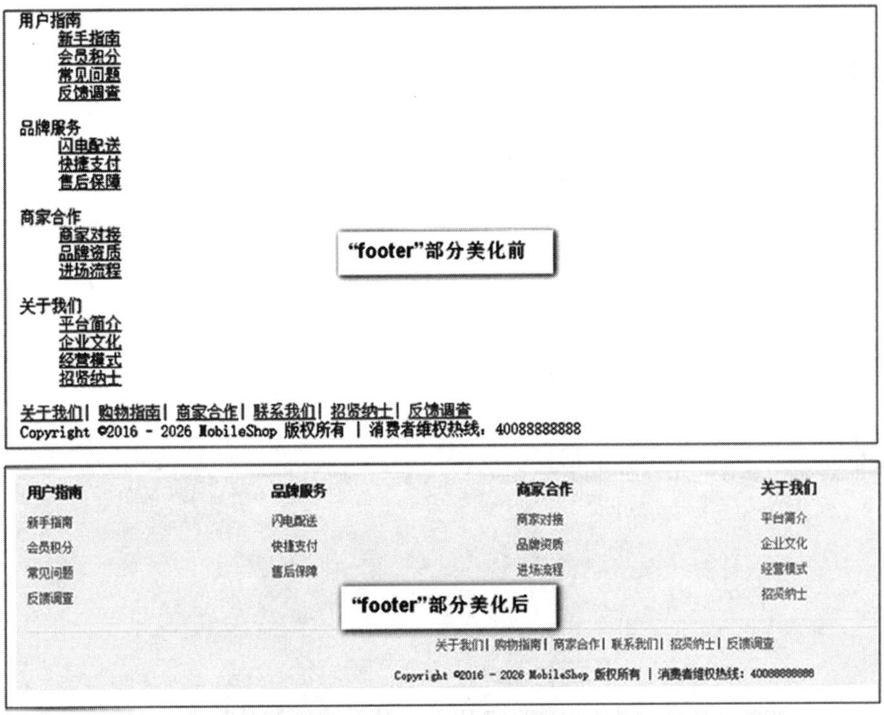

图 2-1-1　"footer"部分 CSS 美化前后对比

步骤 1　创建样式表文件。样式表文件以".css"为后缀，我们将样式表保存为文件"style.css"，存放在 css 文件夹中（CSS 文件属于静态资源，用户需要具有静态资源的访问权限）。代码如下：

【代码 2-1-1】style. css

```
/* 以下是页面的样式 */
body{
font-family:"宋体";  /* body 元素默认文本字体是"宋体" */
color:#616161;  /* body 元素默认文本颜色是"#616161" */
}
h2,h3{/* h2、h3 元素文本颜色为红色 */
color:red;
}
#content{
 width:1190px;  /* content 部分的宽 */
 background: #fafafa;/* content 部分的背景色 */
 }
 .red{
 color:red;/* red 类文本颜色为红色 */
 }
```

步骤 2 链接样式表。可以采用<link> 元素链接到该样式表，<link> 元素位于HTML 页面的 head 部分。例如，将“style. css”导入“aboutUs. html”页面。代码如下：

【代码 2-1-2】aboutUs. html

```
<! DOCTYPE html>
<html lang = "en">
  <head>
     <meta charset = "utf-8">
     <title>关于我们</title>
      <link type = "text/css" rel = "stylesheet" href = "css/style. css" />
  </head>
  <body >
        <div id = "content" >
            <h2>关于我们</h2>
            <hr/>
            <h3>平台简介</h3>
          <p> MobileShop 移动电商平台，是一个<span class = "red" >跨平台
 </span>的综合性移动电商系统。<br/>目前销售的商品涉及服装、美妆、家居、母
 婴、数码、生鲜等大类；目前 MobileShop 的注册用户遍及全国 32 个省、自治区和直辖
 市；目前全国有五个大型仓库，可以做到当日下单，次日到达。</p>
  </body>
</html>
```

其中，link 元素可以告诉浏览器样式表文件的位置，浏览器根据样式表文件中的 CSS 规则，对页面进行格式化。

属性 href 表示样式表的路径，一般放置在 css 文件夹中。

属性 type 表明页面所链接的文本类型，这里是样式表文件的文本类型是“text/css”。

属性 rel 表明 HTML 页面与被链接文件的关系，当链接的是一个 CSS 文件时，它的属性值应该是“stylesheet”。

2. 内部样式表

内部样式表同样实现了 CSS 样式规则与 HTML 结构的分离，只不过 CSS 样式规则位于 HTML 文档中<style>元素中，要实现上述效果，采用内部样式表。代码如下：

【代码 2-1-3】aboutUs. html

```
<! DOCTYPE html>
<html lang = "en">
  <head>
      <meta charset = "utf-8">
      <title>关于我们</title>
      <style type = "text/css">
      body  { font-family:"宋体";  color:#616161;  }
      h2,h3{ color:red;}
      #content{width:1190px;  background: #fafafa;}
      .red{ color:red;}
      </style>
  </head>
  <body >
      <! --HTML 结构代码与【代码 3-1-2】一致，省略 -->
  </body>
</html>
```

其中<style>元素位于<head>元素中，因为是样式表文件，所以属性 type 的值为“text/css”。

3. 内联样式表

内联样式表将 CSS 样式规则与 HTML 标签紧密结合，CSS 声明被放置 HTML 标签的 style 属性中，要实现上述效果，采用内联样式表。代码如下：

【代码 2-1-4】aboutUs. html

```
<body style = "font-family:'宋体';color:#616161;">
    <! --以下是关于我们页面代码 -->
    <div id = "content" style = "width:1190px; background: #fafafa;" >
          <h2 style = "color:red;">关于我们</h2>
          <hr/>
          <h3 style = "color:red;">平台简介</h3>
```

```
        <p> MobileShop 移动电商平台,是一个<span style = "color:red;" >跨平台</span>的综合性移动电商系统。<br/>目前销售的商品涉及服装、美妆、家居、母婴、数码、生鲜等大类;目前 MobileShop 的注册用户遍及全国 32 个省、自治区和直辖市;目前全国有五个大型仓库,可以做到当日下单,次日到达。</p>
    </div>
  </body>
```

同样是定义 body 的默认文本样式是“宋体”、颜色为“#616161”,内联样式表。代码如下:

```
<body style = "font-family:'宋体';color:#616161;">
```

定义 id=content 的 div 的宽度为 1190px,背景颜色为“#fafafa”,内联样式表。代码如下:

```
<div id = "content" style = "width:1190px; background:#fafafa;" >
```

内联样式表需要针对每个 HTML 标签编写 CSS 样式,导致 HTML 结构代码与 CSS 样式代码混在一起,不利于结构与表现的分离,同时代码的复用性也较差。例如:想让 h2、h3 元素的文字颜色都是“red”,采用内联样式表就需要给每一个 h2、h3 元素加上代码 style="color:red;"。想将文字颜色都修改为“blue”,则需要修改多处才能实现,所以在实际项目中,尽量不要采用内联样式表。

4. 多重样式及样式重叠

样式表允许以多种方式规定样式信息。样式可以规定在单个的 HTML 元素中,在 HTML 页的头元素中,或在一个外部的 CSS 文件中。甚至可以在同一个 HTML 文档内部引用多个外部样式表。

当同一个 HTML 元素被两个或更多样式定义时,会采用哪个样式呢?

一般而言,所有的样式会根据下面的规则层叠于一个新的虚拟样式表中,优先级从低到高。

- 浏览器缺省设置
- 外部样式表
- 内部样式表(位于 <head> 标签内部)
- 内联样式(在 HTML 元素内部)

因此,内联样式(在 HTML 元素内部)拥有最高的优先权,这意味着它将优先于以下的样式声明:标签中的样式声明,外部样式表中的样式声明,或者浏览器中的样式声明(缺省值)。

2.1.2 选择器使用

CSS 选择器的种类繁多,我们通过 CSS 选择器(Selector)可以将 CSS 样式规则与相应的 HTML 元素关联起来。常见的 CSS 选择器(表 2-1-1)。

表 2-1-1 常用 CSS 选择器

选择器	作用	举例
标签选择器	以 HTML 标签命名的选择器,定义相应 HTML 标签的样式规则。	例如:body{ font-family:"宋体"; color:#616161; }将样式规则应用于 body 元素,body 内的元素有可能会继承该 CC 规则。

续表 2-1-1

选择器	作用	举例
ID 选择器	ID 选择器在 ID 名前加一个 # 号,定义具有该 ID 值的元素的样式规则,ID 值在同一页面中只允许出现一次。	例如:#content{width:1190px; background:#fafafa;}将样式规则应用于 id 值为“content”的元素。
类选择器	类选择器在类名前加一个点号(.),定义所有具有该 class 属性的所有元素的样式规则。	例如:. red{ color:red;}将样式规则应用于 class 值为“red”的元素。
属性选择器	属性选择器可以根据元素的属性及属性值来选择元素。	例如:a[href = " www. baidu. com"] {color:red;}将样式规则应用于 href 属性值为“www. baidu. com”的所有 a 元素。
后代选择器	匹配指定元素的后代元素(直接后代与间接后代),用空格分割表示包含(嵌套)关系。	例如:p span{color:red;},表示 p 元素下面的所有 span 元素文本颜色为 red。
子元素选择器	匹配指定元素的直接后代,用大于号分隔表示直接包含关系。	例如:li>a{text-decoration:underline;},表示 li 元素的直接后代 a 元素文本有下划线,该 CSS 规则并不适用于页面中其他 a 元素。
相邻兄弟选择器	匹配紧接在指定元素之后的元素,且二者有相同父元素,用加号分隔表示相邻兄弟关系。	例如:div+p{color:red;},将样式规则应用于与 div 相同父元素,并且紧跟在 div 之后的 p 元素。
普通兄弟选择器	匹配在指定元素之后的所有相邻兄弟元素,当然也必须具有相同父元素,用～分隔。	例如:div～p{color:red;},将样式规则应用于与 div 相同父元素,并且跟在 div 之后的所有 p 元素。
并集选择器	匹配页面中相同样式的元素,用逗号表示合并关系。	例如:h2,h3{color:red},表示 h2,h3 元素文本颜色为 red。
指定标签选择器	匹配指定标签元素,并具有指定 class 类或者 ID 的元素。	例如:span. red{color:red;}表示 class 值为 red 的 span 元素适用该 CSS 规则。 div # content {width: 1190px;} 表示 ID 值为 content 的 div 元素适用该 CSS 规则。
通用选择器	匹配页面中所有元素,用 * 定义。	例如: * { } 该 CSS 规则应用于页面中所有元素。

1. 标签选择器

标签选择器是以 HTML 标签命名的选择器。例如:页面初始化样式时,一般会为 body 标签设置整个页面的默认文本样式。

这里我们以制作“用户须知”页面为例,设置默认文本样式如下:

```
body{ font-size:12px; font-family:"宋体"; color:#616161; }
```

在未设置其他样式之前,页面中文本显示大多继承采用该样式规则。

2. ID 选择器

ID 选择器在 ID 名前加一个 # 号,定义具有该 ID 值的元素的样式规则。ID 选择器的使用分为不按先后顺序的两个步骤，即定义与应用。

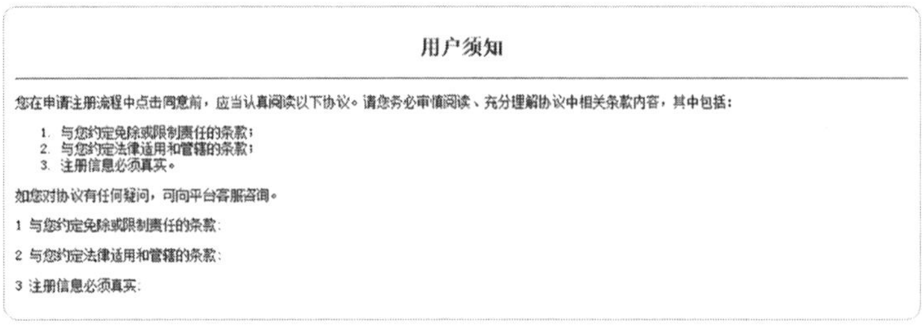

图 2-1-2 “用户须知”页面

步骤 1 ID 选择器定义。我们采用 ID 选择器实现如图 2-1-2 所示效果，样式规则定义如下：

【代码 2-1-5】定义 content 的 css 样式

```
#content{
  width:800px;                    /* 宽 800px */
  margin:20px auto;               /* 实现左右居中，外边距上边距 20px */
  padding:10px 10px ;             /* 内边距上下左右均为 10px */
  border: 1px solid #ccc;         /* 边框 1px ,实线，颜色为#ccc */
  border-radius:12px;             /* css3 新样式，圆角边框，圆角的半径为 12px */
  }
#content h2{ text-align: center;}
```

其中#content h2{ }是后代选择器，该 CSS 样式规则应用于#content 中的 h2 元素。

步骤 2 应用。在 HTML 标签身上添加属性：ID=“id 选择器的名称”即可。“用户须知”HTML 结构代码如下：

【代码 2-1-6】应用 content 的 css 样式

```
<div id = "content" >
        <h2 >用户须知</h2>
        <hr >
        <div  id = "smallDiv">
            <p>您在申请注册流程中点击同意前，应当认真阅读以下协议。请您务必审慎阅读、充分理解协议中相关条款内容，其中包括：
            </p>
            <ol>
            <li>与您约定免除或限制责任的条款；</li>
            <li>与您约定法律适用和管辖的条款；</li>
            <li >注册信息必须真实。</li>
            </ol>

            <p>如您对协议有任何疑问，可向平台客服咨询。</p>
```

```
            </div>
            <p >1 与您约定免除或限制责任的条款:</p>
            <p >2 与您约定法律适用和管辖的条款:</p>
            <p >3 注册信息必须真实:</p>
        </div>
```

注意:在一个页面中,同一个 ID 名称只能出现 1 次。

3. 类选择器

类选择器的使用也分为不按先后顺序的两个步骤,即定义与应用。

步骤 1　类选择器定义。例如我们定义文本样式为 red 的样式规则定义如下:

```
.red{color:red;}
```

步骤 2　应用。在 HTML 标签身上添加属性:class="class 选择器的名称"即可。我们想让"用户须知"页面的"用户须知"及"注册信息必须真实。"显示".red"样式,在代码 2-1-6 的基础上,代码片段如下:

```
片段 1:   <h2 class = "red">用户须知</h2>
片段 2:   <li class = "red">注册信息必须真实。</li>
```

4. 后代选择器与子元素选择器

后代选择器匹配指定元素的后代元素(直接后代与间接后代),用空格分割表示包含(嵌套)关系。例如"用户须知"样式中添加如下代码:

```
#content p{   text-decoration:underline}
```

表示#content 下面所有的 p 元素,不管是直接后代还是间接后代,都要遵循文本具有下划线的样式规则,效果如图 2-1-3 所示。

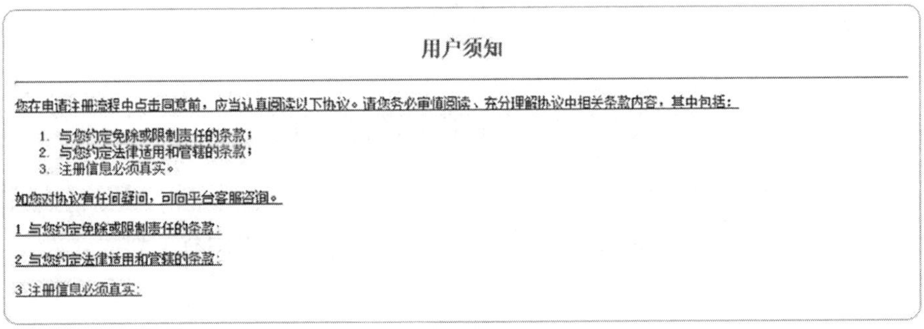

图 2-1-3　后代选择器效果演示

子元素选择器只匹配指定元素的直接后代,用大于号分隔表示直接包含关系,如将上述代码修改为子元素选择器。代码如下:

```
#content>p{   text-decoration:underline}
```

效果也就不一样,这个样式规则只对#content 中直接后代 p 元素有效(图 2-1-4)。

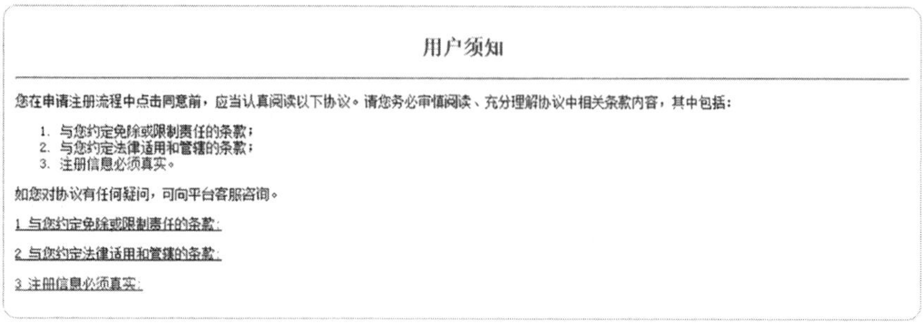

图 2-1-4 子元素选择器效果演示

5. 相邻兄弟选择器与普通兄弟选择器

相邻兄弟选择器匹配紧接在指定元素之后的元素，且二者有相同父元素，用加号分隔表示相邻兄弟关系。例如定义 ID 为 smallDiv 的元素的相邻兄弟选择器。代码如下：

```
#smallDiv+p{ text-decoration:underline}
```

表示紧跟 #smallDiv 的 p 元素，同时二者需要是相同父元素，都要遵循文本具有下划线的样式规则，效果如图 2-1-5 所示。

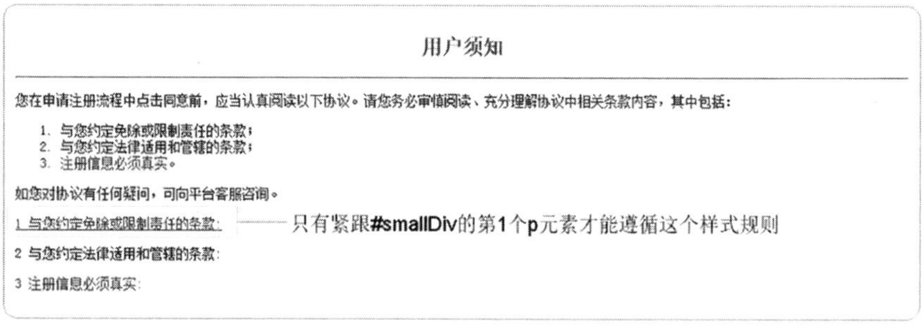

图 2-1-5 相邻兄弟选择器效果演示

普通兄弟选择器匹配在指定元素之后的所有相邻兄弟元素，当然也必须具有相同父元素，用～分隔。例如将上述代码修改为普通兄弟选择器，代码如下：

```
#smallDiv~p{ text-decoration:underline}
```

效果如图 2-1-6 所示，#smallDiv 之后的所有相邻兄弟 p 元素均有下划线效果。

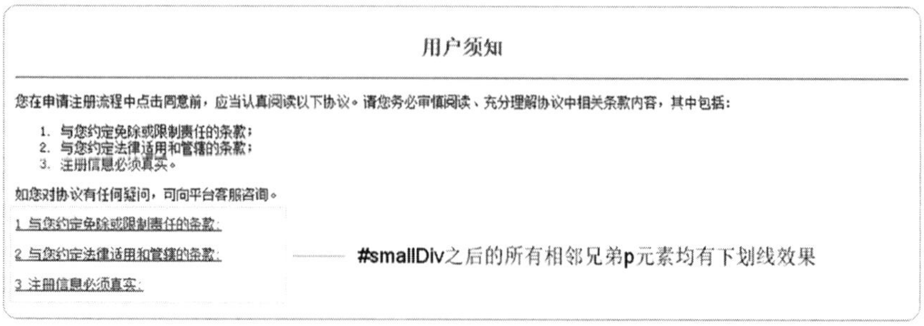

图 2-1-6 普通兄弟选择器效果演示

2.1.3 美化页面页脚部分

对CSS样式有了初步认识，我们再回到最初提出的任务，美化页面页脚“footer”部分，步骤如下：

步骤1 HTML构建页面结构。

要求分析footer部分的页面结构，并采用合理的HTML标签进行结构化（图2-1-7）。

图2-1-7 footer部分的页面结构

根据如图2-1-7所示“footer”部分的页面结构，我们可以采用HTML构建页面的结构。代码如下：

【代码2-1-7】footer.html

```
<! DOCTYPE html>
<html lang = "en">
    <head>
        <meta charset = "utf-8">
        <title>关于我们</title>
        </head>
    <body >
       <! --省略其他部分-->
       <div id = "footer" >
         <div id = "footerCon">
           <div id = "links">
           <dl>
           <dt>用户指南</dt>
           <dd><a href = "guide.html">新手指南</a></dd>
           <dd><a href = "memberLevel.html">会员积分</a></dd>
           <dd><a href = "#">常见问题</a></dd>
           <dd><a href = "feedback.html">反馈调查</a></dd>
           </dl>
                 <dl>
                 <dt>品牌服务</dt>
                 <dd><a href = "#">闪电配送</a></dd>
                 <dd><a href = "#">快捷支付</a></dd>
                 <dd><a href = "#">售后保障</a></dd>
                 </dl>
                 <dl>
                 <dt>商家合作</dt>
```

```
                <dd><a href="#">商家对接</a></dd>
                <dd><a href="#">品牌资质</a></dd>
                <dd><a href="#">进场流程</a></dd>
                </dl>
                <dl>
                <dt>关于我们</dt>
                <dd><a href="#">平台简介</a></dd>
                <dd><a href="#">企业文化</a></dd>
                <dd><a href="#">经营模式</a></dd>
                <dd><a href="#">招贤纳士</a></dd>
                </dl>
            </div>
            <div id="otherLinks">
              <a href="#">关于我们</a>|
              <a href="#">购物指南</a>|
              <a href="#">商家合作</a>|
              <a href="#">联系我们</a>|
              <a href="#">招贤纳士</a>|
              <a href="#">反馈调查</a>
              <a href="#">反馈调查</a>
            </div>
            <div id="copyRight">
              Copyright &copy;2016 - 2026 MobileShop 版权所有 | 消费者维权热线:40088888888
            </div>
         </div>
      </div>
   </body>
</html>
```

步骤 2 导入 favicon. ico。

将 favicon. ico 文件放置在根目录下面，favicon. ico 文件的制作方式可以通过搜索引擎查询，这里不详细讲述，运用 link 标签将 favicon. ico 导入页面的代码如下：

```
<link rel="shortcut icon" href="../favicon.ico" />
```

在浏览器中预览该页面就可以看到 favicon. ico 了，效果如图 2-1-8 所示。

图 2-1-8 "favicon. ico"显示效果

注意:“footer. html”放置在 default 文件夹中,favicon. ico 位于它的上级目录中,因此,相对路径为“. . /favicon. ico”。

步骤 3 创建外部样式表。

在 css 文件夹中新建样式表文件“base. css”,并与该页面相关联。代码如下:

```
<link type = "text/css" rel = "stylesheet" href = "css/base. css" />
```

步骤 4 样式初始化。

代码如下:

【代码 2-1-8】base. css

```
/*样式准备第 1 步:重新定义部分 Html 标签的样式*/
body,div,a,img,h1,h2,h3,h4,h4,h5,p,ol,ul,li,dl,dt,dd{
margin:0;
padding:0;
list-style:none;
border:none;
}
/*样式准备第 2 步:定义 body 默认样式*/
body{ font-size:12px; font-family:"宋体"; color:#616161; }
/*样式准备第 3 步:定义 a 的默认样式*/
a{ color:#999; text-decoration:none;}
a:hover{ text-decoration:underline;}
/*为旧版本浏览器格式化 Html5 元素*/
article, aside, dialog, footer, header, section, footer, nav, figure, menu {
display:block; }  /*display:block; 将指定元素设置为块级元素。*/
```

代码的“样式准备第 3 步”中定义了 a 的默认样式,链接常有四个状态(表 2-1-2)。

表 2-1-2 链接常有的四个状态

选择器	状态
a:link	正常,未访问过的链接
a:visited	用户已访问过的链接
a:hover	当用户鼠标放在链接上时
a:active	链接被点击的那一刻

链接样式的声明,常常是以设置 CSS 文本属性为主,例如:文本的颜色、字体大小、文本是否具有下划线等样式,代码“a:hover{ text-decoration:underline;}”表示当鼠标放在链接上时,文本无下划线。

步骤 5 通栏样式设置。

通栏样式设置,将外部的 div 容器#footer 横向填充整个页面,高度根据里面嵌套的内容自动调节。将内部的 div 容器#footerCon 水平方向上居中。代码如下:

【代码 2-1-9】通栏样式设置

```
#footer{
/*通栏设置:采用margin属性为#footer设置外边距,上下外边距10px,左右为0,这样设置可以横向填充整个页面,高度是根据#footer里嵌套的内容自动调节*/
margin:10px 0px;
background:#f5f5f5;
border-top:1px solid #eee; /*设置上边框为1px实体线 颜色是#eee*/
}
#footerCon{
width:1190px;    /*设置#footerCon宽度为1190px*/
/*采用margin属性为#footerCon设置外边距,上下外边距10px、0px;左右为auto,这样可以使#footerCon居中显示*/
margin:10px auto 0px;}
```

步骤 6 对页面内容进行美化。

美化 ID="links"部分,代码如下:

【代码 2-1-10】对页面内容进行美化

```
#footerCon #links{
border-bottom: 1px solid #eee;
overflow:hidden;/*当这个容器里有元素浮动时,采用overflow:hidden;可以确保该容器高度正常显示*/
padding-bottom: 20px;/*下内边距为20px*/
}
#footerCon #links dl{
float:left;/*指定元素将脱离标准流,进行左浮动*/
width: 200px;
margin-right:52px;
overflow: hidden;
}
#footerCon #links dl dt{color:#646464; padding-bottom: 10px; font-weight: 700; font-size: 14px; }
#footerCon #links dl dd{ line-height: 25px;}
```

美化 ID="otherLinks"部分,样式代码如下:

```
#footerCon #otherLinks{ height:30px; line-height: 30px;  text-align: center;  }
```

最后,美化 ID="copyRight"部分,样式代码如下:

```
#footerCon #copyRight{  line-height: 30px;  text-align: center;  }
```

1. CSS 样式属性

CSS 样式属性用于具体描述所指向的 HTML 元素对象的某方面的样式，例如：HTML 对象的宽度、高度、背景、文本的颜色、字体等。根据 CSS 属性定义的样式类型，可以划分为背景属性、文本属性、字体属性、尺寸属性、列表样式、表格属性、边框属性、定位属性、布局属性、外边距属性、内边距属性等。

(1)字体属性。字体属性定义字体，加粗，大小等样式(表 2-1-3)。

表 2-1-3　常用字体属性

属性	作用	举例
font-family	指定元素文字的字体，你可以指定多个字体并用逗号隔开，如果浏览器不支持第一个字体，则会尝试下一个。	font-family：Verdana，Arial，'宋体'；
font sizc	指定字体的大小，一般以像素(px)为单位进行设置。	font-size：12px；
font-style	设置斜体文本，可选属性值如下： normal：默认值。 italic：浏览器会显示一个斜体的字体样式。 oblique：浏览器会显示一个倾斜的字体样式。	font-style：italic；
font-weight	设置粗体文本，定义由粗到细的字符。常用属性值如下： normal：默认值。 bold：粗体；bolder：更粗体。 lighter：更细的字符。 100，200，300，400，500，600，700，800，900：400 等同于 normal，而 700 等同于 bold。	font-weight：bold；
font	复合属性，一个声明中设置所有字体属性。 可设置的属性是(按顺序)："font-style font-variant font-weight font-size/line-height font-family" font-size 和 font-family 的值是必需的，属性值之间用空格分隔。	font：oblique bold 15px "宋体"；

(2)文本属性。文本属性定义文本的颜色、行高、对齐方式、文本修饰、首行缩进等样式(表 2-1-4)。

表 2-1-4　常用文本属性

属性	作用	举例
color	设置文本的颜色。	color：#616161；
line-height	设置行间距。	line-height：30px；
text-align	指定元素文本的水平对齐方式。常用属性值如下： left：把文本排列到左边。默认值：由浏览器决定。 right：把文本排列到右边。 center：把文本排列到中间。 justify：实现两端对齐文本效果。	text-align：center；

续表 2-1-4

属性	作用	举例
text-decoration	属性规定添加到文本的修饰。常用属性值如下： none：默认。定义标准的文本。 underline：定义文本下的一条线。 overline：定义文本上的一条线。 line-through：定义穿过文本下的一条线。 blink：定义闪烁的文本。	text-decoration：underline；
text-indent	指定文本块中首行文本的缩进值。	text-indent：50px；

其中，行间距是指从文字的中线位置到下一行文字的中线位置之间的距离。一般行距设置为文字大小的两倍左右。例如：设置 id="otherLinks"的样式时，将 height 与 line-height 设置为同一数值，因为＃otherLinks 指向的 div 中只有一行文字，将 height 与 line-height 都设置为同一个数值，就可以保证文字垂直居中。

（3）背景属性。背景属性定义背景的背景色、背景图、平铺方式及背景图定位等样式（表 2-1-5）。

表 2-1-5　常用背景属性

属性	作用	举例
background-color	设置或检索对象的背景颜色。颜色值可以是十六进制编码、颜色名称、RGB、HSL。	background-color：rgb（255，0，255）；
background-image	设置指定元素的背景图像。 默认情况下，background-image 放置在元素的左上角，并重复垂直和水平方向。	background-image：url（"bg. png"）；
background-repeat	设置指定元素的背景图像的平铺方式。可选参数如下： repeat：默认情况下背景图像将向垂直和水平方向重复。 repeat-x：只有水平位置会重复背景图像。 repeat-y：只有垂直位置会重复背景图像。 no-repeat：背景图像不会重复。	background-repeat：repeat-x；表示背景 x 轴平铺。
background-position	属性设置背景图像的起始位置。后面我们将采用这个属性去设置 sprite 图片。	background：url（sprite. jpg）-560px -846px；
background-attachment	背景图像是固定的还是随着页面的其余部分滚动。可选参数如下： scroll：默认情况背景图片随页面的其余部分滚动。 fixed：背景图像是固定的。	background-attachment：fixed；
background	复合属性。可以同时设置多个背景属性。	例如：background：＃00ff00 url（'bg. png'）no-repeat fixed center；表示背景色为绿色、背景为 bg. png，不重复，固定不滚动，居中。

(4)边框属性。设置指定元素边框的位置、宽度、样式、颜色等样式(表 2-1-6)。

表 2-1-6 常用边框属性

属性	作用	举例
border-style	指定边框的样式。常用的边框样式如下: none:默认无边框。 dotted: dotted:定义一个点线框。 dashed:定义一个虚线框。 solid:定义实线边界。 double:定义两个边界。两个边界的宽度和 border-width 的值相同。	border-style:solid;
border-width	设置边框的宽度。边框宽度属性值有两种,可以是具体的长度值,例如:1px;也可以是 thin、medium、thick。	border-width:1px; border-width:medium;

border-color	设置边框的颜色。颜色值可以是十六进制编码、颜色名称、RGB、HSL。	以下均是表示边框颜色为红色。
		border-color: #ff0000;
		border-color:red;
		border-color:rgba(255,0,0);
		border-color:hsl(0,100%,80%);
		border-color: hsla (0, 100%, 80%, 0.5);也是一种红色,透明度为 0.5。

border-top border-top-* border-right border-right-* border-bottom border-bottom-* border-left border-left-*	单独设置各边框,分为上右下左四个边框。 例如 border-top:1px solid red;指定元素的上边框为 1px 宽、实线、红色。 border-top-color:red;指定元素的上边框颜色为红色。	border-top:1px solid red; border-top-color:red; border-top-style:double;
border-radius	border-radius 属性可以为元素添加圆角边框。 border-*-radius 属性可以分别设置元素的圆角边框。	border-radius:25px;表示四个角都是半径为 25px 的圆角。 border-top-left-radius:25px;表示上左角为圆角。
border	复合属性,可以设置指定元素上、下、左、右四个边框的 border-width, border-style, 和 border-color 值。	p{border:1px solid red;} 表示 p 元素的边框宽度为 1px,实体线,红色。

关于上述样式规则中已经涉及外边距 margin、内边距 padding,以及浮动 float 等属性将在后续任务中详细探讨。

任务 2.2　商品列表页制作

在采用 CSS 美化了“footer”模块之后，我们可以尝试更复杂的页面效果及布局，在 B2C 模式的苏宁易购网站中，“商品列表页”是用户搜索商品时，呈现商品缩略情况的列表页面（图 2-2-1）。

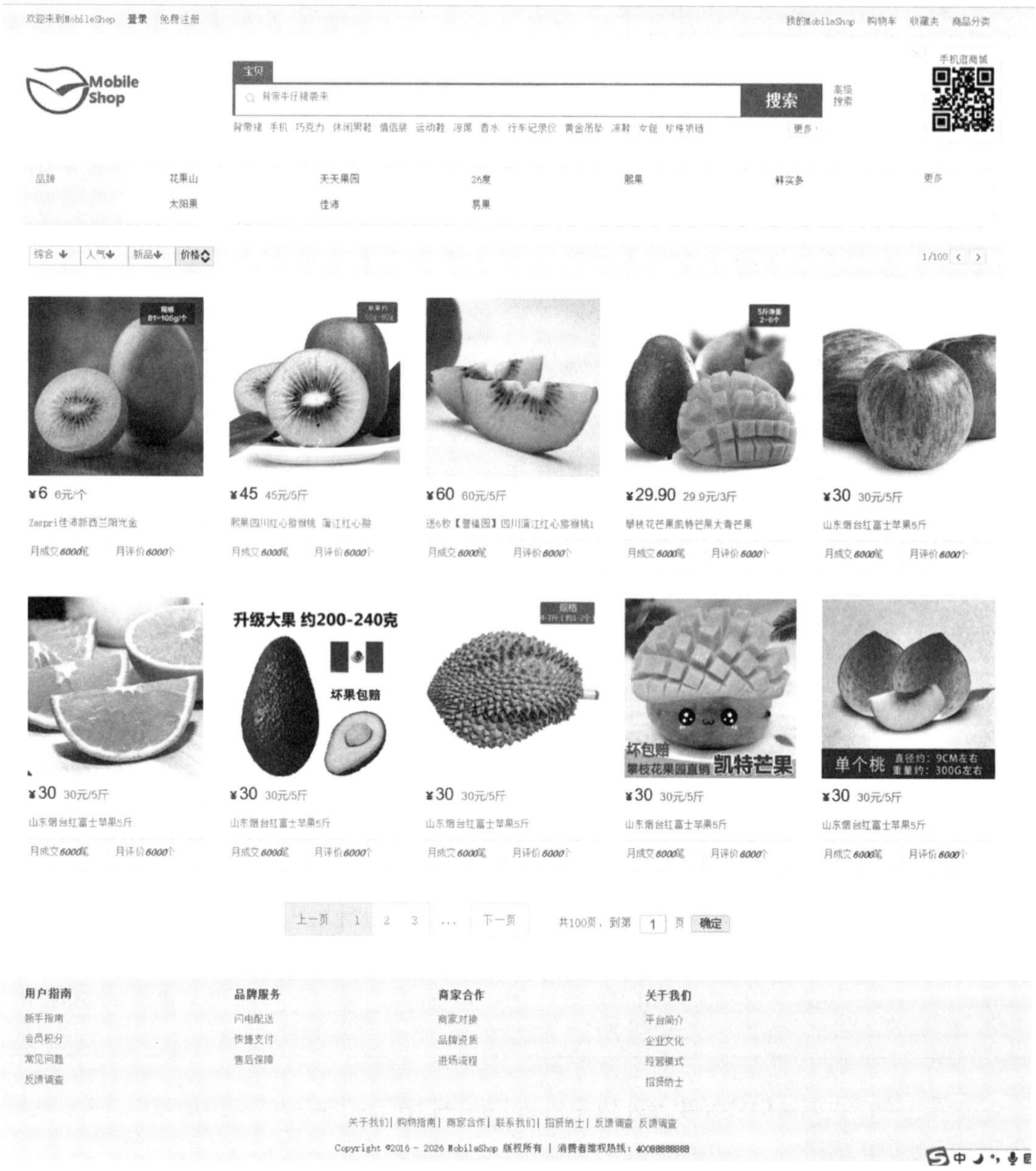

图 2-2-1　商品列表页“goodesList. html”效果图

在师傅的指导下，将“商品列表页”按照功能模块主要划分为“商品展示列表”“排序模块”“关键字搜索模块”“条件搜索模块”“翻页”，这就请跟随我们的脚步，分模块完成该页面吧。

2.2.1 商品展示列表

在商品列表页中，“商品展示列表”尤为重要。当我们进行“条件搜索”或者“关键字搜索”之后，会呈现出相关的商品列表，每个商品展示单元都具有“商品主图”“价格”“单价”“商品标题”“月成交量”“月评价量”等信息。商品展示列表做得好，就会提升商品的点击率。制作“商品展示列表”的步骤如下。

步骤 1 HTML 构建页面整体结构。

我们首先看一下“商品展示列表”的页面结构(图 2-2-2)。

图 2-2-2 “商品展示列表”

构建页面的 HTML 结构，要遵循从整体到局部，从外层到内层的顺序，我们先构建整体 HTML 框架。代码如下：

【代码 2-2-1】“商品展示列表”整体 HTML 框架

```
<div id = "goodsList">
        <div class = "goodsItem">
          <div class = "goodsItemWrap">
              <div class = "goodsImg">   <! --放商品图片-->

              </div>
              <p class = "goodsPrice">   <! --放商品价格、单价-->

              </p>
              <p class = "goodsTitle">  <! --放商品标题-->

              </p>
```

```
            <p class = "goodsStatus"> <! --放商品月成交量、月评价数-->

            </p>
          </div>
       </div>
     /* 省略部分为并列的其他商品的 div */
</div>
```

接下来，分析 <div class="goodsImg">的内部结构，这里存放"商品主图"，并且通过该图点击进入商品详情页，因此，采用 a 链接嵌套 img 元素，暂时将所有商品图片存放在文件夹"img>goods"中。HTML 代码如下：

【代码 2-2-2】<div class="goodsImg">HTML 代码

```
<div class = "goodsImg">
     <a href = "#">
          <img src = "img/goods/1. jpg"/>
     </a>
 </div>
```

我们定义一个 goodsImg 类来设置图片的样式。为什么这里使用 class 类而不用 id 呢？因为同一 id 在一个页面中只能出现一次，用来标识那些唯一的 HTML 元素，方便后期提取数据的。但是这里，同一页面中会出现多次商品展示单元，所以采用 class 来规范它们的样式，而不能采用 id。

接下来，我们分析<p class="goodsPrice">的内部结构，采用 em 元素存放"价格"，其中为了凸显数字，采用 b 元素存放数字；span 存放"单价"；我们将定义一个 average 类来设置"单价"样式，因此要为它加上 class="average"。代码如下：

【代码 2-2-3】<p class="goodsPrice">HTML 代码

```
<p class = "goodsPrice">
    <em><b>￥</b>6</em>
    <span class = "average">6 元/个</span>
</p>
```

<p class="goodsTitle">的结构较为简单，如下：

【代码 2-2-4】<p class="goodsTitle">HTML 代码

```
<p class = "goodsTitle">
     <a href = "#">Zespri 佳沛新西兰阳光金</a>
</p>
```

在<p class="goodsStatus">中，采用 span 存放"月成交量"和"月评价数"，其中为了凸显数字，可以采用 em，观察效果图 2-2-1"月成交""月评价"均有边框，为了边框不重复，需要将"月评价"的右边框设置为无，之后将为它设计 norightborder 类来完成这一无右边框的特殊效果。代码如下：

【代码 2-2-5】<p class="goodsStatus">HTML 代码

```
<p class = "goodsStatus">
        <span>月成交<em>6000</em>笔</span>
        <span class = "norightborder">月评价<em>6000</em>个</span>
</p>
```

当然，实现同一个页面可以采用不同的 HTML 结构，但是必须要科学合理，例如：京东商城就采用 ul-li 去构建商品展示列表，这也是合理的。学会分析页面结构，正确的使用 HTML 元素架构页面，可以方便 CSS 样式的书写、动态效果的实现、服务器数据的提取与呈现。

步骤 2　引入样式表文件。

引入 base. css 文件。已经创建了 basc. css 样式文件，我们可以将公共的样式规范写入该文件。例如：样式的初始化代码，只要页面引入了 base. css，均可遵循初始化样式规范。

```
<link type = "text/css" rel = "stylesheet" href = "css/base. css" />
```

创建特殊样式文件。在 css 文件夹中新建样式表文件“goodsList. css”，将“goodsList. html”与该页面相关联，代码如下：

```
<link type = "text/css" rel = "stylesheet" href = "css/goodsList. css" />
```

步骤 3　框架 CSS 样式设置。

在“goodsList. css”书写用于“goodsList. html”的 CSS 样式规范，按照整体到局部，外层到内层的顺序进行样式的设置。这里先设置 <div id="goodsList">、<div class="goodsItem">及<div class="goodsItemWrap">的 CSS 样式，代码如下：

【代码 2-2-6】goodsList. css

```
/* div id = "goodsList" 容器样式设置 */
#goodsList{
  width:1210px;                /* 宽度为 1210px */
  height:auto;                 /* 高度根据内容自动调节 */
  /* margin 有三个参数，分别表示上、左右、下外边距的值，其中左右设置为 auto，可以在父元素中 居中显示 */
  margin:20px auto 0px;
  overflow:hidden;             /* 内容溢出属性 overflow:hidden，可将溢出该盒子的内容隐藏 */
  }
/* 采用后代选择器设置 div class = "goodsItem"即商品展示单元的样式 */
#goodsList .goodsItem{
 width:220px;
 height:330px;                /* width 和 height 实例化宽高 */
 /* margin 属性有四个参数，分别表示：上、右、下、左外边距的值 */
```

```
    margin:0px 22px 22px 0px;
  overflow: hidden;
/* float 设置为 left 表示左浮动,可以达到商品展示单元脱离标准流,而依次浮动到父元素的左侧 */
  }
 /* 采用后代选择器设 div class="goodsItemWrap"即商品展示单元内层 div 的样式 */
 #goodsList. goodsItem . goodsItemWrap{
  width:210px;
  height:315px;
  background-color: #fff;
  margin:0px;         /* margin 属性有一个参数,表示四个方向的外边距值相等 */
  padding: 4px;       /* padding 属性有一个参数,表示四个方向的内边距值相等 */
  border: 1px solid #f5f5f5;     /* 设置边框为 1px 实线 颜色为#f5f5f5 */
  border-radius:3px; /* border-radius 是 CSS3 新属性,设置边框四角为圆角 */
  }
```

为了理解这一段样式规则,我们需要引入一个重要的概念:盒子模型。

盒子模型(即 box model)是指所有 HTML 元素都可以看作盒子,用于设计和布局时使用。一个 CSS 盒子包括:内容、内边距、边框、外边距(图 2-2-3)。

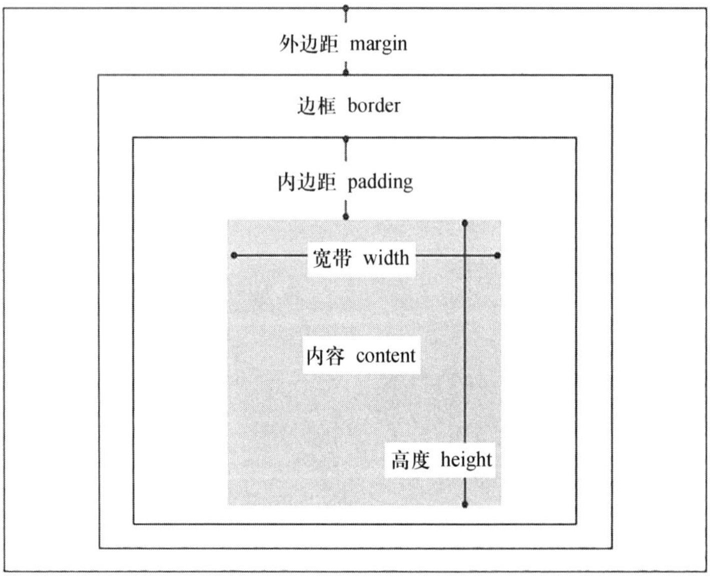

图 2-2-3 盒子模型

(1)内容。采用 width 和 height 属性实体化盒子的宽度和高度。

(2)内边距。拉开内容与边框的距离。采用内边距属性 padding 进行设置。

属性 padding 是复合属性,可以设置盒子的上、下、左、右四个内边距的值。它后面可以跟上一到四个值。

```
padding: 4px;
/* padding 属性有一个参数,表示四个方向的内边距值相等,均为 4px */
padding: 10px 5px;
/* padding 属性有两个参数,分别表示上下内边距为 10px,左右内边距为 5px */
padding: 10px 0px 20px;
/* padding 属性有三个参数,分别表示上内边距为 10px,左右内边距为 0px,下内边距为
20px */
padding: 10px 5px 20px 15px;
/* padding 属性有四个参数,则按照顺时针方向,分别表示上内边距为 10px,右内边距为
5px,下内边距为 20px,左内边距为 15px */
```

也可以对某个方向的内边距进行设置:padding-top、padding-right、padding-bottom、padding-left 分别设置上、右、下、左内边距的值。

(3)边框。设置盒子边框的位置、宽度、样式、颜色等样式。我们常用 border 属性对边框的宽度(border-width)、边框样式(border-style)、边框颜色(border-color)进行设置。

```
border: 1px solid #f5f5f5; /* 设置盒子的四个边框为 1px 实体线 颜色是 border: 1px
solid #f5f5f5; */
```

常用 border-top、border-right、border-bottom、border-left 属性来单独设置上、右、下、左边框的样式。

```
border-right: 0;/* 表示右边框为 0px */
```

常用 border-radius 属性来设置圆角边框。

```
border-radius: 10px; /* 设置盒子的四个角为圆角,圆角半径为 10px */
```

我们还可以使用 border-radius 创建圆形。例如,我们创建了一个半径为 100px 的圆形,可以采用如下样式代码:

```
#circle {
    width: 200px;
    height: 200px;
    background-color: red;
    border-radius: 100px;
}
```

从代码中可以看出,要创建一个圆形,可以将宽度和高度设置相等,将 border-radius 设置为宽高的一半。

border-radius 是 CSS3 新属性,为了兼容老版本浏览器,可在属性前面加以下前缀(表 2-2-1)。

表 2-2-1 CSS3 属性前缀

-moz-	-webkit-	-ms-	-o-
firefox 浏览器	safari、chrome	ie 浏览器	Opera

例如-webkit-border-radius：10px；在老版的 safari、chrome 浏览器上也可以呈现出圆角。

(4)外边距。拉开盒子与其他盒子的距离。采用外边距属性 margin 进行设置。

外边距属性 margin 也是复合属性，可以设置盒子的上、下、左、右四个外边距的值。它后面也可以跟上一到四个值。

```
margin：4px；
/* margin 属性有一个参数，表示四个方向的外边距值相等，均为 4px */
margin：10px 5px；
/* margin 属性有两个参数，分别表示上下外边距为 10px，左右外边距为 5px */
margin：10px 0px 20px；
/* margin 属性有三个参数，分别表示上外边距为 10px，左右外边距为 0px，下外边距为 20px */
margin：10px 5px 20px 15px；
/* margin 属性有四个参数，则按照顺时针方向，分别表示上外边距为 10px，右外边距为
5px，下外边
距为 20px，左外边距为 15px */
```

也可以对某个方向的外边距进行设置：margin-top、margin-right、margin-bottom、margin-left 分别设置上、右、下、左外边距的值。

```
margin-bottom：5px；    /* 设置下外边距为 5px */
```

开发中，常用 margin 属性来设置盒子模型在父元素中居中显示，只要将左右外边距设置为 auto 即可。

```
margin:20px auto 0px；      /* 这里，margin 有三个参数，分别表示上、左右、下外边距的
值，其中左右设置为 auto，可以在父元素中居中显示 */
```

开发调试时，常采用 Chrome 开发者工具观察 HTML 元素的盒子模型。例如<div class="goodsItem">盒子模型(图 2-2-4)。

注意：

盒子实际占位尺寸＝ margin＋border＋padding＋实体化的宽度或者高度。

在设置 width 和 height 时，要考虑 margin、border 和 padding 的值带来的影响。

从图 2-2-4 可以看出，每个商品各占一行，并没有按照 UI 设计图从左到右进行排列。

CSS 采用盒子模型来构建每一个 HTML 元素，而这些元素分为两种类型：块级元素和内联元素。

通常情况下，块级元素独占一行，并且可以设置宽度和高度来控制盒子的大小。而内联元素一行可以共存多个，可以设置宽高但是不生效，自身尺寸根据元素内部嵌套的内容来确定。这就是标准流布局。

常见的块级元素有：p、div、h1-h6、ul-li 等。

常见的内联元素有：a、span、img、b、i、em 等。

要打破这种格局，让 HTML 元素脱离标准流，我们可以采用浮动。

浮动元素，是指浮动一个元素可以使它脱离标准流，并定位到它的父级元素的最左边或者最右边。

图 2-2-4　<div class="goodsItem">盒子模型

浏览器认为设置了浮动的元素不存在，因此会影响到标准流中的其他后续元素，浮动是一种半脱离标准流的状态。

我们使用属性 float 来使元素浮动。float: left;表示让元素左浮动，float: right;表示让元素右浮动。例如：我们要实现商品从左到右进行排列，就为放置商品 class="goodsItem"的 div 元素添加浮动属性，在代码 2-2-6 的第 17 行添加如下代码即可：

```
float:left;
```

这样，所有采用 goodsItem 类的元素，在这里就是所有的商品单元，都会依次定位到父级元素的最左边，在 Chrome 浏览器中预览，效果(图 2-2-5)。

图 2-2-5　使用浮动使商品排成一行

步骤 4 设置“商品主图”的 CSS 样式规则。代码如下：

【代码 2-2-7】“商品主图”的 CSS 样式

```
.goodsImg{
    height:210px;
    width:210px;
    padding:0;
    margin:0;
    margin-bottom:5px;
}
.goodsImg a, .goodsImg img{
    max-height: 210px;
     max-width: 100%;
}
```

样式具有重叠性，后面的样式会覆盖前面的样式，例如 margin:0;margin-bottom:5px; 首先声明所有的外边距为 0，接下来申明下外边距为 5px，重叠之后就是上、右、左外边距为 0，而下外边距为 5px。

为了保证盒子显示的效果，可以采用属性 max-height 和 max-width 设置最大高度和宽度。其中 max-width: 100%;img 的最大宽度为父元素的宽度值的 100%。

步骤 5 设置“商品价格”的 CSS 样式规则。代码如下：

【代码 2-2-8】“商品价格”的 CSS 样式

```
 .goodsPrice{
 /*! important 将该样式规则优先级提到最高 */
  font-family:arial,verdana,sans-serif! important;
  color:#c00;
  font-size: 14px;
  height:30px;
  line-height: 30px;
  margin:0 0 5px;
  white-space: nowrap; /* 文本不会换行，直到遇见 br 元素 */
 }
 .goodsPrice em{
  font-style:normal;
  font-weight: 400;
  font-size: 20px;
 }
 .goodsPrice em b{
     margin-right: 2px;
```

```
    font-weight: 700;
    font-size: 14px;
}
.goodsPrice .average{
 white-space: nowrap;/ * 文本不会换行，直到遇见 br 元素 * /
 padding:0 5px;
 color: #999;
}
```

步骤 6　设置“商品标题”部分的 CSS 样式规则。代码如下：

【代码 2-2-9】“商品标题”的 CSS 样式

```
.goodsTitle{
color: #666;
height:30px;
line-height: 30px;
margin-bottom: 3px;
overflow:hidden;
}
.goodsTitle a{
    color:333;
}
.goodsTitle a:hover{
    color: #c00;
}
```

步骤 7　设置“月成交、月评价”部分的 CSS 样式规则。代码如下：

【代码 2-2-10】“月成交、月评价”的 CSS 样式

```
.goodsStatus{
    height:32px;
    border:0;
    border-top:1px solid #eee;
    margin-bottom: 0;
    color: #999;
    overflow:hidden;
}
.goodsStatus span{
    display:inline-block;
    float:left;
    border-right: 1px solid #eee;
```

```
    width:45%;
    padding:10px 1px;
    margin-right：6px;
    line-height：12px;
    font-size：12px;
    text-align：left;
}
.goodsStatus em{
    color：#b57c5b;
    font-size：12px;
    font-weight：700;
}
span.norightborder{
    border-right：0px;
}
```

在设置样式时，需要遵循先整体再细节，先通用样式再特殊样式的顺序进行设置。

1. 外边距折叠

指的是毗邻的两个或多个外边距（margin）在垂直方向会合并成一个外边距，数值取较大的垂直外边距。

通常会有如下两种情况：

(1)两个块级元素为标准流中的两个相邻的兄弟块级元素，垂直外边距会折叠，以较大的垂直外边距为准。代码如下：

【代码 2-2-11】相邻兄弟 div

```
    <div class = "top"></div>
    <div class = "bottom"></div>
```

代码如下：

【代码 2-2-12】相邻兄弟 div 的样式

```
    .top{
        width：200px;
        height：200px;
        background：red;
        margin-bottom：100px;
    }
  .bottom{
        width：200px;
        height：200px;
        background：blue;
```

```
        margin-top:50px;
    }
```

根据样式来计算，两个兄弟 div 之间的垂直距离应该是 150px，而实际上却是 100px，在 Chrome 中浏览效果(图 2-2-6)。

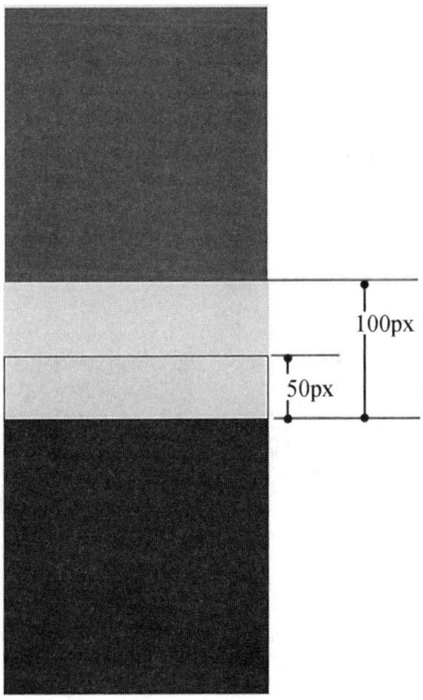

图 2-2-6　标准流下的相邻兄弟块级元素外边距折叠

我们要充分利用这种情况下的外边距折叠，假如想让这两个 div 垂直距离为 150px，设置时，可以直接将 . top 的 margin-bottom 设置为 150px，或者将 . bottom 的 margin-top 设置 150px 即可。

(2)父级块元素和标准流下的第一个子级块元素之间，也会发生外边距折叠现象。代码如下：

【代码 2-2-13】父子 div 元素

```
<div class = "father">
    <div class = "son"></div>
</div>
```

代码如下：

【代码 2-2-14】父子 div 元素的样式

```
. father{
        width:500px;
        height:300px;
        background:pink;
        margin-top:100px;
```

```
    }
    .son{
        width:200px;
        height:200px;
        background:red;
        margin-top:50px;
    }
```

根据样式来看，你期待的效果如图 2-2-7 左图所示，然而在 Chrome 中浏览效果如图 2-2-7 右图所示：

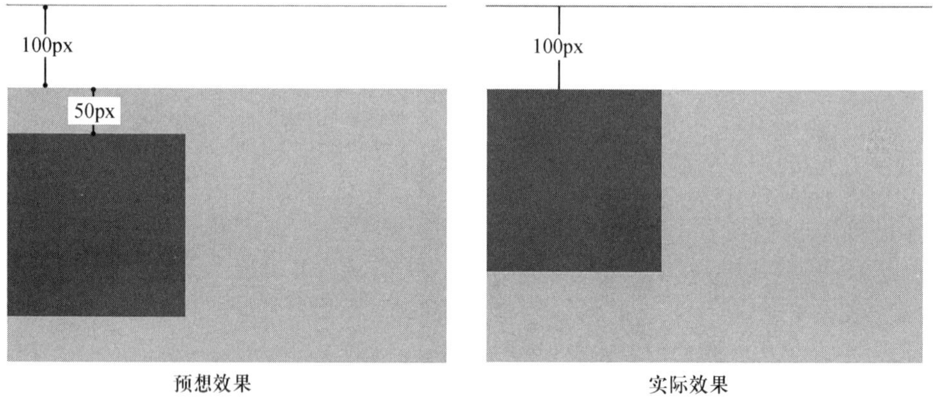

图 2-2-7　父子块级元素外边距折叠

实际上子级块元素 .son 的上边距被折叠。如何设置样式才能达到左图的预想效果呢？

方法 1：给父级块元素加溢出隐藏样式：

```
overflow:hidden;
```

方法 2：给父级块元素加上内边距：

```
padding-top:1px;
```

方法 3：给父级块元素加上边框，将边框设置为透明即可：

```
border-top:1px solid transparent;
```

方法 4：将父级块元素与子级块元素均设置为浮动。

```
float:left;
```

注意，假如子级块元素是浮动的，但是父级块元素的高度 height 值为 auto，这时，父级块元素将识别不到里面的内容，height 会是 0。解决的方案是为父级块元素添加 overflow：hidden；以确保能识别出里面的内容。代码如下：

【代码 2-2-15】为父级块元素添加 overflow：hidden 样式

```
.father{
```

```
        width:500px;
        height:auto;      /* 高度为 auto */
        background:pink;
        margin-top:100px;
        overflow:hidden; /* 当内容溢出时被隐藏,这个属性可检测到浮动的子元素 */
    }
    .son{
        width:200px;
        height:200px;
        background:red;
        margin-top:50px;
        float:left;
    }
```

2. 块级元素与内联元素的转换

块级元素与内联元素的转换,可以使用属性 display 来设置。

display:block;将元素设置为块级元素。

display:inline;将元素设置为内联元素。

display:inline-block;将元素设置为内联-块级元素,这类元素即具有内联元素可以共存于一行的特性,又具有块级元素可以通过宽高实体化盒子的特性。

2.2.2 排序模块

在商品列表页中,“排序模块”位于“商品展示列表”上方,我们可以根据“综合”“人气”“新品”“价格”进行排序,一般还会在“排序模块”的右边设置一个快捷翻页模块。制作“排序模块”的步骤如下。

步骤 1 HTML 构建页面整体结构。

我们首先看一下“排序模块”的结构(图 2-2-8)。

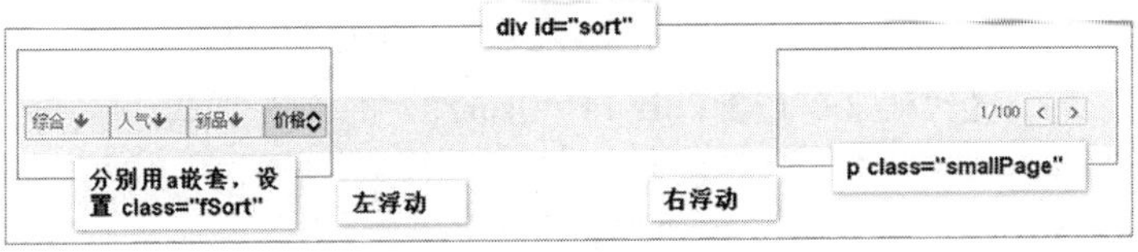

图 2-2-8 “排序模块”

代码如下:

【代码 2-2-16】“排序模块”整体结构

```
    <div id = "sort">
        <a href = "#" class = "fSort">综合 </a>
        <a href = "#" class = "fSort">人气</a>
```

```
            <a href = "#" class = "fSort">新品</a>
            <a href = "#" class = "fSort fSortCur">价格</a>
            <p class = "smallPage">
              <b class = "smallPageNum">1/100</b>
              <b class = "smallPagePrev">&lt;</b>
              <a class = "smallPageNext">&gt;</a>
            </p>
        </div>
```

其中,&lt 表示小于号,&gt 表示大于号。

注意:在 HTML 中,常见的特殊符号(表 2-2-2)。

表 2-2-2 HTML 中,常见的特殊符号

HTML 代码	显示结果	描述
<	<	小于号或显示标记
>	>	大于号或显示标记
&	&	可用于显示其它特殊字符
"	"	引号
®	®	已注册
©	©	版权
™	™	商标
		半个空白位
		一个空白位
		不断行的空白

步骤 2 CSS 整体框架布局及样式设置。在“goodsList. css”书写 CSS 样式规范,按照整体到局部,外层到内层的顺序进行样式的设置。首先设置外层 div 容器<div id="sort">的 CSS 样式。代码如下:

【代码 2-2-17】<div id="sort">的 CSS 样式

```
#sort{
width:100%;
height:30px;
background:#faf9f9;
color:#806f66;
overflow:hidden;
padding:5px;
}
```

其次,“综合”“人气”“新品”排序按钮依次排列在左边,均设置为左浮动。代码如下:

【代码 2-2-18】"综合""人气""新品"的 CSS 样式

```
.fSort{
    height:22px;
    line-height: 20px;
    border:1px solid #ccc;
    display:inline-block;
    float:left;
    padding:0 15px 0 5px;
}
```

然后，将翻页模块放置在最右边，设置为右浮动。代码如下：

【代码 2-2-19】翻页模块的 CSS 样式

```
.smallPage{
    float:right;
    height:21px;
    overflow:hidden;
    color:#999;
    font-size: 12px;
    margin:0 25px;
}
```

步骤 3 设置排序按钮两种状态下的 CSS 样式。

第一种状态是正常情况下，即 #sort a 时的样式规则，将鼠标光标设置为手状，采用 cursor 属性实现；

第二种状态是鼠标滑过时，即 #sort a:hover 时呈现出来的状态，或者排序按钮被选中时呈现出现的状态，我们设置这种状态的选择器为 .fSortCur（名字来源于英文单词 current 的缩写）。代码如下：

【代码 2-2-20】按钮两种状态的样式

```
#sort a{
    cursor:pointer;
}
#sort a:hover,.fSortCur{/* 采用并集选择器 */
background-color: #f1edec;
color:#b10000;
text-decoration: none;
}
```

步骤 4 设置"综合""人气""新品""价格"的箭头图标。

这里我们将引入一个新的技术：字体图标。

字体图标(icon font)：是指一种可以当作字体一样使用的矢量图标，支持 CSS 对它们进行样式改变,包括:大小、颜色、阴影或者其他任何支持的效果。

目前,常用的字体图标库有阿里 iconfont 字库、fontello 开源字库、Glyphicon Halflings 字库、Font-Awesome 字库,这里我们采用 Font-Awesome 字库。

首先,下载 fontawesome。去官网 http://www.thinkcmf.com/font 下载一套 fontawesome,在项目根目录下创建文件夹 plug,将 fontawesome 下载包放置进去,里面包含有 font-awesome.css 文件。

其次,加载 fontawesome。使用 link 元素将 fontawesome 加载进页面。代码如下:

```
<link rel = "stylesheet" href = "../plug/font-awesome/css/font-awesome.min.css">
```

然后,使用 fontawesome 图标。我们采用 i、span 等元素来承载 fontawesome 图标,设置它们的 class 属性为 fa,再加上图标的名称即可。例如:设置"综合""人气""新品"排序箭头图标。代码如下:

【代码 2-2-21】排序图标设置

```
<a href = "#" class = "fSort">综合 <i class = "fa  fa-arrow-down"></i></a>
<a href = "#" class = "fSort">人气<i class = "fa  fa-arrow-down"></i> </a>
 <a href = "#" class = "fSort">新品<i class = "fa  fa-arrow-down"></i> </a>
 <a href = "#" class = "fSort fSortCur">价格
      <i class = "fa fa-chevron-up"></i>
      <i class = "fa fa-chevron-down"></i>
 </a>
```

其中,class 设置为"fa fa-arrow-down"即表示向下的箭头。具体图标的名称我们可以去官网上查询。

步骤 5 设置"价格"按钮的样式。

完成步骤 4 之后,"价格"排序按钮的显示效果如图 3-2-9 左图所示,如何才能实现如 2-2-9 右图所示效果呢?

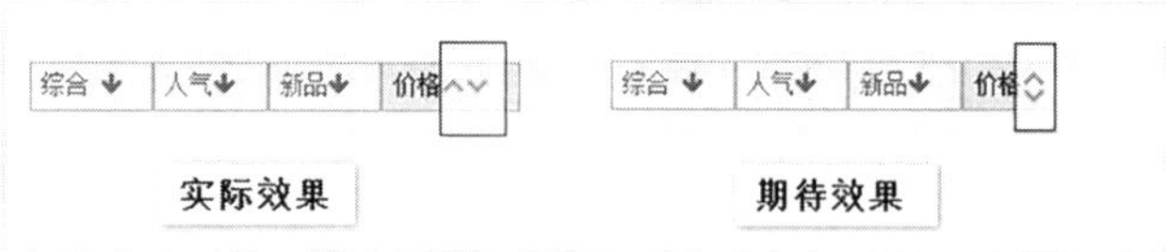

图 2-2-9 "排序模块"

如图 2-2-9 所示,要使"价格"的上下字体图标达到期待的效果,就需要打破常规的布局方式,采用绝对定位的方式进行布局。

在这里,我们引入两个重要概念:**相对定位与绝对定位**。

相对定位:是指将一个元素从它的标准流中所处的位置进行向上、向下、向左、向右偏移,这种偏移不会影响周围元素的位置,周围元素还是位于自己原来在标准流中的位置。

如图 2-2-10 所示,A 为 BC 的父盒子,采用" position: relative"设置 B 盒子相对定位,采用"left:200px"使其向右偏移 200px,采用"top:50px"使其向下偏移 50px。但并未对 C 的位置产生任何影响。

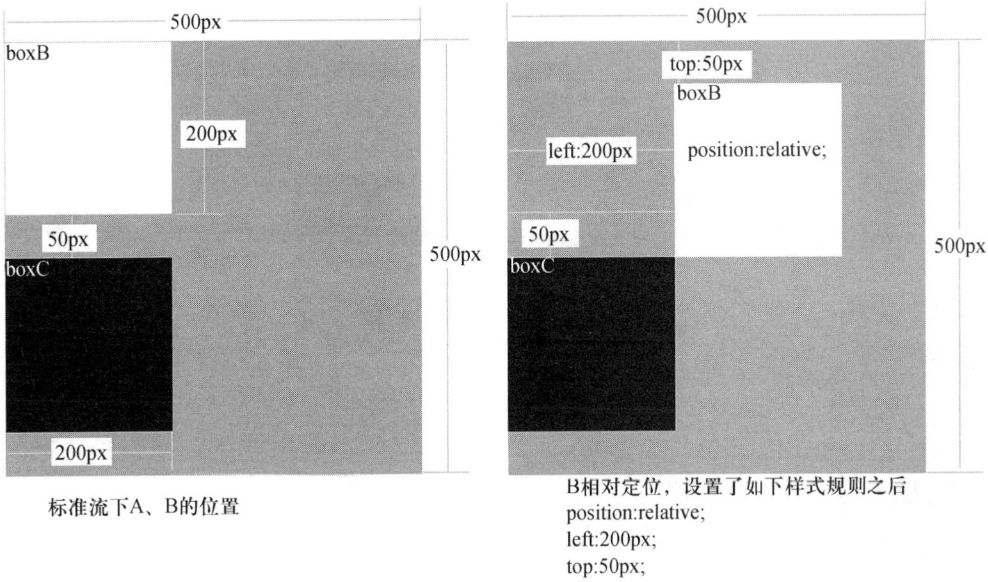

图 2-2-10　相对定位

代码如下：

【代码 2-2-22】相对定位

```
<div class = "boxA">
        <div class = "boxB">boxB</div>
        <div class = "boxC">boxC</div>
</div>
.boxA{ width:500px;height:500px; background:#ccc;margin-top:100px; overflow:hidden;}
.boxB{ width:200px;height:200px;background:white;
   position: relative;/*设置相对定位*/
   left:200px;/*向右偏移 200px*/
   top:50px; /*向下偏移 50px*/
}
.boxC{ color: white;width:200px; height:200px;background:black;margin-top:50px;}
```

其中 left 属性值表示定位元素左边距离包含元素左边向右偏移的值。

top 属性值表示定位元素上边距离包含元素上边向下偏移的值。

绝对定位：是指将一个元素完全脱离标准流，浏览器完全忽略掉该元素所占据的空间，该元素向上、向下、向左、向右偏移是相对于浏览器窗口，或者向上追溯到第一个已经定位的父级元素作为参照物。

也就是说当子元素为绝对定位时，父元素要为相对定位，否则该绝对定位元素就要向上追溯到第一个相对定位的父级元素，如果没有，就相对于浏览器定位。

如图 2-2-11 所示，A 为 BC 的父盒子，采用“ position: absolute”设置 B 盒子绝对定位，同时将它的父盒子 A 设置为相对定位“position: relative”，采用“left: 200px”使其向右偏移

200px,采用“top:50px”使其向下偏移50px。因为B绝对定位完全脱离了标准流,所以C完全无视B的存在。

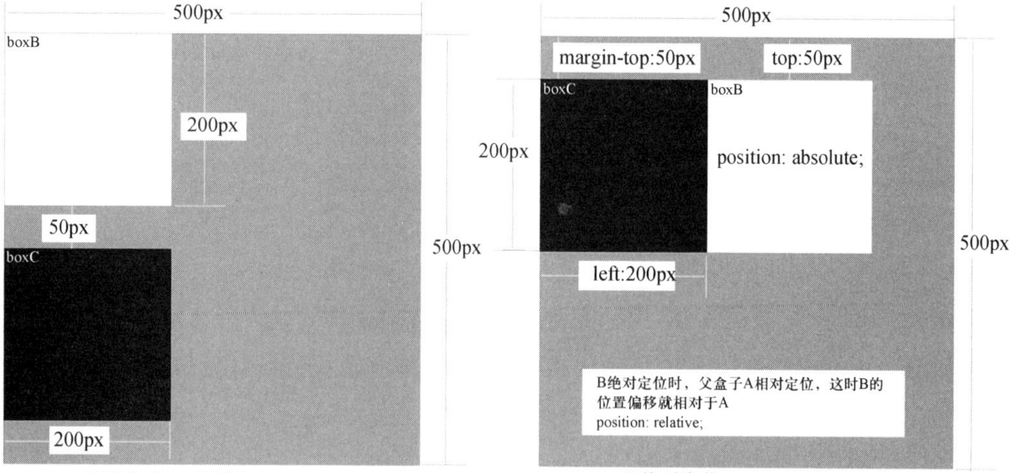

标准流下A、B的位置

B绝对定位
position: absolute;
left: 200px;
top: 50px;

图 2-2-11 绝对定位

代码如下:

【代码 2-2-23】绝对定位

```
<div class = "boxA">
        <div class = "boxB">boxB</div>
        <div class = "boxC">boxC</div>
</div>
.boxA{width:500px;height:500px; background: #ccc; margin-top:100px;
    position: relative;/*父盒子采用相对定位*/
overflow:hidden;/*防止外边距折叠,采用overflow:hidden;*/
}
.boxB{ width:200px;
    height:200px;
    background:white;
    position: absolute;/*绝对定位*/
    left:200px;/*向右偏移200px*/
    top:50px;/*向下偏移50px*/
}
.boxC{ color: white;width:200px; height:200px; background:black;margin-top:50px;}
```

回到任务中来,要设置上下字体图标为期待的效果,就是需要将它们脱离标准流,设置为绝对定位,同时将父元素设置为相对定位,这里重新为两个字体图标设置class为“up”和“down”,HTML代码如下:

```
<a href = "#" class = "fSort fSortCur">价格
    <i class = "fa fa-chevron-up up"></i>
    <i class = "fa fa-chevron-down down"></i>
</a>
```

再为它们的父元素添加相对定位样式。代码如下：

【代码 2-2-24】. fSort 样式

```
.fSort{
    height:22px;
    line-height: 20px;
    border:1px solid #ccc;
    display:inline-block;
    float:left;
    padding:0 15px 0 5px;
    position:relative;
}
```

最后，采用绝对定位布局上下字体图标。代码如下：

【代码 2-2-25】绝对定位布局上下字体图标

```
 i.up{
    position:absolute;
    right:3px;
    top:1px;
 }
i.down{
    position:absolute;
    right:3px;
    top:9px;
 }
```

步骤 6 设置“翻页”部分的样式，同样遵循先通用样式再特殊样式的方式进行设置，样式规范设置如下：

【代码 2-2-26】“翻页”部分的样式

```
.smallPageNum{
    float:left;
    display:inline;
    margin-left: 3px;
    line-height: 20px;
    font-weight: 400;
```

```
}
.smallPagePrev,.smallPageNext{
width:19px;
padding:4px 0 2px;
line-height: 1;
font-weight: 700;
text-align: center;
border:1px solid #e5e5e5;
float:left;
display:inline;
margin-left: 3px;
}
.smallPage a:hover{ background: #efefef;}
```

2.2.3 关键字搜索

在苏宁易购网站中，“关键字搜索模块”尤为重要，我们可以根据输入的关键字，去搜索出相关的商品列表，这是用户与服务器端交互数据的窗口。“关键字搜索模块”不仅仅存在于商品列表页，在苏宁易购网站首页中也存在，为了方便模块复用，可以将它的样式规则写入“base.css”文件中。接下来，我们一起制作“关键字搜索模块”，在这个任务中，我们一边构建HTML页面结构，一边书写CSS样式规则。

步骤1 采用“圣杯布局”构建“关键字搜索模块”整体布局。

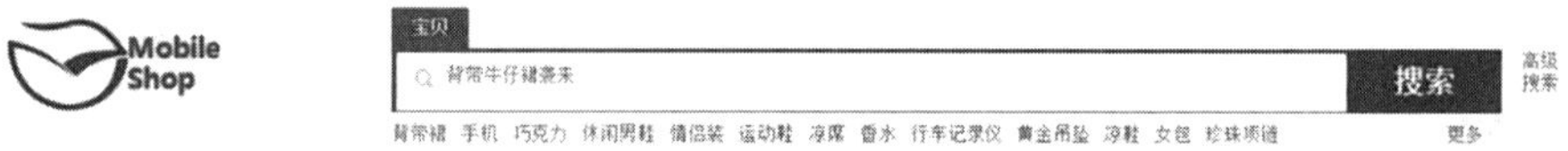

图 2-2-12 “关键字搜索模块”

“圣杯布局”可以用于三列布局，如图2-2-12所示，“关键字搜索模块”可分为“搜索”“logo”“二维码”三部分，“搜索”位于中间，是较为重要的内容。“圣杯布局”就是将中间列位于HTML结构的最前面，方便优先在浏览器中渲染出来。HTML结构代码如下：

【代码2-2-27】“圣杯布局”的代码结构

```
<div id = "header" >
    <div class = "search">
    </div>
    <div class = "logo">
    </div>
    <div class = "QRCode">
    </div>
</div>
```

接下来，设置＃header 的 CSS 样式规则如下：

【代码 2-2-28】＃header 的 CSS 样式

```
#header{
    width:1190px;
    margin:10px auto ;
    overflow:hidden;
}
```

首先设置中间“搜索”列的 CSS 样式，宽度等于父元素＃header 的宽度，并随之变化，因此设置 width 属性为 100％，左浮动。代码如下：

【代码 2-2-29】“搜索”列的 CSS 样式

```
.search{
    width:100 % ;
    height:114px;
    float:left;
}
```

设置“logo”的 CSS 样式，因为“搜索”的宽度为 100％，即 1190px，左浮动之后，“logo”紧跟在“搜索”之后，为了让“logo”位于最左边，需要将左外边距 margin-left 属性设置为－1190px。代码如下：

【代码 2-2-30】“logo”列的 CSS 样式

```
.logo{
    width:140px;
    height:58px;
    float:left;
    margin-left: - 1190px;
    margin-top:28px;
}
```

同理，“二维码”的 CSS 样式设置，为了使“二维码”位于最右边，只需要让它的左外边距 margin-left 属性值等于该盒子所占实际宽度即可，注意，这里的宽度要加上水平方向上的内边距、边框的值。CSS 代码如下：

【代码 2-2-31】“二维码”的 CSS 样式

```
.QRCode{
    width:94px;
    height:96px;
    float:left;
    border:1px solid #eee;
    margin-left: - 96px;
}
```

步骤 2 让 SEO 技术深入“logo”。

文字往往比图片更容易搜索到，我们可以采用 h1 元素包含网站关键字，再采用 CSS 的方式将 logo 图片作为 a 元素的背景出现，代码如下：

【代码 2-2-32】logo 的 HTML 代码

```
<div class = "logo">
    <h1>
      <a href = "#">MobileShop</a>
    </h1>
</div>
```

设置 CSS 样式规则如下：

【代码 2-2-33】logo 的 CSS 样式

```
.logo a{
    display:block;    /* 将 a 由内联元素转化为块级元素 */
    height:0px; /* 设置高度为 0px,这样可以隐藏链接中的文字 */
    background:url(../img/sprite.png) ;
    padding-top:58px; /* 将 padding-top 设置为 logo 的高度，在 height 为 0px 时也依然可以显示出背景图片来，从而达到显示 logo 图片的目的 */
    overflow:hidden;
}
```

步骤 3 布局“二维码”部分。

“二维码”由“手机逛商城”“二维码图片”“关闭按钮”三部分组成。HTML 代码如下：

【代码 2-2-34】布局“二维码”部分

```
<div class = "QRCode">
    <p><a href = "#" class = "orange">手机逛商城</a></p>
    <a href = "#"><img src = "img/QRCode.png" width = "80" height = "80" /></a>
    <span><s></s></span>
</div>
```

其中，“关闭按钮”位置特殊，需要采用绝对定位来完成，因此父容器 .QRCode 需要采用相对定位，重构其 CSS 样式如下：

【代码 2-2-35】“关闭按钮”的父容器采用相对定位

```
.QRCode{
        width:94px;
        height:96px;
        border:1px solid #eee;
        float:left;
        margin-left:-96px;
```

```
        padding:8px 0;
        text-align:center;
        position:relative;
      }
```

“关闭按钮”的样式如下：

【代码 2-2-36】重构“关闭按钮”的 CSS 样式

```
 .QRCode span{
        width:18px;
        height:18px;
        border:1px solid #eee;
        position:absolute;
        left:-20px;
        top:-1px;
        cursor:pointer;
        }
 .QRCode span s{
        width:10px;
        height:9px;
        background:url(../img/close.png);
        display:inline-block;
        margin-top:4px;
        overflow:hidden;
        }
```

步骤 4 布局“搜索”部分。

代码如下：

【代码 2-2-37】布局“搜索”部分 HTML 代码

```
   <div class="search">
      <div class="searchCon">
         <ul class="searchConT">
            <li class="current">宝贝</li>
         </ul>
      <div class="searchConM">
         <div class="left">
            <div class="text"><input type="text" name="" id="text" />
              <label for="text">背带牛仔裙袭来</label>
              <span></span>
            </div>
```

```
            <div class = "btn"><input type = "button" value = "搜索" /></div>
        </div>
        <p class = "right"><a href = "#">高级搜索</a></p>
    </div>
     <p class = "searchConB">
          <a href = "#">背带裙</a>
          <a href = "#">手机</a>
          <a href = "#" class = "orange">巧克力</a>
          <a href = "#">休闲男鞋</a>
          <a href = "#" class = "more">更多</a>
      </p> <! -- . searchConB 结束 -->
    </div> <! -- . searchCon 结束 -->
  </div><! -- . search 结束 -->
```

CSS 样式规范如下：

【代码 2-2-38】布局“搜索”部分的 CSS 样式

```
. search . searchCon{ width:760px; height:94px; padding:20px 180px 0 250px;}
. searchConT{ height:25px; }
. searchConT li{ float:left; line-height:25px;width:50px; height:25px; text-
align:center; cursor:pointer;}
. searchConT li:hover{ background:#ffeee5; color:#ff5400;}
. searchConT li. current{ background:#ff5400; color:#fff; font-weight:bold;}
. searchConM{ height:40px;}
. searchConM . left{width:721px; height:40px;  float:left;}
. searchConM . left . text{width:618px; height:34px; background:#ff5500; float:
left; padding:3px 0 3px 3px; position:relative;}
 . searchConM . left . text input{width:610px; height:34px; background:#fff;
border:none;padding-left:8px; line-height:34px;}
. searchConM . left . text label{ position:absolute; left:35px; top:10px; color:
#9c9c9c;}
. searchConM . left . text span{width:12px; height:12px;
 background:url(. . /img/search. png); position:absolute; left:15px; top:13px;
overflow:hidden;}
. searchConB{width:721px; height:20px; margin-top:4px; line-height:20px;}
. searchConB a{ margin-right:9px; float:left;}
. searchConB . more{ float:right; width:34px; height:18px; border:1px solid #
eee; background:url(. . /img/more. png) no-repeat 32px 5px;
 line-height:18px;padding-left:5px;margin-right:1px;}
```

```
.searchConM .left .btn{width:100px; height:40px; background:#ff4200; float:left;}
.searchConM .left .btn input{width:100px; height:40px; background:#ff4200; border:none; cursor:pointer; color:#fff; font-size:20px; font-weight:bold; font-family:"黑体";}
.searchConM .right{width:26px; height:40px; float:right;}
```

【师傅小结】

本项目为制作苏宁易购网站前端页面打下坚实基础，通过本项目的学习，进一步熟练掌握了分析构建 HTML 结构及选用恰当 HTML 标签的能力；掌握 CSS 语法规则；掌握常见的 CSS 选择器的定义及应用；灵活运用 CSS 字体、文本、背景、边框、外边距、内边距等常用属性；理解 CSS 盒子模型；了解字体图标及其使用；理解标准流、浮动、相对定位、绝对定位并能灵活运用。学徒在师傅的指导下按照技能训练导图的要求学习，提升技能。

通过本项目的学习，提高了页面布局能力，页面美化的能力及探索新知的能力。

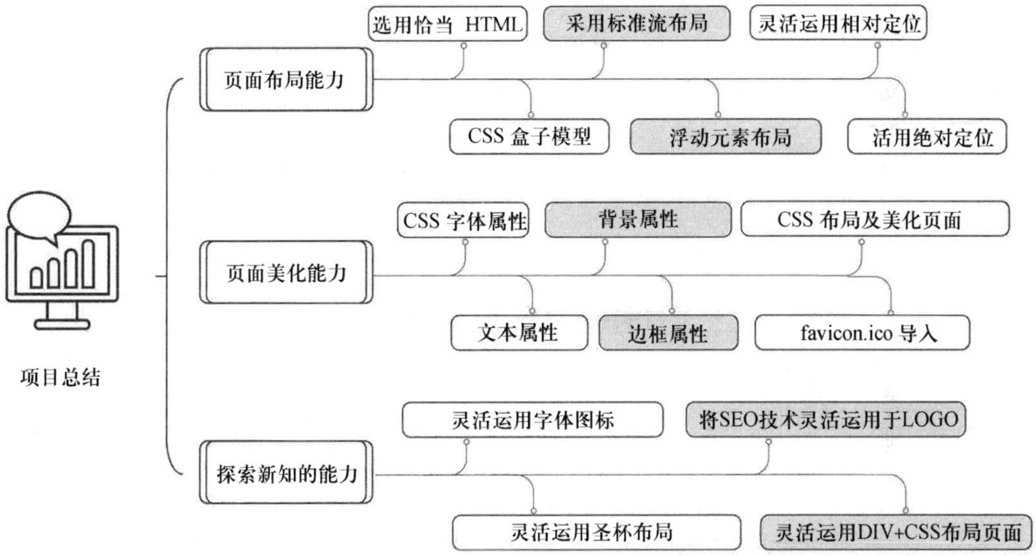

技能训练引导图 1

【学徒思考】

除了师傅讲的，我能否自主设计实现系统首页中“手机数码”频道呢？

在 B2C 模式的移动电商系统中，前端首页有举足轻重的地位。首页也分为 siteNav、header、content、footer 四个部分，其中 content 部分一般具有“关键字搜索模块”“焦点图模块”“分类导航模块”“特别推荐模块”“品牌标签模块”，以及多个结构布局相类似的“频道模块”，这里我想独立按照下图“手机数码”频道来进行设计与实现。

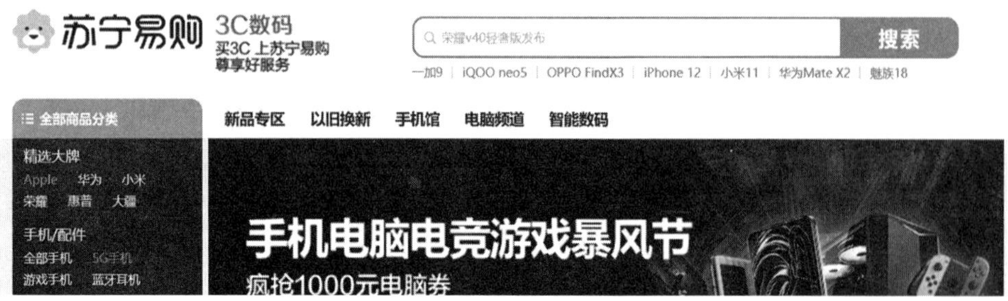

学徒思考

【思政园地】

“十四五”时期，是信息化创新引领高质量发展的重要机遇期，要加快建设数字中国，大力发展数字经济，推动产业基础高级化、产业链现代化，推动新型工业化、信息化、城镇化、农业现代化同步发展。站在新的历史起点上，我们要深刻认识我国社会主要矛盾变化带来的新特征新要求，深刻认识错综复杂的国际环境带来的新矛盾新挑战，深刻认识信息革命持续深化带来的新机遇新空间，增强机遇意识和风险意识，保持战略定力和底线思维，更加有力有效地推进核心技术、产业生态、数字经济、数字社会、数字政府建设，打造数字国家新优势，努力实现更高质量、更有效率、更加公平、更可持续、更为安全的发展。

我们要正确认识时代责任和历史使命，自觉把个人的理想追求融入国家和民族的事业中，具备科学的学习态度和不断探求新知识的精神，提高安全意识、审美能力、团队协作意识，劳动最光荣，以良好习惯养成促进职业素养的提高。

【工作任务实施记录与评价】

1. CSS 使用记录

师傅指导记录	目录评价	评价成绩
		年　月　日

2. 图文混排页面检查记录

检查质量评价	是否展示商品列表	是否建立排序模块	能否使用关键字搜索	评价成绩	评价日期

3. 学徒关键职业能力及职业品质、工匠精神评价

项目	A	B	C	D
工作态度				
学习能力				

续表

项目	A	B	C	D
团队协作				
沟通交流				
编码素养				
认真负责				

4. 页面网址附在此处

项目 3
苏宁易购网站实战完善

知识目标：

• 认知理解 JavaScript 编程。
• 理解 JavaScript 脚本。

技能目标：

• 掌握 JavaScript 编程基本方法。
• 掌握使用 JavaScript 制作网站首页交互的方法。
• 掌握用户注册表单验证的方法。

素质目标：

• 具有代码规范、注释规范意识。
• 具有学习与创新能力，能够主动学习、善于学习、按目标制订学习计划。
• 遵循从软件需求分析到软件验收完成整个软件生命周期的标准规范。

【项目目标与质量要求】

在师傅带领与指导下，熟悉 JS，创建 JS 脚本，制作下拉菜单，制作苏宁易购网站首页交互，制作频道模块选项卡动态效果，制作用户注册表单验证。

【学习产出目标】

(1)创建 JS 脚本。
(2)制作下拉菜单。
(3)制作苏宁易购网站首页交互。
(4)制作频道模块选项卡动态效果。
(5)制作用户注册表单验证。

任务3 运用 JavaScript 开发首页交互和用户注册表单

任务3.1 脚本与菜单处理

3.1.1 浏览器如何处理 Web 页面

Web 浏览器在构建 Web 页面时，采用面向对象的方式进行构建，如浏览器窗口、Web 页面、Web 页面中的按钮、图片、文字、输入框等都是一个对象。

1. 面向对象建模

程序在构建现实世界时，可以采用面向对象的方式对现实世界中的事物进行建模，如构建一个手机的模型，我们需要从手机的属性、事件和方法三方面进行建模。

属性：描述事物的特性。如描述图 3-1-1 所示的手机，最直观的就是手机的品牌、颜色、价格、是否开机等，属性具有属性名和属性值，描述实例化的对象各个属性的值。

事件：描述事物可以被控件识别的操作。如按手机的开关按钮，就可以触发 open(开机)或者 close(关机)事件发生，从而调用对应的开机或者关机方法。

方法：描述事物的动作。如关机方法被调用之后，会修改 onOff 的值为 false，从而实现关机动作。

在 JavaScript 中，几乎所有的事物都是对象。JavaScript 对象有三个部分：浏览器对象模型、文档对象模型和内置 JavaScript 对象。

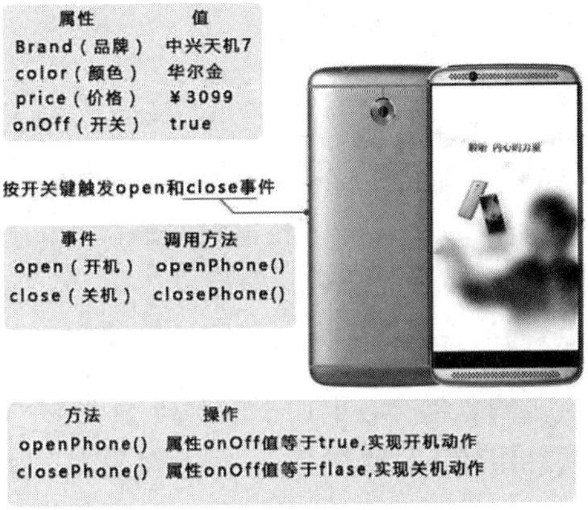

图 3-1-1 “手机”对象模型

2. 浏览器对象模型

浏览器对象模型(即 BOM，全称为 browser object model)，是用来访问和操作浏览器窗口，使 JavaScript 有能力与浏览器“对话”。其核心对象是 window，window 对象又包含 document、history、location、navigator、screen 等对象。其结构如图 3-1-2 所示。

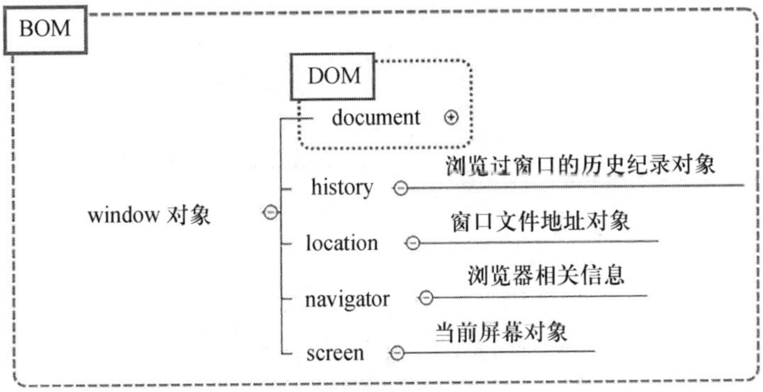

图 3-1-2 浏览器对象模型

由图 3-1-2 可知,BOM 与 DOM 之间是包含关系。那什么是 DOM 呢?

3. 文档对象模型

文档对象模型(即 DOM,全称为 Document Object Model),是用来操作 HTML 文档中的所有元素。它包含 document 对象、元素、元素属性、元素的内容。

当浏览器接收到一个 HTML 页面时,会根据 HTML 文档生成一颗 DOM 树。

例如:浏览器接收到如下 HTML 页面:

【代码 3-1-1】demo. html

```
<! DOCTYPE html>
<html lang = "en">
    <head>
        <meta charset = "utf-8">
        <title>JavaScript</title>
    </head>
    <body>
        <h1>DOM</h1>
        <hr>
        <p>DOM,全称为 Document Object Model</p>
        <a href = "http://www. runoob. com/">学 JavaScript,上菜鸟教程</a>
    </body>
</html>
```

浏览器会自上而下的解析 HTML 文档,构建一颗 DOM 树,HTML 文档中的元素、文本、属性组成 DOM 树节点,由上面的 HTML 解析的 DOM 树如图 3-1-3 所示。

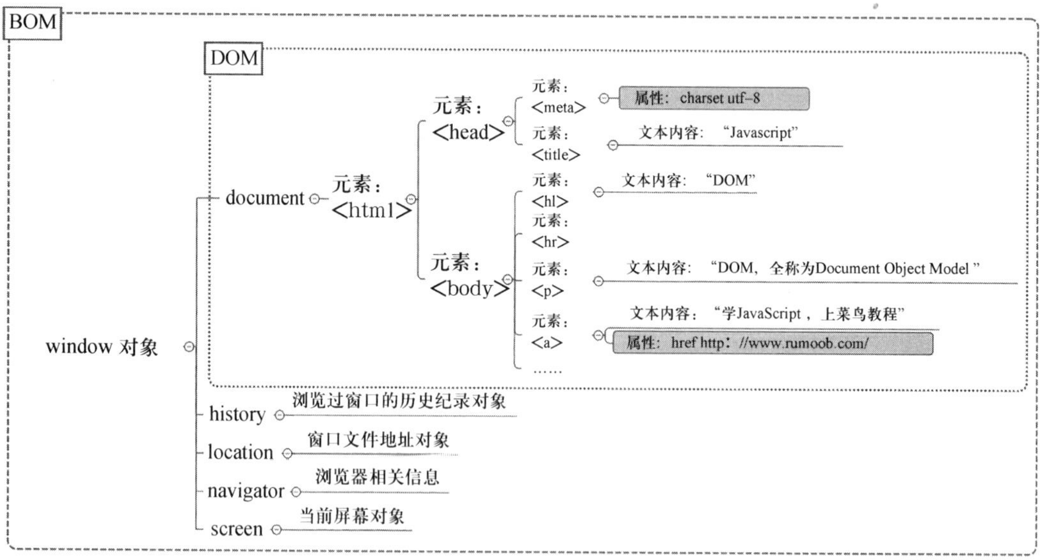

图 3-1-3　文本对象模型

4. 内置 JavaScript 对象

JavaScript 提供多个内置对象,分别针对不同的部分(表 3-1-1)。

表 3-1-1 内置 JavaScript 对象

对象	描述
String 对象	处理已有的字符串。
Number 对象	是原始数值的包装对象,用于处理数字。
Boolean 对象	用于将非布尔值转换为布尔值(true 或者 false)。
Date 对象	用于处理日期。
Math 对象	用于执行数学任务。
RegExp 对象	RegExp 对象为正则表达式,是描述字符模式的对象,用于对字符串模式匹配及检索替换。
Array 对象	Array 对象用于在变量中存储多个值,是对象的数组。

5. 浏览器处理 Web 页面的全过程

理解了浏览器对象模型、文本对象模型之后,我们进一步讨论浏览器如何处理一个 Web 页面,如在网页中模拟手机开关的案例,如图 3-1-4 所示,当鼠标单击“开机”按钮时,展示左图中“open. jpg”,当鼠标单击“关机”按钮时,展示右图中“close. jpg”。

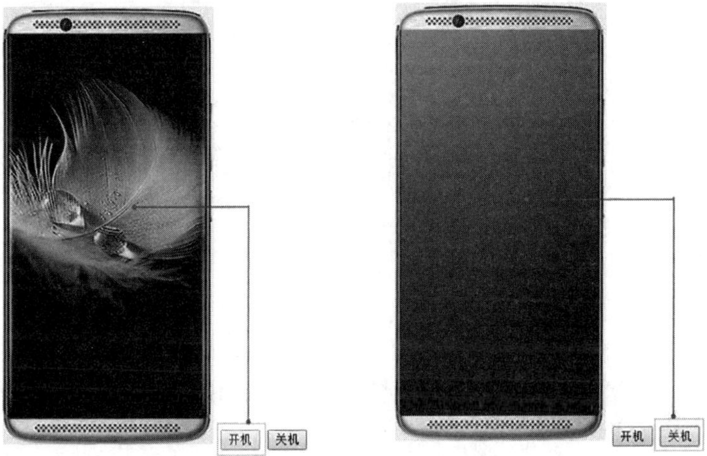

图 3-1-4 模拟手机开关

代码如下:

【代码 3-1-2】模拟手机开关

```
<! DOCTYPE html>
<html lang = "en">
    <head>
        <meta charset = "utf-8">
        <title>模拟手机对象模型</title>
```

```
        <style type = "text/css" >
          button{ color: red;}
        </style>
      <script type = "text/javascript">
        /* 当单击开机键时,修改图片为 open. jpg */
      function openPhone(){
        alert("开机");
        var  phone   = document. getElementById("phone");
        phone. setAttribute("src", "img/open. jpg");
         }
      //当单击关机键时,修改图片为 close. jpg
      function closePhone(){
        alert("关机");
        var  phone   = document. getElementById("phone");
        phone. setAttribute("src", "img/close. jpg");
         }
        </script>
    </head>
    <body>
        <img src = "img/open. jpg"   id = "phone"/>
        <button id = "open" onclick = "openPhone()">开机</button>
        <button  id = "close" onclick = "closePhone()">关机</button>
    </body>
</html>
```

步骤 1　根据浏览器中地址栏的 URL,浏览器获取到一个 HTML 页面。

步骤 2　浏览器先自上而下的解析 HTML 文档,构建一颗 DOM 树,HTML 文档中的元素、文本、属性组成 DOM 节点,但是这棵树并没有马上显示在页面中,而是先存储在内存中。

由 HTML 生成的 DOM 树如图 3-1-5 所示。

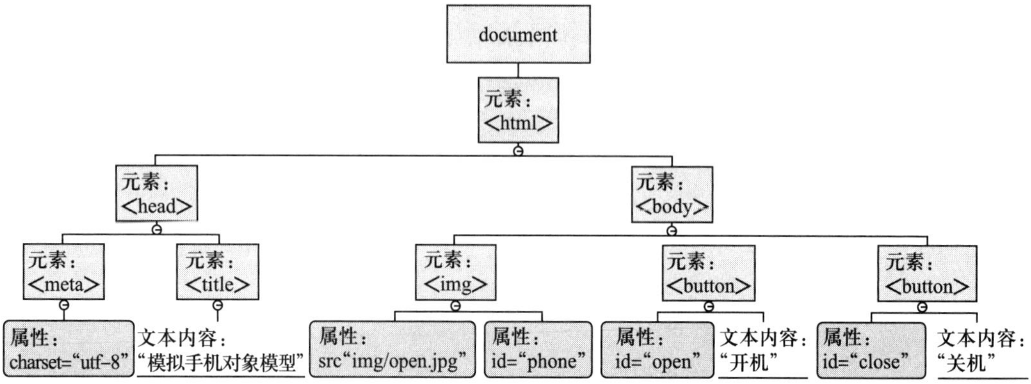

图 3-1-5　DOM 树

步骤 3 渲染引擎根据 CSS 和 DOM 树构建一颗渲染树,并确定每个节点对象的位置,绘制在页面中。

这里 CSS 相对简单,button{ color: red;} ,渲染引擎根据这个 CSS 样式规则将 DOM 树中两个 button 元素的文本颜色设置为红色,并渲染绘制在页面中,如图 3-1-6 所示。

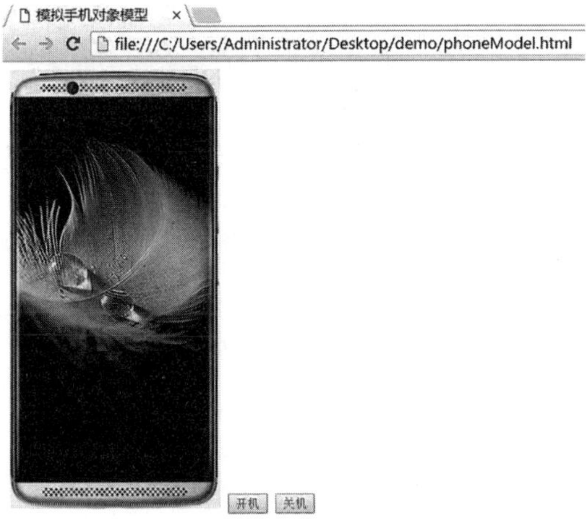

图 3-1-6 渲染并绘制在 Web 页面中

步骤 4 JS 实现页面交互。当浏览器遇见 JS 代码时,会通过解释器读取并翻译每行 JS 代码。当对象的事件被触发时,就会调用相应的方法从而产生交互动效。

例如:要实现鼠标单击"关机"按钮时,就替换为"close. jpg",实际上是将 DOM 树中元素<img>的属性节点 src 的值修改为"img/close. jpg",步骤如下。

(1)定义 closePhone()函数,用于实现将 DOM 树中元素<img>的属性节点 src 的值修改为"img/close. jpg"。

JavaScript 函数采用 function 关键字进行定义(图 3-1-7)。

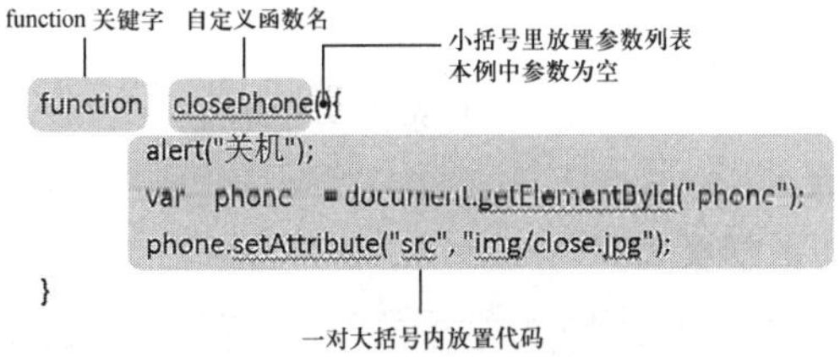

图 3-1-7 定义 closePhone()函数

(2)为"关机"按钮绑定鼠标单击事件。

为元素绑定事件的方式很多,将在后面详细讲解,这里采用 HTML 元素的单击事件属性来完成,即为"关机"按钮添加一个 onclick 属性。

```
<button  id = "close" onclick = "">关机</button>
```

(3)调用 closePhone()函数。

JavaScript 中调用函数采用如图 3-1-8 所示结构:

函数名（参数1，参数2，参数……）;

图 3-1-8　调用函数

所以在 onclick 属性值中调用 closePhone()函数的代码如下：

```
<button  id="close" onclick="closePhone()">关机</button>
```

现在，回过头来细看 closePhone()函数的指令。

要实现将 DOM 树中元素<img>的属性节点 src 的值修改为“img/close.jpg”，就首先要获取到这个<img>节点对象，可以通过 id 属性来获取该对象。

所有的节点对象都属于 document 对象的子节点，可以调用 document 对象的 getElementById()方法获取它的子节点对象：

```
var  phone  = document.getElementById("phone");
```

通过节点对象的 setAttribute 方法设置该对象的属性节点：

```
phone.setAttribute("src", "img/close.jpg");
```

这样就实现了图中所示的“关机”交互效果。

在 closePhone()函数的实现过程中，我们有必要明确下面两个问题：

JavaScript 变量如何定义赋值？

JavaScript 通过 var 运算符定义变量，可以在变量定义之后赋值，也可以在变量定义时直接复制如下两种情况都是正确的(图 3-1-9)。

1
```
var age;

age = 19;
```

2
```
var age = 19;
```

图 3-1-9　变量定义与赋值

JavaScript 变量有哪些数据类型？

JavaScript 变量均为对象，当您声明一个变量时，就创建了一个新的对象(表 3-1-2)。

表 3-1-2　JavaScript 变量的数据类型

数据类型	描述	举例
字符串	字符串是存储字符(比如 "师傅")的变量。	var username="师傅";
数字	JavaScript 只有一种数字类型。数字可以带小数点，也可以不带。	var weight=55.30; var age=34;
布尔	布尔(逻辑)只能有两个值：true 或 false。	var work=true; var work=false;
数组	下面的代码创建名为 cars 的数组。	var cars=new Array("Audi","BMW");

续表 3-1-2

数据类型	描述	举例

对象	对象由花括号分隔。在括号内部,对象的属性以名称和值对的形式(name : value)来定义。属性由逗号分隔。	var person={
		firstname : "Bill",
		lastname : "Gates",
		id : 001
		};
		对象属性有两种寻址方式:
		name=person. lastname;通过点符号。
		name=person["lastname"];通过中括号。

Undefined 和 Null	Undefined 这个值表示变量不含有值。 变量的值设置为 null 可以清空变量。	person=null;

3.1.2 如何创建 JavaScript 脚本

在 Web 前端开发中,加载 JavaScript 脚本通常有两种方式:一种是将 JavaScript 代码独立存储于"＊.js"的脚本文件中,再载入当前 HTML 文档;另一种是直接将 JavaScript 代码嵌入 HTML 文档中。

例如:我们采用 JavaScript 代码在 Web 页面输出"欢迎你",就可以采用以下两种方式加载:

1. 加载外部 JavaScript 脚本

步骤 1 创建 JavaScript 脚本文件,将后缀名设置为". js"。代码如下:

【代码 3-1-3】demo. js

```
document.write("<h3>欢迎你</h3>");
```

document 对象的 write 方法,可以在页面中写入内容。

步骤 2 在页面中加载脚本,采用如下代码:

```
<script src = "js/demo.js"> </script>
```

其中<script>元素的 src 属性告诉浏览器 JavaScript 文件的存储位置。

我们将这句代码放入 HTML 文档的<head>元素中或者<body>元素中。代码如下:

【代码 3-1-4】demo. html

```
<! DOCTYPE html>
<html lang = "en">
    <head>
        <meta charset = "utf-8">
        <title>JavaScript</title>
    </head>
    <body>
     <h1>DOM</h1>
```

```
            <hr>
            <p>DOM,全称为 Document Object Model</p>
            <a href = "http://www.runoob.com/">学 JavaScript,上菜鸟教程</a>
             <script src = "js/demo.js"> </script>
        </body>
    </html>
```

注意:假如页面需要加载大量 JS 脚本,为了用户得到更好的体验,建议将脚本位置放置在</body>的前面,而不放置在<head>中。因为浏览器的渲染引擎是自上而下进行的。将 JS 脚本放置在</body>的前面,就能优先渲染页面的节点对象,让用户更快看到页面的内容。

案例渲染出的效果如图 3-1-10 所示。

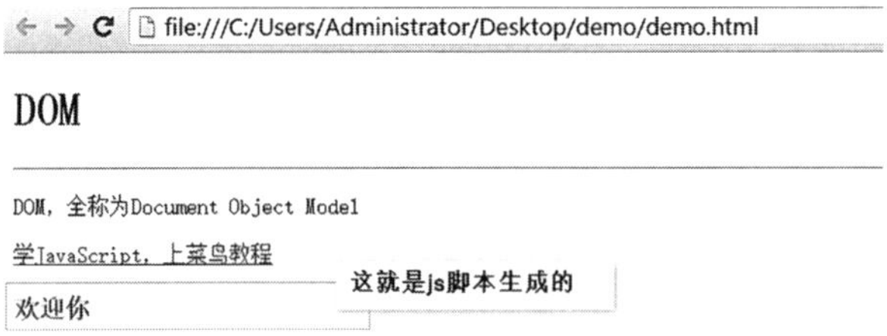

图 3-1-10　加载外部 JavaScript 脚本效果图

2. 加载内部 JavaScript 脚本

JavaScript 脚本代码也可以通过<script>元素直接嵌入 HTML 页面。前面说 JavaScript 脚本可以放置在<body>的任何位置,我们将这段 JavaScript 脚本换一个位置看会出现什么效果。代码如下:

【代码 3-1-5】demo.html

```
<!DOCTYPE html>
<html lang = "en">
    <head>
        <meta charset = "utf-8">
        <title>JavaScript</title>
    </head>
<body>
      <script >
      document.write("<h3>欢迎你</h3>");
      </script>
        <h1>DOM</h1>
        <hr>
        <p>DOM,全称为 Document Object Model</p>
        <a href = "http://www.runoob.com/">学 JavaScript,上菜鸟教程</a>
```

```
    </body>
</html>
```

JavaScript 脚本放置在“ <h1>DOM</h1>”的前面，当浏览器遇见 JavaScript 脚本，就开始解析，解析输出的“欢迎你”位置也随之变化(图 3-1-11)。

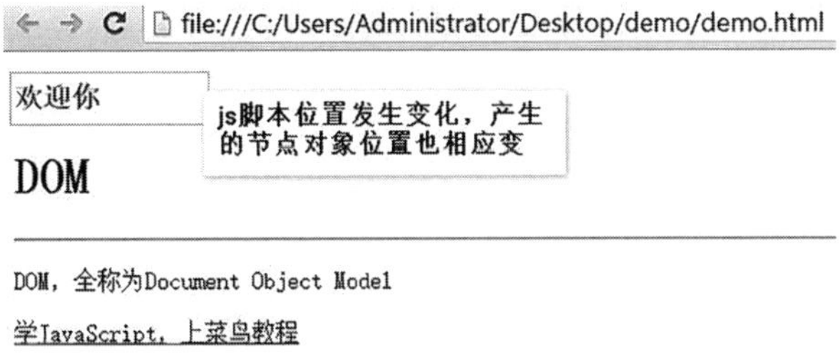

图 3-1-11　内部 JavaScript 脚本效果图

3.1.3　下拉菜单制作

通过前面的任务，对 JavaScript 编程有了初步的认识，接下来我们一起挑战一个综合交互——制作“siteNav”模块下拉菜单。

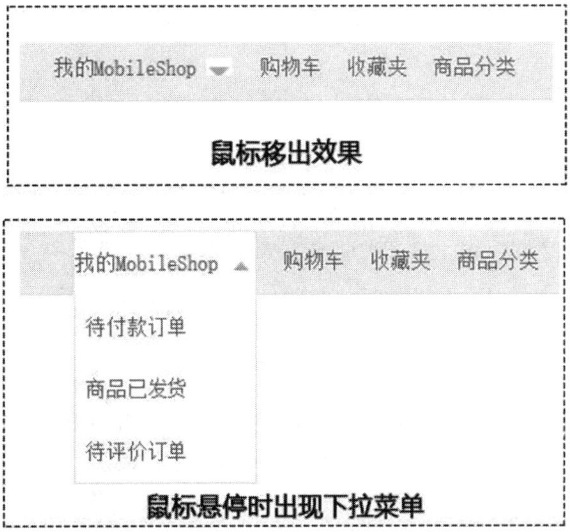

图 3-1-12　下拉菜单鼠标移出与悬停效果对比

如图 3-1-12 所示，分析出鼠标移出与鼠标悬停时页面显示的差别如下：

(1)“我的 MobileShop”在鼠标移出时是灰色背景，而鼠标悬停时是白色背景，并具有上、右、左三边边框。

(2)“我的 MobileShop”右侧的按钮，在鼠标移出时是“down. gif”，而鼠标悬停时是“up. gif”。

(3)“待付款订单”等二级菜单，在鼠标移出时消失，鼠标悬停时出现。

1. HTML 构建页面结构

我们首先分析“商品展示列表”的页面结构，在项目 2 的训练中，我们已经进行了“siteNav”部分的页面结构分析，但是其中“我的 MobileShop”有了下拉菜单，结构有了一定的变化(图 3-1-13)。

图 3-1-13 siteNav 页面结构

构建页面的 HTML 结构，要遵循从整体到局部，从外层到内层的顺序，“siteNav”部分的 HTML 代码如下：

【代码 3-1-6】siteNav1. html

```
<div id = "siteNav">
    <div id = "siteNavCon">
      <ul class = "left">
        <li>
          <a href = "#">欢迎来到 MobileShop</a>
        </li>
        <li>
          <a href = "#" class = "red">登录</a>
        </li>
         <li>
          <a href = "#">免费注册</a>
        </li>
      </ul>
      <ul class = "right">
        <li class = "navTitle " id = "menu"  onmouseover = "fun1()" onmouseout = "fun2()">
          <a href = "#" >我的 MobileShop <i class = "downUp"></i></a>
          <ul  class = "siteNavPanel"  id = "menuContent">
            <li><a href = "#">待付款订单</a></li>
```

```
                <li><a href = "#">商品已发货</a></li>
                <li><a href = "#">待评价订单</a></li>
              </ul>
            </li>
            <li><a href = "#">购物车</a></li>
            <li><a href = "#">收藏夹</a></li>
            <li><a href = "#">商品分类</a></li>
          </ul>
        </div>
      </div>
  .......
```

其中用 i 元素来放置向上和向下图标。

2. CSS 布局及样式

代码如下：

【代码 3-1-7】base. css

```
#siteNav{ height:35px; background: #f5f5f5;border-bottom:1px solid #eee;}
#siteNavCon{width:1190px;margin:0px auto; height:35px;line-height: 35px;
}
#siteNavCon . left{ float:left;}
#siteNavCon . left li{float:left;margin-right:15px;}
#siteNavCon . right{float:right; position:relative;}
#siteNavCon . right li{ float:left; margin-right:15px;}
#siteNavCon . right li. navTitle{ width:106px;   }
/* 下拉菜单 CSS 样式规则 */
#siteNavCon . right li . siteNavPanel{
width:105px;
background-color: #fff; /* 下拉菜单显示时，是#fff 背景色 */
border:1px solid #f0f0f0;/* 下拉菜单显示时，具有 1px 的边框 */
  border-top: 1px solid #fff;/* 将上边框设置为#fff，也就融入背景色中去了 */
  position:absolute;/* 设置为绝对定位，标准流中其他元素将视下拉菜单为不存在 */
  display:none;/* 默认情况下，下拉菜单并不显示 */
 }
 #siteNavCon . right li . siteNavPanel li a{height:30px;line-height: 30px;
padding:2px 0 2px 5px;}
 #siteNavCon . right li . siteNavPanel li a:hover{color:red; text-decoration: none;}
```

3. 设置鼠标移出与鼠标悬停两种状态下的 CSS 样式

通过 CSS 样式设置事件触发前后两个 class 类，再通过 JavaScript 脚本去添加或者移除该 class 类，从而实现 Web 页面的动态效果。

根据图 3-1-12 所示，已经分析出鼠标移出与鼠标悬停时页面显示的差别，下面将它用 CSS 代码实现。代码如下：

【代码 3-1-8】base. css

```
i.downUp{/ * 鼠标移出时，“我的 MobileShop”右侧的按钮，显示“down.gif” * /
background:url(../img/down.gif)  no-repeat 0 0;
width: 15px;
height: 10px;
display:inline-block;
}
li.current i.downUp{/ * 鼠标悬停“我的 MobileShop”右侧的按钮，显示“up.gif”。鼠标悬停的实现在为一级导航的 li 添加 class 样式 current * /
background:url(../img/up.gif)  no-repeat 0 0;
display:inline-block;
}
li.current{/ * 鼠标悬停时，“我的 MobileShop”在鼠标移出时是灰色背景，而鼠标悬停时是白色背景，并具有上、右、左三条灰色边框，下边边框设置为 #fff 融入背景中。鼠标悬停的实现在为一级导航的 li 添加 class 样式 current * /
    background-color: #fff;
    border:1px solid #f0f0f0;
    border-bottom: 1px solid #fff;
}
```

4. JavaScript 脚本导入

在 js 文件夹中创建 base. js 文件，并在页面中加载该脚本。代码如下：

```
<script  src = "js/base. js" type = "text/javascript"></script>
```

5. 鼠标悬停时的 JavaScript 脚本实现

为“我的 MobileShop”所在的 li 添加 onmouseover 事件，并调用方法 fun1()。代码如下：

```
<li class = "navTitle " id = "menu"  onmouseover = "fun1()">
```

在 base. js 中书写 JavaScript 脚本，实现以下两个效果：

(1)将下拉菜单(id="menuContent")的 display 样式设置为 block，使其显示出来。

(2)为 id="menu"的 li 的 class 类添加 current，使步骤 3 中的鼠标悬停样式表现出来。

代码如下：

【代码 3-1 9】鼠标悬停时实现下拉菜单

```
//通过 id 获取 DOM 对象，采用方法 getElementById("对象 id")
var menu = document.getElementById("menu");
var menuContent = document.getElementById("menuContent");//下拉菜单
function fun1(){
```

```
//通过"对象.style.样式名称"来改变 DOM 对象的样式
menuContent.style.display = "block";
//通过 setAttribute()方法来修改 DOM 的属性节点
    menu.setAttribute("class", "navTitle current");
  }
```

6. 鼠标移出时的 JavaScript 脚本实现

为“我的 MobileShop”所在的 li 添加 onmouseout 事件，并调用方法 fun2()。代码如下：

```
<li class = "navTitle " id = "menu"  onmouseover = "fun1()"  onmouseout = "fun2()">
```

在 basc.js 中书写 JavaScript 脚本，实现以下两个效果：

(1)将下拉菜单(id="menuContent")的 display 样式设置为 none，使其隐藏。

(2)为 id="menu"的 li 的 class 类移除 current，使步骤 3 中的鼠标移出样式表现出来。

代码如下：

【代码 3-1-10】鼠标移出时隐藏下拉菜单

```
function fun2(){
  menuContent.style.display = "none";
  menu.setAttribute("class", "navTitle");
}
```

3.1.4 项目梳理

(1)Web 浏览器在构建 Web 页面时，采用面向对象的方式进行构建。JavaScript 对象有三个部分：浏览器对象模型、文档对象模型和内置 JavaScript 对象。

(2)创建 JavaScript 脚本的方法有两种：加载外部 JavaScript 脚本、加载内部 JavaScript 脚本。

(3)制作一个 JavaScript 交互效果的过程：HTML+CSS 构建页面结构及布局、分析和定义事件发生前后特殊的 CSS 样式、JavaScript 脚本导入、事件触发及函数的调用。

任务 3.2 苏宁易购网站首页交互制作

在 B2C 模式的苏宁易购网站中，“苏宁易购网站首页”是用户输入 url 地址之后，首先呈现在用户面前的页面，将“苏宁易购网站首页”按照功能模块划分为“关键字搜索模块”“焦点图模块”“分类导航模块”“特别推荐模块”“品牌标签模块”“频道模块”，每个模块的制作都分为 HTML 结构、CSS 表现及 JavaScript 行为三方面的构建，在这个任务中一起完成“焦点图模块”“频道模块”的制作。

3.2.1 JavaScript 制作焦点图切换动效

苏宁易购网站首页中，最引人瞩目的就是“焦点图”，商家往往将重要的活动及爆款商品广告投放在这里(图 3-2-1)。

图 3-2-1 首页焦点图

这里设置 4 个广告位，当鼠标悬停在下方圆形翻页上时，有如下交互效果：

（1）鼠标悬停时圆形翻页由灰色变为红色。

（2）与圆形翻页对应的广告图会显示出来，其他的广告图隐藏。或者每隔 5 秒钟，广告图片会自动切换。

（3）圆形翻页从左到右依次循环，由灰色变为红色。

（4）与圆形翻页对应的广告图会显示出来，其他的广告图隐藏。

1. HTML 构建页面整体结构

“首页焦点图”的页面结构如图 3-2-2 所示。

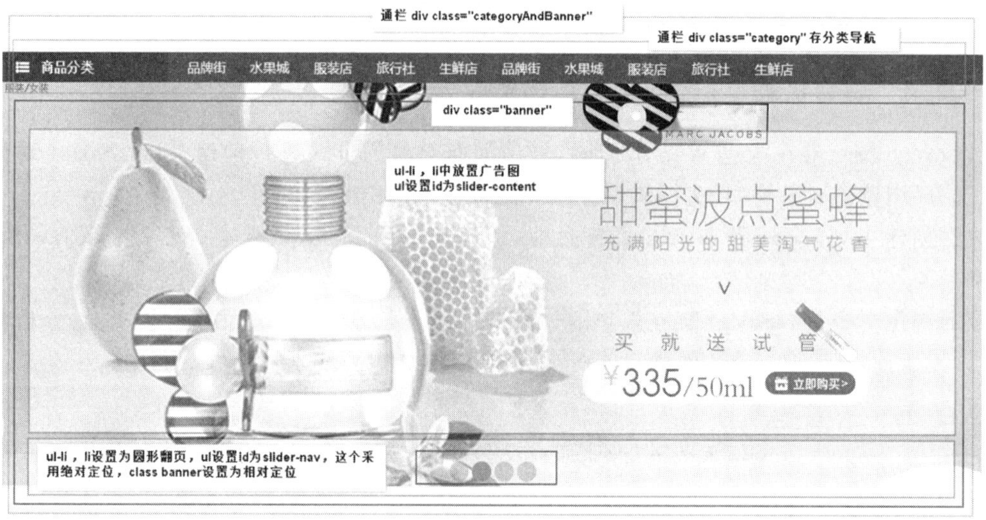

图 3-2-2 “首页焦点图”页面结构

构建页面的 HTML 结构，要遵循从整体到局部，从外层到内层的顺序。代码如下：

【代码 3-2-1】index. html

```
<div class = "categoryAndBanner">
        <div class = "category">
              <! --存分类导航，省略-->
        </div>
```

```
        <div class = "banner">
                <ul id = "slider-content" class = "full_screen" >
                        <li style = "display:block;" ><img src = "img/banner/banner1. jpg" /> </li>
                        <li ><img src = "img/banner/banner2. jpg" /> </li>
                        <li ><img src = "img/banner/banner3. jpg" /> </li>
                        <li ><img src = "img/banner/banner4. jpg" /> </li>
                </ul>
                <ul id = "slider-nav"   class = "slider-nav"   >
                <li class = "on"><a href = "javascript:void(0)">1</a></li>
                <li ><a href = "javascript:void(0)">2</a></li>
                <li><a href = "javascript:void(0)">3</a></li>
                <li><a href = "javascript:void(0)">4</a></li>
                </ul>
        </div>
 </div>
```

2. CSS 整体框架布局及样式

代码如下：

【代码 3-2-2】index. css

```
/* 分类导航和焦点图都放置在类为 categoryAndBanner 的 div 中，通栏设置，width 为 100 %，高度设置为 500px。 */
. categoryAndBanner{
    position:relative;
    width:100 % ;
    height:500px;
}
. banner ,. full _ screen{ width: 100 % ; height: 481px; position: relative; z-index: 1;}
/* 较宽焦点图居中 */
. full_screen li { width: 1920px; height: 100 % ; position: absolute; z-index: 1; top: 0; left: 50 % ; margin-left: -960px; display:none;}
/* 焦点图下方翻页条的样式设置，通过绝对定位，设置 bottom: 0px;位于父盒子下方 */
. banner . slider-nav{ font-size: 0;  background: rgba(255,255,255,0. 2); text-align: center; display:block; list-style:none;  width: 1190px;height: 24px; padding:7px 8px ; margin-left: -595px;position:absolute; left:50 % ;  bottom: 0px;  z-index: 2;}
 /* 焦点图下方圆形翻页的样式设置 */
```

```
.banner .slider-nav li {
  vertical-align: top;   letter-spacing: normal;   word-spacing: normal; display: inline-block; list-style:none;margin-left:4px; overflow: hidden; cursor: pointer;
/*运用HTML5样式border-radius将翻页设置为圆形,需要将宽度和高度设置相同,border-radius的值为宽度的一半*/
    width:24px; height:24px; border-radius: 12px;
/*设置背景为黑色,透明度为0.25*/
    background:rgba(0,0,0,0.25);
    }
 /*text-indent:-9999px使a中的文字不显示在页面中*/
 .banner .slider-nav a {   display: block;   width: 100%; height: 100%; padding:0;margin:0;
text-indent:-9999px;}
/*鼠标悬停时,存放圆形翻页的li上有class="on"时,圆形翻页的背景为#F30*/
.banner .slider-nav li.on {
    background: #F30;}
```

这里banner图片的宽度是1920px,当浏览器宽度小于1920px时,可能会发生banner图错位,针对这种宽度较大的图片设置,我们要采用绝对定位的方式进行设置。代码如下:

【代码3-2-3】banner图样式设置

```
.banner ,.full_screen{ width: 100%; height: 481px; position: relative; z-index: 1;}
/* 大焦点图居中*/
.full_screen li { width: 1920px; height: 100%; position: absolute; z-index: 1; top: 0; left: 50%; margin-left: -960px; }
```

例如:假设浏览器宽度为1200px,banner图宽度为1920px,正常情况下位置如图3-2-3中1所示。将父盒子设置为相对定位,并将存放banner图的li设置为绝对定位,设置left:50%时,如图3-2-3中2中所示,banner图向右移动目前浏览器宽度的50%,即600px。将存放banner图的li设置margin-left:－960px时,如图中所示,banner向左移动广告图宽度1920px的一半即960px,就可以保证banner图位于浏览器的正中。

3. JavaScript脚本导入

在js文件夹中创建index.js文件,并在页面中加载该脚本,代码如下:

```
<script  src="js/index.js" type="text/javascript"></script>
```

4. 鼠标悬停时切换焦点图

在JavaScript脚本之前,先观察<div class="banner">的DOM树(图3-2-4将li下面的元素节点及该节点的属性节点和文本节点省略)。

由图3-2-4可知,当前<ul id="slider-content">中第1个li的属性节点style为"display:block"。当前<ul id="slider-nav">中第1个li的属性节点class为"on",表示选中状态,有红色背景。

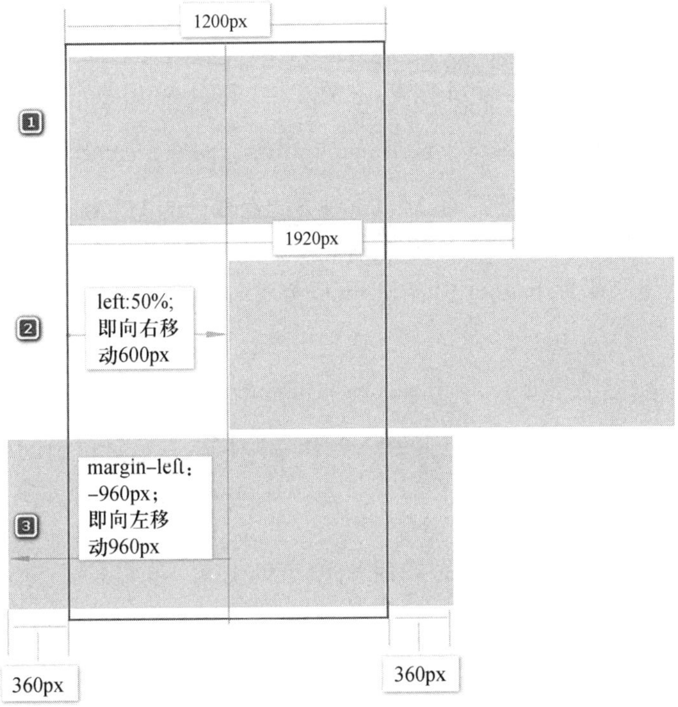

图 3-2-3　较宽 banner 图居中

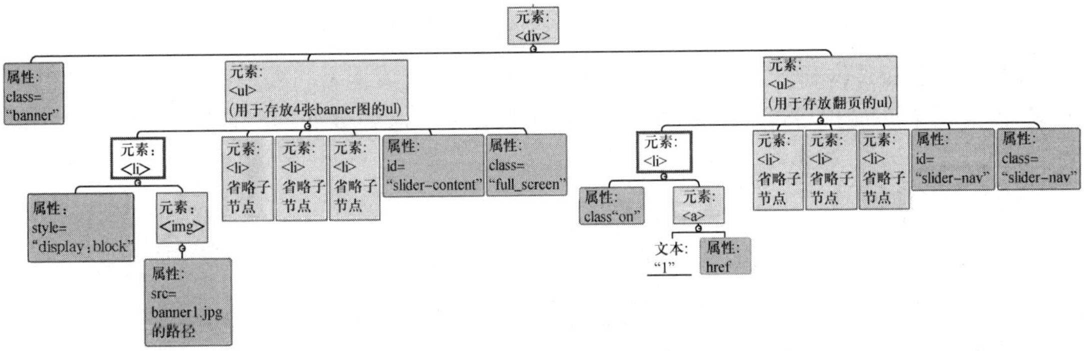

图 3-2-4　DOM 树

此处要实现的目标是:当鼠标悬停在<ul id="slider-nav">下面的 li 节点时,会为当前 li 添加 class 属性节点值为“on”,而其他的 li 则移除该属性节点。同时,与该 li 节点对应的<ul id="slider-content">下面的 li 节点,设置属性 style 为“display:block”,其他 li 则设置 style 为“display:none”。

步骤 1　要实现这一目标,就需要通过 JavaScript,访问到这些节点元素。

JavaScript 如何定位 HTML 元素呢?

我们可以通过以下三种方式去实现:

- 通过 id 定位到 HTML 元素
- 通过元素标签名定位到 HTML 元素

• 通过类名定位到 HTML 元素

(1)通过 id 定位到 HTML 元素。通过 document 对象的 getElementById()方法可以实现,如要获取到放置 banner 内容的 ul 元素,它的 id="slider-content",代码如下:

```
var  sliderContent = document.getElementById('slider-content');
```

因为 id 在同一个页面中是唯一的,所以这种方式获取到的 HTML 元素也是唯一的。

(2)通过标签名定位到 HTML 元素。通过 DOM 对象的 getElementsByTagName()方法可以实现,如要获取放置 banner 内容的 ul 元素下面的所有 li 元素,可以通过如下代码实现:

```
var  sliderContentLi = sliderContent.getElementsByTagName('li');
```

其中 sliderContent 对象是上面定义的一个 DOM 对象,它是定位到 id="slider-content"的 ul 上。从 DOM 树上可以看出,这里的对象 sliderContentLi 有 4 个元素,分别存储了不同的广告图。

所以通过 getElementsByTagName()的方式,可以获得一组 HTML 元素。可以通过下标号来访问到每一个节点,下标从 0 开始计数,这里要访问第 1 个 li 元素,代码如下:

```
sliderContentLi[0];
```

(3)通过类名定位到 HTML 元素。通过 DOM 对象的 getElementsByClassName()方法可以实现,如要获得放置 banner 内容的 ul 元素,它的 class="full_screen"。代码如下:

```
var  sliderContent = document.getElementsByClassName('full_screen');
```

思考一下,通过这种方式是否可能获得一组 HTML 元素呢?当然可能获得一组 HTML 元素,因为一个页面里,采用同一类样式的 HTML 元素可能有多个,本案例中采用 id 来获取更为恰当。

同理,获得四个翻页 li 的代码如下:

```
var  sliderNav = document.getElementById('slider-nav');
var  sliderNavLi = sliderNav.getElementsByTagName('li');
```

注意,这 4 个变量设置为全局变量。

步骤 2 JavaScript 实现鼠标悬停时切换焦点图。

页面加载时触发 JavaScript 脚本:

```
//调用 window 的 onload 事件
window.onload = function(){
  }
```

具体 JavaScript 脚本如下:

【代码 3-2-4】JavaScript 实现鼠标悬停时切换焦点图

```
   window.onload = function(){
  //sliderNavLi.length 得到 sliderNavLi 中元素的总数,这里翻页 li 是 4 个
```

```
for(var i = 0; i < sliderNavLi.length; i++){
//sliderNavLi[i]通过下标 i,访问到第 i+1 个翻页 li 元素,当下标是 0 时,表示的第1个元素
      sliderNavLi[i].index = i;
//触发鼠标悬停事件
      sliderNavLi[i].onmouseover = function(){
    //实现排他性,就是用循环先将所有的对象设置好,再设置特殊的对象
    /* 先循环一次,将所有的翻页 li(也就是 sliderNavLi 对象里的每个元素)的class 属性节点设置为空 */
        for(var i = 0; i <sliderNavLi.length; i++){
          sliderNavLi[i].className = '';
        }
        //再用 this 对象,即当前鼠标悬停的翻页 li,设置它的 class 属性节点为"on"
        this.className = 'on';
        /* 接下来遍历存广告图的 li(也就是 sliderContentLi 对象里的每个元素),将所有元素的 display 样式设置为 none */
        for(var i = 0; i < sliderContentLi.length; i++){
          sliderContentLi[i].style.display = 'none';
        }
      /* 再用 this.index 获取鼠标悬停的翻页 li 的下标,通过 sliderContentLi[this.index]定位到对应的广告图 li,通过对象.style.display 属性设置 display 样式为 block */
        sliderContentLi[this.index].style.display = 'block';
      }
    }
  }
```

假如鼠标悬停在翻页“2”上,执行完这段 JavaScript 脚本之后,DOM 树的变化如图 3-2-5 所示。

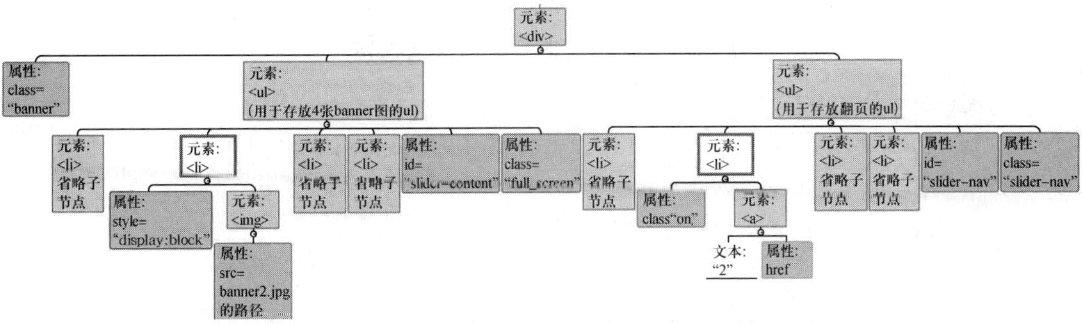

图 3-2-5　鼠标悬停事件发生之后 DOM 树的变化

5. 每隔 5 秒自动切换焦点图

步骤 1 设置全局变量,用于记录当前播放的广告图下标。代码如下：

```
/*前面省略前面已经定义好的全局变量 sliderContent、sliderContentLi、sliderNav、sliderNavLi*/
//设置全局变量 x,用来记录当前播放的广告图下标,初始值设置为 0 ,表示从第 1 张广告图开始
var x = 0;
```

步骤 2 使用 JavaScript 计时事件。

Window 对象的两个方法可以调用计时事件：

(1)setInterval()方法:间隔指定的毫秒数不停地执行指定的代码。

(2)setTimeout()方法:暂停指定的毫秒数后执行指定的代码。

这里我们采用 setInterval()方法,语法结构如图 3-2-6 所示。

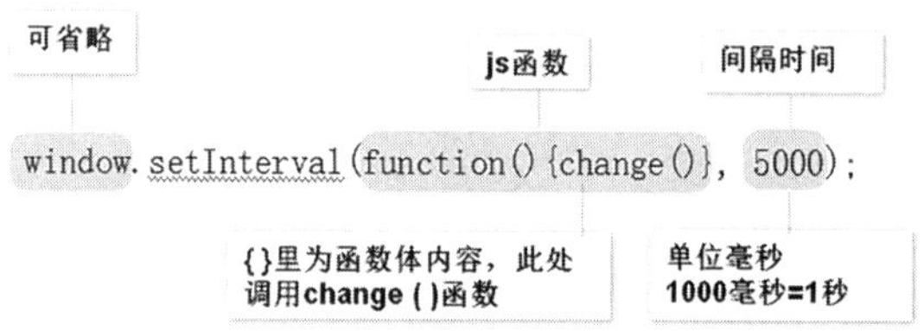

图 3-2-6 setInterval()方法语法结构

代码如下：

【代码 3-2-5】计时事件切换焦点图

```
window.onload = function(){
//每隔 5 秒,调用一次 change()函数
  window.setInterval(function(){change()}, 5000);
//省略第 4 部分已写的鼠标悬停时切换焦点图的 JavaScript 代码
  }
```

步骤 3 JavaScript 函数实现自动切换焦点图。

这里定义了一个 change()函数用于实现自动切换焦点图。代码如下：

【代码 3-2-6】定义函数切换焦点图

```
function change(){
    //当下标增长为 sliderNavLi.length 即 4 时,设置为 0,让其从第 1 个广告图开始重新循环
    if(x = = sliderNavLi.length){
      x = 0;
     }
    //sliderNavLi[x]通过下标 x,访问到第 x + 1 个翻页 li 元素
     sliderNavLi[x].index = x;
```

```
    /* 与第 4 部分相同，也是先进行遍历，将所有的翻页 li 的 class 元素节点设置为空，再通过 sliderNavLi[x].className = 'on';设置当前循环到的翻页 li 的 class 元素节点为“on”。 */
        for(var j = 0; j <sliderNavLi.length; j++){
            sliderNavLi[j].className = '';
        }
        sliderNavLi[x].className = 'on';
    /* 与第 4 部分相同，也是先进行遍历，将所有的广告图 li 的 class 元素节点设置为空，再通过 sliderContentLi[sliderNavLi[x].index].style.display = 'block';设置与翻页 li 对应的广告图 li 的 display 样式为 block。 */
        for(var k = 0; k < sliderContentLi.length; k++){
            sliderContentLi[k].style.display = 'none';
        }
        sliderContentLi[sliderNavLi[x].index].style.display = 'block';
        x++;//下标自增长 1
}
```

3.2.2 JavaScript 修改 HTML 的 DOM 节点

通过焦点图切换动效的制作，初步体会 JavaScript 脚本是可以修改 DOM 树的，总结起来有以下几个方面：

- 修改 HTML 属性
- 修改 CSS 样式
- 创建 HTML 元素
- 删除 HTML 元素

1. 修改 HTML 属性

定位到一个元素节点后，可以采用一些属性和方法去获取和修改它的 HTML 属性。

案例中采用 className 属性设置 class 属性的值，有两处代码：

```
sliderNavLi[i].className = '';
this.className = 'on';
```

getAttribute()、setAttribute()可以获取和设置 HTML 属性，removeAttribute()可以移除 HTML 属性。其中 getAttribute()和 removeAttribute()以属性名作为参数传入即可，setAttribute()有两个参数，语法结构如图 3-2-7 所示。

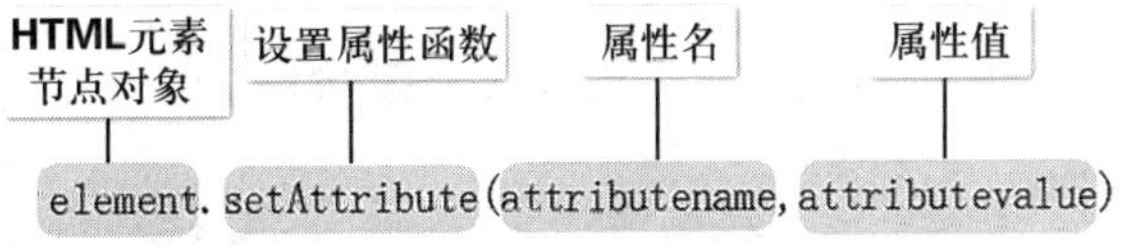

图 3-2-7 setAttribute()方法语法结构

上述两行代码可以修改为如下代码：

```
sliderNavLi[i].removeAttribute('class') ;//这里英文模式的双引号和单引号均可。
this.setAttribute("class","on");//这里英文模式的双引号和单引号均可。
```

2. 修改 CSS 样式

定位到一个元素节点后，可以采用如下语法修改 CSS 样式(图 3-2-8)。

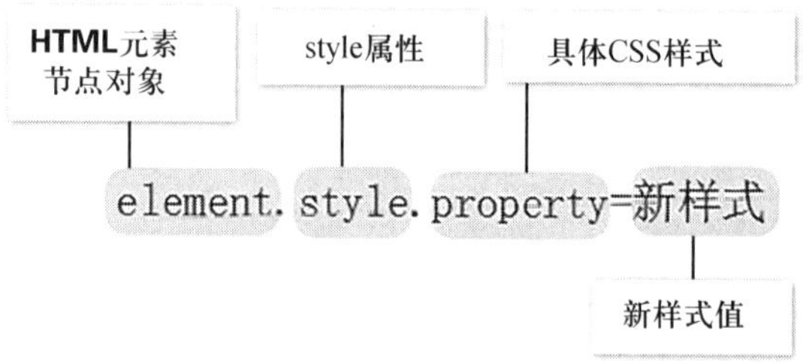

图 3-2-8　修改 CSS 样式语法结构

案例中我们采用这种方式设置 display 样式的值。代码如下：

```
sliderContentLi[i].style.display = 'none';//设置 display 为 none,隐藏该节点对象
sliderContentLi[this.index].style.display = 'block';//设置 display 为 block,显示该节点对象
```

3. 创建 HTML 元素

我们常用 createElement()方法创建一个 HTML 元素，并通过 createTextNode()方法创建一个文本节点，通过 appendChild()方法将一个子节点添加到父节点中去。

例如：这里提出一个新需求，希望再添加一个广告图 banner5.jpg，图片的路径是“img/banner/banner5.jpg”。代码如下：

【代码 3-2-7】添加子元素

```
//添加一个广告图
  var banner = document.createElement("li");//创建一个 li 元素节点
  var bannerContent = document.createElement("img");//创建一个 img 元素节点
  //将 bannerContent 的属性 src 设置为 banner5.jpg 的路径
  bannerContent.setAttribute("src","img/banner/banner5.jpg");
banner.appendChild(bannerContent);//将 bannerContent 加到 banner 里去
  sliderContent.appendChild(banner);//将 banner 加到 sliderContent 里去，
从而显示出来
```

同时，也要再添加一个翻页按钮。代码如下：

【代码 3-2-8】添加翻页按钮

```
//添加一个翻页按钮
  var page = document.createElement("li");//创建一个 li 元素节点
  var pageContent = document.createElement("a");//创建一个 a 元素节点
```

```
var pageNumber = document.createTextNode("5");//创建一个文本节点,文本内容是"5"
pageContent.appendChild(pageNumber);//将 pageNumber 加到 pageContent 里去
page.appendChild(pageContent);//将 pageContent 加到 page 里去
sliderNav.appendChild(page);//将 page 加到 sliderNav 里去,从而显示出来
```

4. 删除 HTML 元素

要删除一个 HTML 元素,可以先定位到它的父元素节点,再采用 removeChild()方法将它删除。

例如:我们要将刚才新创建的 banner5.jpg 以及与它对应的翻页按钮删除。代码如下:

【代码 3-2-9】删除 HTML 元素

```
sliderContent.removeChild(banner);   //删除第 5 张广告图
sliderNav.removeChild(page);//删除第 5 个翻页
```

3.2.3 JavaScript 制作频道模块选项卡动效

移动电商首页中,"频道模块"用于陈列不同频道的商品,如"服装鞋包"频道里,商家会按照"男装""女装""鞋靴""箱包"等标签分类将最值得推广的商品陈列在这里,如图 3-2-9 所示。

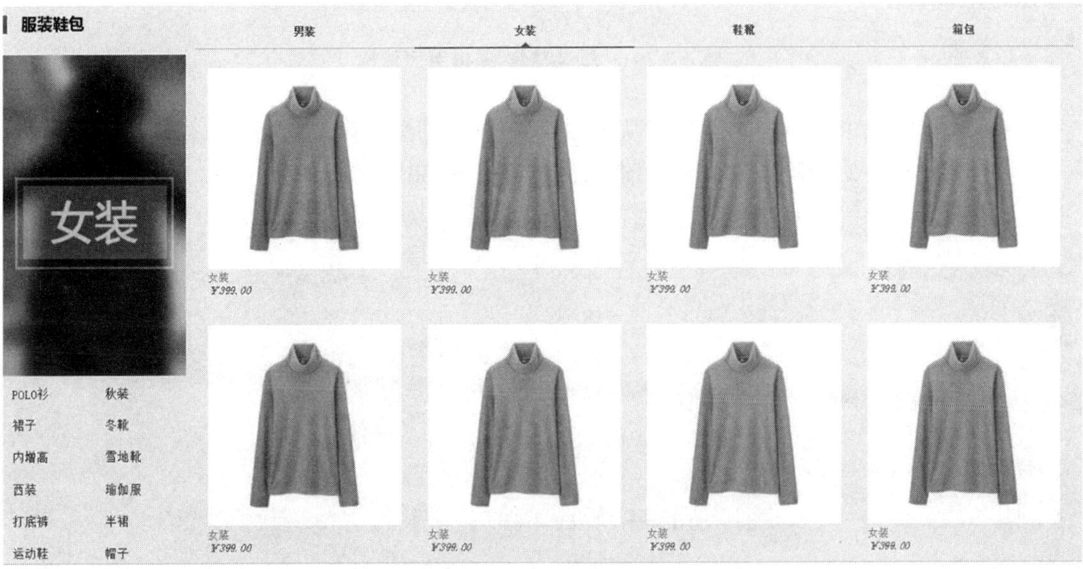

图 3-2-9 "服装鞋包"频道

这里设置"男装""女装""鞋靴""箱包"四个标签分类,当鼠标悬停在标签上时,会有如下交互效果:

(1)商品列表区展示与鼠标悬停标签相对应的商品。

(2)鼠标悬停的标签样式发生变化。

1. HTML 构建页面整体结构

“服装鞋包”频道的页面结构如图 3-2-10 所示。

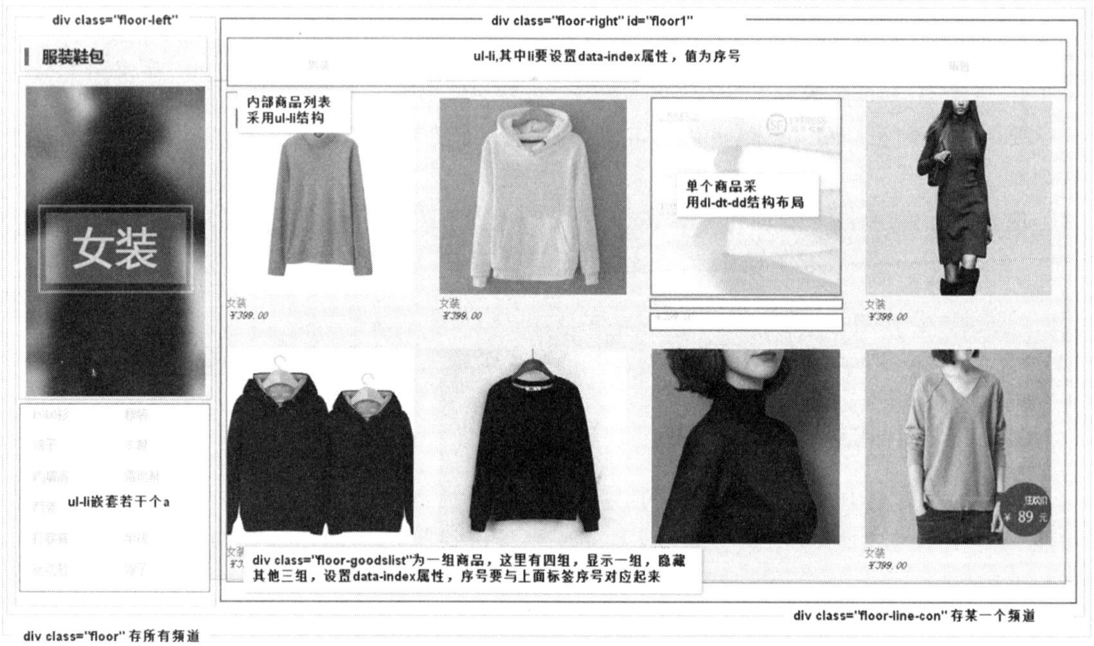

图 3-2-10 “服装鞋包”频道页面结构

构建页面的 HTML 结构，要遵循从整体到局部，从外层到内层的顺序。代码如下：

【代码 3-2-10】“服装鞋包”频道页面结构代码(完整代码参见 index. html)

```
<div class = "floor" > <! --存每个频道，例如 1F 服装鞋包-->
        <div  class = "floor-line-con"> <! --1F 服装鞋包-->
            <div class = "floor-left">
                <div class = "left-title">
                    <i class = "color-mark"></i>
                    <h2>服装鞋包</h2>
                </div>
                <div class = "left-img">
                    <a href = "javascript:void">
                        <img src = "img/floor/floor1_left. jpg">
                    </a>
                </div>
                <div class = "left-tag">
                    <ul>
                        <li>
```

```
                    <a href="javascript:void">POLO衫</a>
                    <a href="javascript:void">秋装</a><! --这里省略部分链接-->
                </li>
            </ul>
        </div>
    </div><! --floor-left-->
    <div class="floor-right" id="floor1">
        <ul class="floor-nav" id="floor1Nav">
        <li  class="selected"  data-index='1'>
            <i ></i>
            <h3>男装</h3>
        </li>
            <li  data-index='2'>
            <i></i>
            <h3>女装</h3>
        </li>
            <li data-index='3'>
            <i ></i>
            <h3>鞋靴</h3>
        </li>
            <li data-index='4'>
            <i ></i>
            <h3>箱包</h3>
        </li>
        </ul>
        <div class="floor-goodslist" style="display:block;" data-index='1'>
            <ul>
                <li>
                    <dl>
                        <dd class="goods-img">
                            <a href="#">
                                <img src="img/floor/man/goods1.jpg">
                            </a>
                        </dd>
                        <dt class="goods-name"><a href="#">海澜之家男装</a></dt>
```

```
                        <dd class = "goods-price">
                            <em>¥399.00</em>
                        </dd>
                    </dl>
                </li>
                <! --省略其他商品,每个商品,都是一个 li-->
            </ul>
        </div><! --男装-->
        <div class = "floor-goodslist" data-index = '2'>
            <! --这里省略商品列表的内容,与前面男装结构一致-->
        </div><! --女装-->
        <div class = "floor-goodslist" data-index = '3'>
            <! --这里省略商品列表的内容,与前面男装结构一致-->
        </div><! --鞋靴-->
        <div class = "floor-goodslist" data-index = '4'>
            <! --这里省略商品列表的内容,与前面男装结构一致-->
        </div><! --箱包-->
    </div><! --floor-right-->
  </div>
 </div>
</div>
```

2. CSS 布局及样式

CSS 布局代码如下：

【代码 3-2-11】index. css

```
.floor{ margin:30px auto 0; width:1230px; padding-right: 30px;}
.floor-line-con{ height: 600px; overflow: hidden; width: 100%; border-bottom: 
1px solid #ddd;background: #f5f5f5;padding-top: 10px;}
.floor-left{ height:600px; width:220px;float:left;}
.color-mark{ background-color: #F15453; display:inline-block;width:5px;height:20px;
    vertical-align: top;}
.left-title{ height:38px;}
.left-title h2{
    font-family: "Microsoft YaHei",SimSun,'\5b8b\4f53',sans-serif;
    display: inline-block;vertical-align: top;font-size: 18px;color: #000;
line-height: 18px;height: 18px;margin-left: 10px;}
.left-img{margin-top:5px;}
```

```
.left-tag a{ display: block;width: 96px; float: left; height: 35px;line-height: 35px;color: #555; font-size: 14px; padding-left: 10px;}
.left-tag a:hover{color:#f40;text-decoration: none;}
.floor-right{ float:left; width:1010px;}
.floor-nav{width:1000px;height:38px;}
.floor-nav li h3{font-size: 12px;font-weight: 600;line-height: 38px;text-align: center;}
.floor-goodslist{margin-top:5px;display:none;}
.floor-goodslist ul li{ width:220px;height:251px; padding:15px;float:left; opacity: 0.9;}
```

鼠标移出标签和鼠标悬停在标签上的样式。代码如下：

【代码 3-2-12】index. css

```
/*标签鼠标移出时,标签下边框为#ddd、2px 的实线*/
.floor-nav li{float:left;width:25%;height:36px;cursor:pointer; position:relative;
    border-bottom: 2px solid #ddd;}
/*标签鼠标移出时,小三角是不显示的,所以 display: none; */
.floor-nav li i{display: none;
        border-color: transparent transparent #D93600;
        font-size: 0px;  line-height: 0;  width: 0px; height: 0px;float: right;
        margin-left: -4px; border-width: 5px; border-style: dashed dashed solid dashed;
        position: absolute; z-index: 1;  bottom: 0;  left: 50%;}
/*标签鼠标悬停时,标签的下边框为#D93600、2px 的实线*/
.floor-nav li.selected{border-bottom: 2px solid #D93600;}
/*标签鼠标移出时,小三角显示出来,所以  display: block; */
.floor-nav li.selected i{ display: block; }
```

3. 触发鼠标悬停事件

事件触发 JavaScript 脚本的过程是：首先要定位到进行事件响应的元素节点，其次要在该元素节点上绑定相应的事件，最后调用事件触发时所需运行的 JavaScript 代码。

如何在元素节点上绑定事件呢？一般有如下三种方式：

- 采用 HTML 事件属性触发事件
- 采用 DOM 分配事件
- 为元素绑定事件监听

接下来采用这三种方式去触发鼠标悬停事件，以完成“频道模块”的选项卡交互效果制作。

(1)采用 HTML 事件属性触发事件。

步骤 1　定位到“男装”“女装”“鞋靴”“箱包”这四个需要触发鼠标悬停事件的 li 元素，直接使用 onmouseover 事件属性，调用 changeTab()函数，这个函数是自定义的，用于实现当鼠标悬停在标签上时动态交互效果。将当前鼠标悬停的对象，以参数 this 对象传递过去。代码如下：

【代码 3-2-13】index. html “男装”标签的代码片段

```
<li  class="selected" onmouseover="changeTab(this)"  data-index='1'>
    <i ></i>
    <h3>男装</h3>
</li>
```

步骤 2 编写 changeTab()函数,实现选项卡动态交互效果。代码如下:

【代码 3-2-14】index. js

```
      //获取商品列表,存入对象 floor1ContentLi
        var  floor1 = document.getElementById('floor1');
        var  floor1ContentLi = floor1.getElementsByClassName('floor-goodslist');
     //获取标签列表,存入对象 floor1NavLi
        var  floor1Nav = document.getElementById('floor1Nav');
        var  floor1NavLi = floor1Nav.getElementsByTagName('li');
 //changeTab()函数用于实现标签样式改变及下方商品列表样式改变
 function  changeTab(myNav){ //形式参数为 myNav 对象,用于接受实际参数 this 对象
      //遍历标签列表对象(floor1NavLi),全部移除 class 属性
    for(var i = 0; i <floor1NavLi.length; i++){
        floor1NavLi[i].removeAttribute("class") ;
      }
 /*为当前鼠标悬停的对象添加值为“selected”的 class 属性,因为前面设置了
 .selected 样式,这段代码的执行就会呈现出 .selected 样式效果*/
      myNav.setAttribute("class","selected");
 /*获取到当前鼠标悬停对象 myNav 的 data-index 属性值,这个属性是为了方便寻找
 与标签对应的商品列表而设置的,data-index 值相同即是对应的*/
      var index =  myNav.getAttribute("data-index");
      for(var i = 0; i < floor1ContentLi.length; i++){
          floor1ContentLi[i].style.display = 'none';
        }
        floor1ContentLi[index-1].style.display = 'block';
 //下边是从 0 开始,所以 index-1
      }
```

(2)采用 DOM 来分配事件。去掉在第 1 种方式中的事件绑定,采用 DOM 来分配事件,语法规则如图 3-2-11 所示。

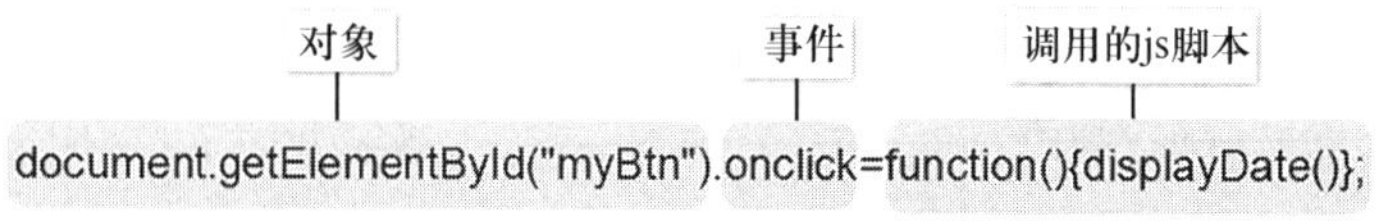

图 3-2-11 DOM 分配事件语法规则

遍历 floor1NavLi 的每一个对象，依次为它们绑定鼠标悬停事件，并调用 changeTab()函数。代码如下：

【代码 3-2-15】index. js

```
for(var i = 0; i < floor1NavLi.length; i++){
 floor1NavLi[i].onmouseover = function(){changeTab(this)};
}
```

(3)为元素绑定事件监听。JavaScript 中还有一个事件监听机制，可以为对象添加事件监听，语法规则及案例(图 3-2-12)。

图 3-2-12　事件监听语法规则

遍历 floor1NavLi 的每一个对象，依次为它们绑定事件监听，并调用 changeTab()函数。代码如下：

【代码 3-2-16】index. js

```
for(var i = 0; i < floor1NavLi.length; i++){
floor1NavLi[i].addEventListener("mouseover", function(){changeTab(this);});
}
```

常见的 DOM 事件如表 3-2-1 所示。

表 3-2-1　常见的 DOM 事件

鼠标事件	键盘事件	表单事件	文档/窗口事件
onclick	onkeydown	onblur/onfocusout	onload
鼠标单击	某个键盘按键被按下。	失去焦点	一张页面或图像完成加载。
ondblclick	onkeypress	onfocus/onfocusin	onunload
鼠标双击	某个键盘按键被按下并松开。	得到焦点	用户退出页面。
onmouseover	onkeyup	onchange	onscroll
鼠标移到某元素之上	某个键盘按键被松开。	表单元素的内容改变。	当文档被滚动时发生的事件。
onmouseout		onsubmit	onresize
鼠标移出某元素		表单提交时触发。	窗口或框架被重新调整大小。

注意：

采用事件监听方式为元素绑定事件时，事件是没有 on 前缀的。采用 HTML 事件属性触发事件、采用 DOM 分配事件这两种方式，事件是有 on 前缀的。目前，一般不采用 HTML 事件属性触发事件，因为这种方式将 JavaScript 代码与 HTML 代码混在一起，不利于行为与结构的分离。

查看更多的事件可以去网址：http://www.runoob.com/jsref/dom-obj-event.html。

3.2.4　项目梳理

(1)JavaScript 脚本实现页面交互的步骤及方法。

(2)JavaScript 定位到 HTML 元素有三种方式：通过 id 定位到 HTML 元素，通过元素标签名定位到 HTML 元素，通过类名定位到 HTML 元素。

(3)JavaScript 脚本对 DOM 树的操作如下：实现修改 HTML 属性，修改 CSS 样式，创建及删除 HTML 元素。

(4)调用 JavaScript 计时事件的方法及步骤。

(5)元素节点上绑定事件有三种方式：采用 HTML 事件属性触发事件，采用 DOM 分配事件，为元素绑定事件监听。

任务 3.3　用户注册表单验证制作

表单是采集用户数据的工具，是浏览器端与服务器端沟通的桥梁。在浏览器端，我们要对用户输入表单的数据进行验证，以确保最后提交到服务器端的数据是符合要求的。

在移动电商系统中，"用户注册"表单是用户取得系统合法身份的第一步，如图 3-3-1 所示，在"用户注册"表单中，需要录入用户名、邮箱、密码及确认密码，均要按照要求进行录入。

图 3-3-1　用户注册表单

3.3.1 项目梳理

(1)JavaScript 脚本实现表单验证的步骤及方法。

(2)常见的 JavaScript 事件有:onblur/onfocusout、onfocus/onfocusin、onchange、onclick、onmouseover、onmouseout、onload。

(3)JavaScript RegExp 对象的检索模式表达式及使用方法。

(4)JavaScript String 对象的属性及常见方法。

3.3.2 用户注册表单验证

当用户注册页面加载完成之后,表单的每个输入框中均有提示信息,告知用户什么样的数据是合法数据(图 3-3-2)。

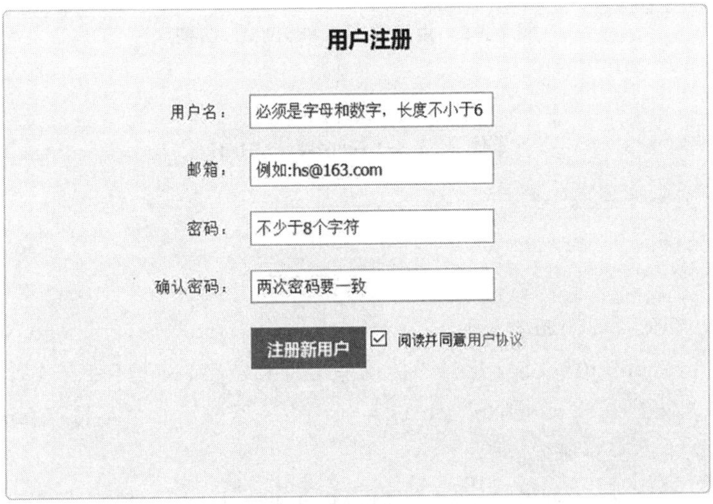

图 3-3-2 用户注册表单提示信息

数据合法规则总结如下:

(1)用户名必须是字母和数字组成,长度不小于 6 个字符。

(2)邮箱地址必须正确。

(3)密码不少于 8 个字符。

(4)两次录入的密码必须一致。

(5)用户协议前面的复选框必须是选中状态。

当录入不正确时,会在相应的输入框下方出现错误提示。

1. HTML 构建表单页面结构

这里不再讨论整体页面的 HTML 结构,可以去 register.html 查看完整代码。我们只关注表单,当隐藏的错误提示也显示出来时,表单的结构如图 3-3-3 所示。

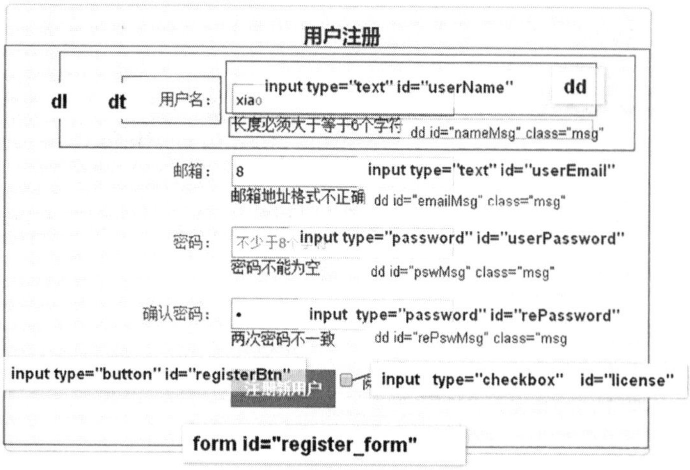

图 3-3-3 用户注册表单 HTML 结构

代码如下：

【代码 3-3-1】register. html

```
<form id = "register_form">
  <div class = "reg-same">
    <dl><dt>用户名:</dt>
        <dd><input type = "text" class = "text" name = "userName" value = "" id = "userName" placeholder = "必须是字母和数字,长度不小于 6"></dd>
        <dd id = "nameMsg" class = "msg ">不少于 6 个字符</dd></dl>
    <dl><dt>邮箱:</dt>
        <dd><input type = "text" class = "text" name = "email" value = "" id = "userEmail" placeholder = "例如:hs@163. com"></dd>
        <dd id = "emailMsg" class = "msg">xiaohong@163. com</dd></dl>
    <dl><dt>密码:</dt>
        <dd><input type = "password" class = "text" name = "userName" value = "" id = "userPassword" placeholder = "不少于 8 个字符"></dd>
        <dd id = "pswMsg" class = "msg">不少于 8 个字符</dd> </dl>
     <dl><dt>确认密码:</dt>
         <dd><input type = "password"  class = "text" name = "repassword" value = "" id = "rePassword" placeholder = "两次密码要一致"></dd>
         <dd id = "rePswMsg" class = "msg">两次输入的密码要一致</dd></dl>
    <dl> <dt> </dt>
         <dd>
        <input type = "button" class = "regis_ent m_register" id = "registerBtn" value = "注册新用户">
```

```
            <input type = "checkbox"   checked = "checked" value = "agree"
  fun = "checkLicense" name = "license" id = "license" class = "satisfied">
            <span>阅读并同意<a href = "#">用户协议</a></span>
              </dd>
        </dl>
    </div>
    </form>
```

2. CSS 样式设计

不再讨论所有 CSS 样式的设计，详情参考 register.css。错误提示文字为红色 14px，在页面加载之初，都应该隐藏，当用户录入不合法的数据时，才会显示。

为所有犯错误提示的 dd 添加 class="msg"。代码如下：

【代码 3-3-2】class="msg"的 CSS 样式

```
.msg{color:red; font-size: 14px;display:none;}
```

3. 用户名验证

在 js 文件夹中创建 register.js 文件，并在 register.html 页面中加载该脚本，代码如下：

```
<script  src = "js/register.js " type = "text/javascript"></script>
```

所有的表单验证内容都写在 register.js 文件中。

判断用户名是否合法，可以按照以下步骤来进行：

步骤 1 为用户名文本框绑定失去焦点事件。代码如下：

【代码 3-3-3】绑定失去焦点事件

```
var  userName  =  document.getElementById("userName");//获取用户名文本框对象
//绑定失去焦点事件
userName.addEventListener("blur", checkUserName);
```

前面讲到在元素节点上绑定事件监听。这里使用 addEventListener 函数为 userName 对象添加了失去焦点事件，当事件发生时，调用 checkUserName()函数。

步骤 2 编写 checkUserName()函数，用于验证用户名是否合法。代码如下：

【代码 3-3-4】校验用户名

```
function checkUserName(){
//获取到用户名字符串
var name = this.value.replace("/(^\s*)|(\s*$ )/g","");
var message = document.getElementById("nameMsg");//获取到 id = nameMsg 对象
//长度必须大于等于 6 个字符;不能为空;必须是字母和数字
if(name.length>=6){
 //调用 checkNumStr()函数,name 为实际参数,判断它是否只有字母和数字,
   if(! checkNumStr(name)){
     //将错误信息填入 message,并显示出该内容
```

```
        message.innerHTML = "用户名只能输入字母和数字";
        message.style.display = "block";
      }else{
         message.innerHTML = "";
         message.style.display = "none";   }
  }else  if(name.length == 0){
         message.innerHTML = "用户名不能为空";
         message.style.display = "block";
  }else{
         messagc.innerHTML = "长度必须大于等于6个字符";
         message.style.display = "block";
  }}
```

JavaScript RegExp 对象即正则表达式，它是由一个字符序列形成的搜索模式。搜索模式可用于文本搜索和文本替换，当在文本中搜索数据时，可以用搜索模式来描述要查询的内容。

正则表达式可以是一个简单的字符，或一个更复杂的模式。它的语法如图 3-3-4 所示。

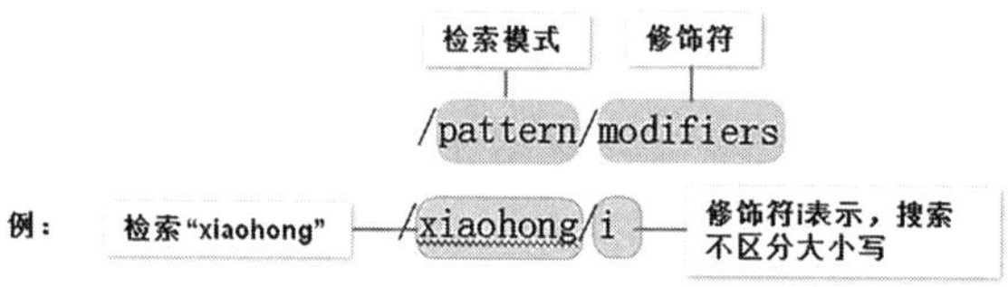

图 3-3-4　正则表达式

其中，正则表达式的修饰符有三种情况(表 3-3-1)。

表 3-3-1　正则表达式的修饰符

修饰符	描述
i	执行对大小写不敏感的匹配。
g	执行全局匹配(查找所有匹配而非在找到第一个匹配后停止)。
m	执行多行匹配。

正则表达式检索模式中常见表达式见表 3-3-2。

表 3-3-2　正则表达式常见表达式

表达式	描述
[abc]	查找方括号之间的任何字符。
[0-9]	查找任何从 0 至 9 的数字。
(x|y)	查找任何以 | 分隔的选项。

续表 3-3-2

表达式	描述
\d	查找数字。等价于 [0-9]。
\s	查找空白字符。
\b	匹配单词边界。
\uxxxx	查找以十六进制数 xxxx 规定的 Unicode 字符。
n+	匹配任何包含至少一个 n 的字符串。
\w	匹配包括下划线的任何单词字符。等价于'[A-Za-z0-9_]'。
n*	匹配任何包含零个或多个 n 的字符串。
n?	匹配任何包含零个或一个 n 的字符串。
^	匹配输入字符串的开始位置。
$	匹配输入字符串的结束位置。

检索字符串开始位置和结束位置的空格的检索模式如图 3-3-5 所示。

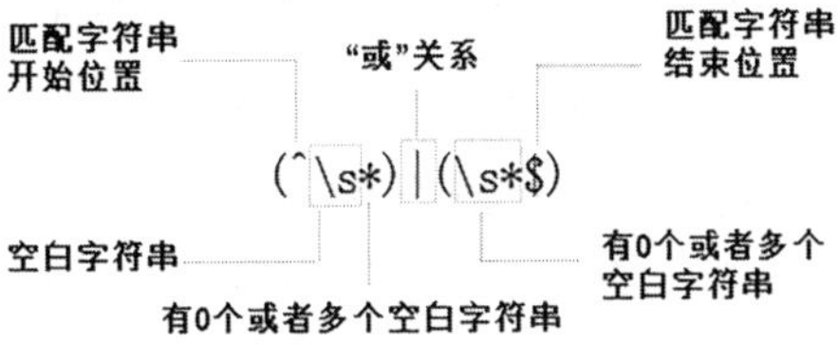

图 3-3-5　检索模式分析

查找到空白字符串之后，要将它们去掉，采用 String 对象的 replace( )方法，将空白字符串替换为空字符串。代码如下：

```
var name =  this. value. replace("/(^\s * )|(\s * $ )/g","");
//this. value 将用户输入的用户名获取到。
```

其中，this 关键字，指向当前失去焦点的 input 元素对象(即用户名文本框)。

步骤 3　编写 checkNumStr()函数。代码如下：

【代码 3-3-5】校验输入的字符串函数

```
function checkNumStr(myStr){
        var numStr = "0123456789abcdefghijklmnopqrstuvwxyzABCDEFGHIJKLMNOPQRSTUVWXYZ";
        //遍历输入的字符串
        for ( var i = 0; i<myStr. length;i + + ) {
           var onechar = myStr. substring(i,i + 1);//获取每一个字符
           if (! (numStr. indexOf(onechar)!  =  - 1)){
//string 对象的 indexOf 方法,判断这个字符在不在 numStr 中
                 return false;   //不在 numStr 中,表示有非法字符,返回 false
              }
```

```
        }
        return true;
}
```

JavaScript String 对象用于处理文本(字符串)。

String 对象的 length 属性返回字符串的长度,代码中想遍历 checkNumStr()函数的形式参数 myStr 字符串,获取它的长度代码如下:

```
myStr.length
```

String 对象的常见方法如表 3-3-3 所示。

表 3-3-3 String 对象的常见方法

方法	描述
charAt()	返回在指定位置的字符。
concat()	连接两个或更多字符串,并返回新的字符串。
indexOf()	返回某个指定的字符串值在字符串中首次出现的位置。
replace()	在字符串中查找匹配的子串,并替换与正则表达式匹配的子串。
search()	查找与正则表达式相匹配的值。
split()	把字符串分割为字符串数组。
substring()	提取字符串中两个指定的索引号之间的字符。
toLowerCase()	把字符串转换为小写。
toUpperCase()	把字符串转换为大写。
trim()	去除字符串两边的空白。
valueOf()	返回某个字符串对象的原始值。

要提取中 myStr 字符串的第 1 个字符,并看这个字符是否在 numStr 里能找到。代码如下:

【代码 3-3-6】查找某个字符

```
        var onechar = myStr.substring(0,1);//获取 myStr 字符串的第 1 个字符,下标从 0 开始
        if (!(numStr.indexOf(onechar)! = -1)){
/*numStr.indexOf(onechar)判断 onechar 字符是否在 numStr 存在,若存在,返回首次出现的位置,若不存在,则会返回 -1。*/
            return false;   //不在 numStr 中,表示有非法字符,返回 false
        }
```

4. 邮箱验证

代码如下：

【代码 3-3-7】register.js 邮箱验证

```
var  userEmail = document.getElementById("userEmail");
userEmail.addEventListener("blur", checkUserEmail);
function checkUserEmail(){
  var email = this.value.replace("/(^\s*)|(\s*$)/g","");
  var message = document.getElementById("emailMsg");
  //邮箱地址要正确
  var  str = /^(\w-*\.*)+@(\w-?)+(\.\w{2,})+$/;
  if(email == ""){
      message.innerHTML = "邮箱地址不能为空";
      message.style.display = "block";
          }else  if(! str.test(email)){
      message.innerHTML = "邮箱地址格式不正确";
      message.style.display = "block";
    }else{
       message.innerHTML = "";
      message.style.display = "none";  }
}
```

RegExp 对象的 test()方法可以用于检测一个字符串是否匹配某个检索模式。代码如下：

```
RegExpObject.test(string)
```

因此，看 String 对象 email 是否匹配 str 的检索模式。代码如下：

```
str.test(email)
```

5. 密码验证

代码如下：

【代码 3-3-8】register.js 密码验证

```
var password = document.getElementById("userPassword");
password.addEventListener("blur", checkUserPassword);
function checkUserPassword(){
  var password = this.value.replace("/(^\s*)|(\s*$)/g","");
  var message = document.getElementById("pswMsg");
  //长度必须大于等于 8 个字符；不能为空；
  if(password.length<8)
  {
    if(password.length == 0){
```

```
        message. innerHTML = "密码不能为空";
        message. style. display = "block";
          }
          else{
            message. innerHTML = "密码长度要大于等于 8";
            message. style. display = "block";
          }
      }else{
        message. innerHTML = "";
        message. style. display = "none";
      }
  }
```

6. 两次密码是否一致验证

代码如下：

【代码 3-3-9】register. js 两次密码是否一致验证

```
var rePassword = document. getElementById("rePassword");
rePassword. addEventListener("blur", checkUserRePassword);
function checkUserRePassword(){
  var repassword= this. value. replace("/(^\s*)|(\s*$ )/g","");
  var mypassword = password. value. replace("/(^\s*)|(\s*$ )/g","");
  var message = document. getElementById("rePswMsg");
  if(mypassword = = repassword){
     message. innerHTML = "";
     message. style. display = "none";
   }else{
     message. innerHTML = "两次密码不一致";
     message. style. display = "block";
  }
}
```

7. 提交按钮的鼠标单击事件

代码如下：

【代码 3-3-10】register. js 提交按钮的鼠标单击事件

```
var license = document. getElementById("license");
var btn = document. getElementById("registerBtn");
btn. addEventListener("click", checkForm);
function checkForm(){
 var myname = userName. value. replace("/(^\s*)|(\s*$ )/g","");
```

```
  var myemail = userEmail.value.replace("/(^\s*)|(\s*$)/g","");
  var mypassword = password.value.replace("/(^\s*)|(\s*$)/g","");
  var myrepassword = rePassword.value.replace("/(^\s*)|(\s*$)/g","");
  var flag = 1;
 if(myname.length == 0){
  document.getElementById("nameMsg").innerHTML = "用户名不能为空";
  document.getElementById("nameMsg").style.display = "block";
  flag = 0;
  }
  if(myemail.length == 0){
  document.getElementById("emailMsg").innerHTML = "邮箱不能为空";
  document.getElementById("emailMsg").style.display = "block";
   flag = 0;
  }
   if(mypassword.length == 0){
  document.getElementById("pswMsg").innerHTML = "密码不能为空";
  document.getElementById("pswMsg").style.display = "block";
   flag = 0;
  }
   if(myrepassword.length == 0){
  document.getElementById("rePswMsg").innerHTML = "确认密码不能为空";
  document.getElementById("rePswMsg").style.display = "block";
   flag = 0;
  }
  if(! license.checked){
     alert("请阅读用户协议");
     flag = 0;
  }
   if (flag == 1) {
     var str = "用户名:" + myname + "\n" + "邮箱地址:" + myemail + "\n" + "悄悄告诉我密码:" + mypassword + "\n";
     alert(str);
   };
}
```

【师傅小结】

本项目为 Web 页面具有良好的用户交互打下坚实基础，通过本项目的学习，掌握浏览器处理 Web 页面的全过程；掌握 JavaScript 脚本实现页面交互的步骤及方法；掌握 JavaScript 脚本实现表单验证的步骤及方法。

通过本项目的学习，提高页面交互分析能力和代码构建能力。

【学徒思考】

通过本项目我学习了浏览器处理 Web 页面的全过程；掌握了 JavaScript 脚本实现页面交互的步骤及方法；掌握了 JavaScript 脚本实现表单验证的步骤及方法。我想进一步探索以下问题：

有如下一段 HTML 代码：

```
<ul class = "links" id = "links">
    <li >  <a href = "www.baidu.com">百度</a> </li>
    <li > <a href = "www.zhihu.com">知乎</a> </li>
    <li > <a href = "https://www.xuexi.cn/">学习强国</a> </li>
</ul>
```

页面加载时，访问学习强国这个链接，将文本修改为“学习的好去处”，并将文字变成红色。

如下图所示，采用 JavaScript 脚本实现“特别推荐”模块动态效果，与“频道模块”类似，如果当鼠标单击标签和鼠标悬停在标签上两个事件发生都有如下动态效果，我该如何实现？

(1)切换相应的商品列表。

(2)标签样式发生的变化。

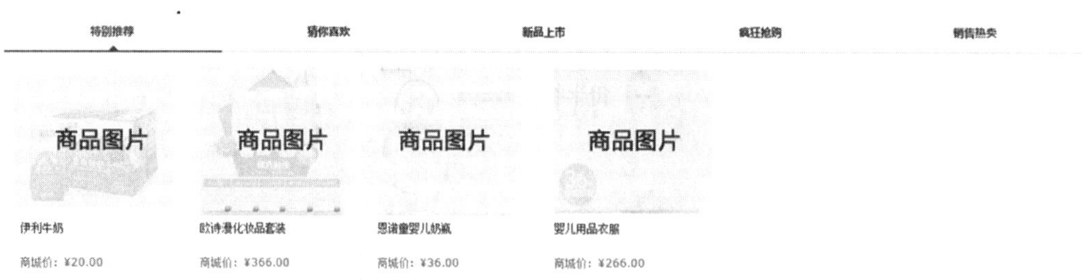

“特别推荐”模块

【思政园地】

在编写网页链接页面加载时，访问学习强国这个链接，将文本修改为“学习的好去处”，并将文字变成红色。建议同学们进入网页版学习强国，紧跟时代，体现当代青年的家国情怀、责任与担当。

【工作任务实施记录与评价】

1. JS 脚本建立记录

师傅指导记录	脚本评价	评价成绩
		年　月　日

2. 下拉菜单页面检查记录

检查质量评价	是否建立下拉菜单	CSS 使用情况	评价成绩	评价日期

3. 苏宁易购网站首页交互检查记录

检查质量评价	焦点图 切换动效	JS 修改 DOM 点情况	JS 制作频道模块 选项卡动效	评价成绩	评价日期

4. 用户注册表单验证检查记录

检查质量评价	是否使用 合法规则	是否能 正常输入	在注册页面中 加载脚本情况	其他情况	评价成绩	评价日期

5. 学徒关键职业能力及职业品质、工匠精神评价

项目	A	B	C	D
工作态度				
学习能力				
团队协作				
沟通交流				
编码素养				
认真负责				

6. 页面网址附在此处

项目 4
苏宁易购网站动态代码优化

知识目标：

- 认知理解 jQuery。
- 理解 jQuery 与 css 的关系。

技能目标：

- 掌握 jQuery 事件。
- 掌握 jQuery 控制 css 的方法。
- 掌握首页分类导航交互的方法。

素质目标：

- 具有利用互联网进行自主知识探索的能力。
- 具备团结协作精神。
- 具备一定的创新意识。

【任务目标与质量要求】

在师傅带领与指导下，熟悉 jQuery；使用 jQuery 选择器，创建第一个 jQuery 页面；使用 jQuery 控制 CSS 样式；使用 jQuery 制作苏宁易购网站首页分类导航交互；制作商品详情页动效。

【学习产出目标】

(1)使用 jQuery 选择器，创建第一个 jQuery 页面。

(2)制作 jQuery 控制的 CSS 样式。

(3)制作苏宁易购网站首页分类导航交互。

(4)制作商品详情页动效。

任务4　基于jQuery动态代码优化

任务4.1　jQuery页面创建

4.1.1　jQuery选择器

jQuery选择器允许对一组HTML元素或单个元素进行操作。

jQuery选择器基于元素的id、类、类型、属性、属性值等"查找"(或选择)HTML元素。它基于已经存在的CSS选择器，除此之外，它还有一些自定义的选择器。

jQuery中所有选择器都以美元符号开头：$()。

据说由于jQuery之父John Resig本身就欣赏CSS选择器的设计原理，所以jQuery天生就兼容CSS样式，从CSS1到CSS3。常用的jQuery选择器见表4-1-1。

表4-1-1　常用的jQuery选择器

选择器	选取内容	举例
*	所有元素。	$("*")
element	标签选择器。	$("p")选取所有<p>元素
#id	id选择器。拥有指定id值的元素。	$("#userName") 选取id="userName"的元素
.class	类选择器。拥有指定class值的元素。	$(".goodsImg")选取class值为"goodsImg"的所有元素。
el1,el2,el3	并集选择器。用逗号表示合并关系。	$("h1,div,p")选取所有的h1,div和p元素。
parent descendant	后代选择器。用空格分割表示包含(嵌套)关系。	$("div p")选取div元素的子元素中所有的p元素。
parent > child	子元素选择器。选取指定元素的直接后代，用大于号分隔表示直接包含关系。	$("div>p")选取div元素的直接后代中的p元素。
element + next	相邻兄弟选择器。选取紧接在指定元素之后的元素，且二者有相同父元素，用加号分隔表示相邻兄弟关系。	$("div + p")选取紧跟在div之后的那一个p元素。
element ~ siblings	选取指定元素"element"同级的所有siblings元素。	$("div ~ p")选取与<div>元素同级的所有<p>元素。
element.class element#id	选取指定标签元素，并具有指定class类或者ID的元素。	$("p.intro")选取class值为intro的p元素。 $("div#content")选取ID值为content的div元素。

常见属性选择器见表4-1-2。

表 4-1-2 常见属性选择器

选择器	选取内容	举例
[attribute]	选取拥有指定属性的元素。	$ ("[href]")所有带有 href 属性的元素。
[attribute=value]	拥有指定属性,并且值为指定值的元素。	$ ("[href='default. htm']")所有带有 href 属性且值等于 "default. htm" 的元素。
[attribute! =value]	拥有指定属性,并且值不为指定值的元素。	$ ("[href='default. htm']")所有带有 href 属性且值不等于 "default. htm" 的元素。
[attribute$ =value]	拥有指定属性,并且值是以指定值结尾的元素。	$ ("[href$ ='. jpg']")所有带有 href 属性且值以 ". jpg" 结尾的元素。
[attribute^=value]	拥有指定属性,并且值是以指定值开始的元素。	$ ("[title^='hello']")所有带有 title 属性且值以 "hello" 开始的元素。
[attribute * =value]	拥有指定属性,并且值包含指定值的元素。	$ ("[title * ='hello']")所有带有 title 属性且值包含字符串 "hello" 的元素

常见筛选选择器见表 4-1-3。

表 4-1-3 常见筛选选择器

选择器	选取内容	举例
:first	选取指定元素的第一个元素	$ ("p:first")第一个 <p> 元素。
:last	选取指定元素的最后一个元素	$ ("p:last")最后一个 <p> 元素。
:even	选取指定元素的下标为偶数的元素。	$ ("tr:even")所有偶数 <tr> 元素,索引值从 0 开始,第一个元素是偶数 (0),第二个元素是奇数 (1),以此类推。
:odd	选取指定元素的下标为奇数的元素。	$ ("tr:odd")所有奇数 <tr> 元素,索引值从 0 开始,第一个元素是偶数 (0),第二个元素是奇数 (1),以此类推。
:eq(index)	选取指定元素的下标为 index 的元素。	$ ("ul li:eq(3)")列表中的第四个元素(index 值从 0 开始)

更多的 jQuery 选择器见 jQuery 官网的 api(http://api. jquery. com/category/selectors/)。

4.1.2 创建第一个 jQuery 页面

在本项目的训练中,要求完成首页品牌标签列表的动态效果(图 4-1-1)。

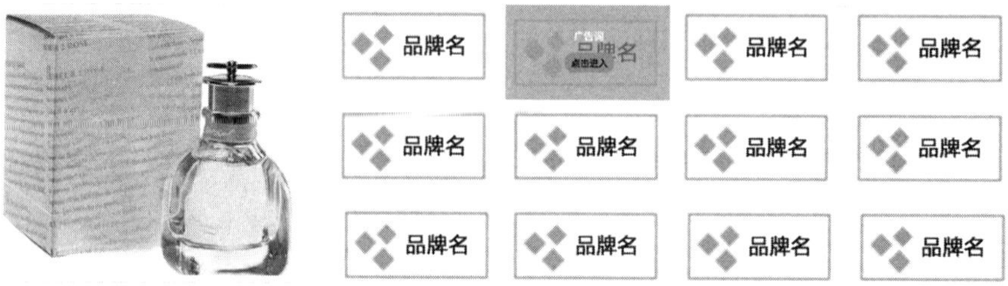

图 4-1-1 品牌标签列表

这里设置 12 个品牌标签，当鼠标悬停在品牌 logo 上时，会有如下交互效果：

(1)出现黑色遮罩层，透明度为 0.5。

(2)出现内容遮罩层，有广告词和“点击进入”按钮。

当鼠标移出品牌 logo 时，黑色遮罩层和内容遮罩层消失，显示出品牌的 logo。

要实现以上交互效果，步骤如下：

1. 安装 jQuery

步骤 1 下载 jQuery。可以去官网(https://jquery.com/download/)下载 jQuery 的最新版本，一般分为 2 个版本：压缩版本，用于实际生产环境；非压缩版本，用于开发环境。为了方便查看 jQuery 源码，我们下载非压缩版本(Download the uncompressed, development jQuery 3.1.1)。

下载的文件为 jquery-3.1.1.js，建议保留版本号。将它放置在 plug 文件夹中。

步骤 2 在页面中引用 jQuery 脚本。采用<script>标签将 jquery-3.1.1.js 引入 index.html 页面，我们计划将 jQuery 代码写入 index.js 中，因此 index.js 依赖 jquery-3.1.1.js，所以需要先引入 jquery-3.1.1.js。代码如下：

【代码 4-1-1】index.html 引用 JS 脚本

```
        ......
    <script  src="../plug/jquery-3.1.1.js" type="text/javascript"></script>
    <script  src="js/base.js" type="text/javascript"></script>
    <script  src="js/index.js" type="text/javascript"></script>
</body>
</html>
```

2. HTML+CSS 布局

步骤 1 HTML 构建页面结构，代码如下：

【代码 4-1-2】index.html

```
......
<div class="brand">
        <div class="brand-left">
              <a  href="javascript:void" >
                   < img src="img/brand/brand-left.jpg">
              </a>
        </div>
        <ul class="brands-list">       <!--有 12 个品牌广告位，放在一个 ul 中-->
              <li class="brand-item">
                    <img src="img/brand/brand1.jpg">
                    <div class="black-cover"></div> <!--黑色遮罩层-->
                    <div class="content-cover"> <!--内容遮罩层-->
                      <p>广告词</p>
                      <a  href="javascript:void" class="collect">点击进入</a>
                    </div>
```

```
        </li>
      <! --省略其他 11 个品牌广告位-->
      </ul>
</div>
```

步骤 2 CSS 进行页面布局及美化，详细代码参见代码 3-2-12，这里我们只讨论 li class ="brand-item"及它内部的黑色遮罩层和内容遮罩层的样式。代码如下：

【代码 4-1-3】index. css

```
.brand-item{  width:200px;height:110px; float:left;
              position:relative;}/*它的子元素为绝对定位,因此它设置为相对定位*/
.black-cover{position: absolute;  top: 0; left: 0;
             width: 100%;height: 100%;
             background:#000;opacity:0.5;display:none;
           /*半透明黑色遮罩层。默认不显示。*/}
.content-cover{ position: absolute; top: 0;left: 0;
                 width: 100%;height: 100%;
                display:none;/*默认不显示*/}
```

3. 文档就绪事件

所有的 jQuery 代码，写在文档就绪事件 .ready()函数中。在 DOM(document object model)加载完毕且页面完全加载(包括图像)时才会发生 ready 事件。语法规则如下：

【代码 4-1-4】文档就绪事件语法规则

```
      $(document).ready(function(){
     //jQuery 代码写在这里
      });
```

也可以简写如下：

【代码 4-1-5】文档就绪事件简写

```
      $(function(){
     //jQuery 代码写在这里
      });
```

4. jQuery 实现鼠标悬停时的动效

通过类选择器“.brand-item”选中所有的品牌标签，并调用 jQuery 鼠标悬停事件方法 .mouseover()触发鼠标悬停事件。代码如下：

【代码 4-1-6】index. js

```
 $(document).ready(function(){
   $('.brand-item').mouseover(function(){
         //显示黑色遮罩层和内容遮罩层
      //排他处理
```

```
    });
  });
```

- $ (this)表示产生鼠标悬停事件的当前元素。
- .siblings()方法返回被选元素的所有同胞元素。
- .find()方法返回被选元素的后代元素，一路向下直到最后一个后代。
- .css()方法设置或者获取被选元素的 css 样式。

要将黑色遮罩层及内容遮罩层显示出来，只需将 display 样式设置为 block。代码如下：

【代码 4-1-7】遮罩层样式设置

```
  //显示黑色遮罩层和内容遮罩层
   $ (this).find('.black-cover').css('display','block');
   $ (this).find('.content-cover').css('display','block');
```

进行排他处理，就是要将选中的品牌以外的其他品牌的黑色遮罩层及内容遮罩层隐藏起来。代码如下：

【代码 4-1-8】排他处理

```
  //排他处理
   $ (this).siblings().find('.black-cover').css('display','none');
   $ (this).siblings().find('.content-cover').css('display','none');
```

5. jQuery 实现鼠标移出时的动效

同理，通过类选择器".brand-item"选中所有的品牌标签，并调用 jQuery 鼠标移出事件方法 .mouseout()来实现鼠标移出时的动效。代码如下：

【代码 4-1-9】index.js

```
$ (document).ready(function(){
      $ ('.brand-item').mouseover(function(){ //鼠标悬停代码省略 });
  $ ('.brand-item').mouseout(function(){//鼠标移出
     $ ('.brand-item').find('.black-cover').css('display','none');
     $ ('.brand-item').find('.content-cover').css('display','none');
       });
});
```

做完品牌标签交互效果，大家是否体会到 jQuery"Write Less, Do More"的宗旨了呢？

【知识引申】

jQuery 链式编程(Chaining)：允许我们在一条语句中，针对相同的元素，运行多个 jQuery 方法。

例如【代码 4-1-5】中，处理黑色遮罩层的两句代码用链式编程写法如下：

```
$ (this).find('.black-cover').css('display','block').siblings().find('.black-cover')
.css('display','none');
```

接下来，请你用 jQuery 链式编程处理内容遮罩层的 jQuery 代码。

4.1.3 关于事件

掌握了 JavaScript 三种触发事件的方式：采用 HTML 事件属性触发事件、采用 DOM 分配事件、为元素绑定事件监听。在 jQuery 中，又该如何处理事件呢？

1. 事件方法

在 jQuery 中，增强了基本的事件处理机制，如鼠标单击、鼠标悬停、鼠标移出等事件，在 jQuery 中均定义了与之对应的事件方法。

以鼠标单击事件为例，jQuery 中的 .click()事件方法可以添加和触发该事件。语法如下：

【代码 4-1-10】jQuery 事件方法语法规则

```
    $ (selector).click(function(){
    // 事件触发，应该执行的代码
    });
```

在下面的例子中，我们将学习到 jQuery 中采用事件方法来改变元素的样式。

如图 4-1-2 所示，通过鼠标单击"更大""正常""更小"按钮来改变图片的大小。

图 4-1-2 鼠标单击事件案例

该页面的 HTML 代码如下：

【代码 4-1-11】案例 HTML 代码

```
<img src = "img/apple.jpg"  id = "appleImg"><br>
<button  id = "bigger">更大</button>
<button  id = "default">正常</button>
<button  id = "smaller">更小</button>
```

设置三种情况下的 CSS 样式。代码如下：

【代码 4-1-12】图片 CSS 样式设置

```
.img-bigger{  width: 440px;}
.img-default{ width: 220px;}
.img-smaller{ width:110px;}
```

图片的 id 为 appleImg，为了让图片尺寸变大，需要将 img-bigger 类应用于图片。代码如下：

```
$ ('#appleImg').addClass('img-bigger');
```

但是,我们希望在用户鼠标单击“变大”按钮时,才执行上面的代码,因此应该调用“变大”按钮的 .click()方法。代码如下:

【代码 4-1-13】jQuery 为“变大”按钮绑定鼠标单击事件

```
$ (document).ready(function(){
    $ ('#bigger').click(function(){
        $ ('#appleImg').removeClass();
        $ ('#appleImg').addClass('img-bigger');
    });
});
```

代码中还采用 .removeClass()清除了其他的类。

按照 jQuery 链式编程的规则,代码也可以这样写:

```
$ ('#appleImg').removeClass().addClass('img-bigger');
```

除了鼠标单击事件 .click()方法以外,常见的 jQuery 事件方法见表 4-1-4。

表 4-1-4　常见的 jQuery 事件方法

鼠标事件	键盘事件	表单事件	文档/窗口事件
.click()	.keydown()	.blur()	.load()/.unload()
鼠标单击事件。	键被按下的过程。	失去焦点事件。	.load()/.unload()方法都在 jQuery 版本 1.8 中已废弃。
.dblclick()	.keypress()	.focus()	.ready()
鼠标双击事件。	键被按下。	得到焦点事件。	当 DOM 加载完毕且页面完全加载(包括图像)时发生 ready 事件。
.mouseover()	.keyup()	.change()	.scroll()
鼠标悬停事件。	某个键盘按键被松开。	表单元素的内容改变。	当用户滚动指定的元素时,会发生 scroll 事件。
.mouseout()		.submit()	.resize()
鼠标移出事件。		表单提交事件。	当调整浏览器窗口大小时,发生 resize 事件。
jQuery 合成事件方法			
.hover()	它可以接受两个函数。鼠标指针进入元素时执行第一个函数;鼠标指针离开元素时执行第二个函数。		

在 jQuery 中,每种事件都拥有一个单独的事件方法。但是现在为了统一管理事件,jQuery 还提供 .on()方法,它可以在被选元素及子元素上添加一个或多个事件处理程序。目前官方推荐使用 .on()方法进行事件绑定。

我们回到案例中,当用户鼠标单击“正常”按钮时,将 img-default 类应用于该图片。采用

.on()方法来绑定鼠标单击事件。代码如下：

【代码 4-1-14】.on()方法来绑定鼠标单击事件

```
$ ('#default').on('click',function(){
        $ ('#appleImg').removeClass().addClass('img-default');
});
```

如需将“正常”按钮上的 click 事件移除，使用 .off()方法。代码如下：

```
$ ('#default').off('click');
```

如果希望在“正常”按钮上只运行一次 click 事件然后移除，使用 .one()方法。代码如下：

【代码 4-1-15】.one()方法绑定事件

```
  $ ('#default').one('click',function(){
        $ ('#appleImg').removeClass().addClass('img-default');
});
```

注意：从 jQuery1.7 开始，jQuery 引入了全新的事件绑定机制，使用 .on()和 .off()统一处理事件绑定。其中 .on()方法添加的事件处理程序适用于当前及未来的元素(比如由脚本创建的新元素)。

2. 事件对象

由于 IE-DOM 和标准的 DOM 实现事件对象的方法各不相同，导致在不同的浏览器中获取事件对象变得比较困难。jQuery 提供了统一的接口，可以实现在任何浏览器中都能轻松地获取事件对象。

若要在代码中调用该事件对象，只需为 function 函数添加一个参数。代码如下：

【代码 4-1-16】jQuery 调用事件对象

```
$ (selector).one('click',function(event){//event 为事件对象。对象名可以自定义。
    alert(event.type);//event.type 可以获取到事件的类型
});
```

(1)常见事件对象的属性如下：

event.target：返回哪个 DOM 元素触发事件。

event.relatedTarget：返回当鼠标移动时哪个元素进入或退出。mouseover 和 mouseout 事件对象可以使用该属性。

event.pageX：返回鼠标指针的位置，相对于文档的左边缘。

event.pageY：返回鼠标指针的位置，相对于文档的上边缘。

event.which：返回指定事件上哪个键盘键或鼠标按钮被按下。

event.type：返回哪种事件类型被触发。

(2)常见事件对象的方法如下：

event.stopPropagation()：阻止事件向上冒泡到 DOM 树，阻止任何父处理程序被事件通知。

event.preventDefault()：阻止元素发生默认的行为，如当点击提交按钮时阻止对表单的提交;阻止以下 URL 的链接。

3. 事件传播

当页面内发生一个事件时,有嵌套关系的每层的 DOM 元素都有机会来处理这个事件,那么按照什么顺序处理呢?

通常有两种策略来处理事件:事件捕获和事件冒泡。

假如:我们有以下页面代码:

【代码 4-1-17】页面 HTML 代码

```
<div class = "wrapper">
    <span class = "bar">
        <a href = "http://www.runoob.com/jquery/" >good luck</a>
    </span>
</div>
```

(1)事件捕获。事件首先会交给最外层的元素,然后再往内交给更具体的元素。

当鼠标单击 a 时,在事件捕获策略下,事件的传递顺序如下:

```
div -> span -> a
```

(2)事件冒泡。事件冒泡与事件捕获刚好相反,当事件发生时,首先会发送到最具体的元素,在这个元素得到响应后,事件会往上冒泡到更外层的元素。

上例中,当鼠标单击 a 时,按照事件冒泡的策略,事件的传递顺序如下:

```
a -> span -> div
```

最初,不同的浏览器采用不同的策略来处理事件传播,为了统一化,DOM 标准规定应该同时使用这两种策略,首先通过“事件捕获”来捕获到最具体的元素,接着通过“事件冒泡”返回到 DOM 树的顶层。

jQuery 为了统一策略,规定始终在事件冒泡阶段注册事件处理程序,因此,我们可以假定最具体最内层的元素会首先获得响应事件的机会。

4. 事件冒泡带来的弊端

事件冒泡可能会导致意料之外的行为。尤其是元素在响应 mouseover 或 mouseout 事件的情况下。如在上例中,为最外层的 div 添加一个 mouseout 事件,此时,如果鼠标移出 div 区域,一定会触发 mouseout 事件。但是我们发现鼠标从内层 a 元素离开时,a 元素也会取得一个 mouseout 事件,再通过事件冒泡,从而触发外层的 div 的 mouseout 事件,这显然是我们不希望看到的效果。

还是上述页面,我们为外层 div 绑定 mouseout 事件如下:

【代码 4-1-18】为外层 div 绑定 mouseout 事件

```
$ ('.wrapper').mouseout(function() {
    alert('触发鼠标移出事件! ');
});
```

这时事件冒泡就会带来我们不想看到的效果,你可以打开“项目 5>demo>demo1.html”

查看。如何避免在 mouseout、mouseover 事件下的事件冒泡呢？

可以采用 . hover()来替换 . mouseout()、. mouseover()事件方法。

. hover()事件方法是合成事件方法，它可以接受两个函数。鼠标指针进入元素时执行第一个函数；鼠标指针离开元素时执行第二个函数。代码如下：

【代码 4-1-19】. hover( )事件方法

```
$ ('.wrapper').hover(function(){
   //鼠标悬停时执行
},function(){
alert('触发鼠标移出事件！');
});
```

还可以采用 . mouseenter()、. mouseleave() 方法。

. mouseenter()触发 mouseenter 事件。与 mouseover 事件不同，mouseenter 事件只有在鼠标指针进入被选元素时被触发，mouseover 事件在鼠标指针进入任意子元素时都会被触发。

. mouseleave()触发 mouseleave 事件。与 mouseout 事件不同，mouseleave 事件只有在鼠标指针离开被选元素时被触发，mouseout 事件在鼠标指针离开任意子元素时都会被触发。

假如采用 . mouseleave()来替换 . mouseout()事件方法。代码如下：

【代码 4-1-20】. mouseleave( )事件方法

```
$ ('.wrapper').mouseleave(function() {
     alert('触发鼠标移出事件！');
});
```

5. 阻止事件冒泡

对于 mouseout、mouseover 的事件情况，我们可以用 . hover( ) 和 . mouseenter( )、. mouseleave() 方法去解决，那么其他的事件情况，又应该如何处理呢？

还是上述页面，写一个 border-red 类，专门为元素添加一个红色边框：

```
.border-red{border:1px solid red;}
```

当希望鼠标单击外层 div 时，添加 border-red 类。

```
$ ('.wrapper').click(function() {
    $ (".wrapper").addClass('border-red');
});
```

这时，当鼠标单击内层的 a 和 span 时，按照事件冒泡，也会触发外层 div 的鼠标单击事件。

但是我们希望当鼠标单击内层的 a 和 span 时，不触发外层 div 的鼠标单击事件，应该如何实现呢？

阻止事件冒泡。利用事件对象的 . stopPropagation()方法可以阻止事件冒泡。代码如下：

【代码 4-1-21】. stopPropagation()方法

```
$ ('.wrapper').click(function() {
    $ (".wrapper").addClass('border-red');
});
$ ('span').click(function(event) {
    event.stopPropagation();
  });
 $ ('a').click(function(event) {
    event.stopPropagation();
  });
```

4.1.4　jQuery 控制 CSS 样式

如图 4-1-3 所示，在商品详情页的左侧，会有一个“商品分类”导航。

图 4-1-3　“商品分类”导航

当鼠标单击某分类标题，这个分类展开时，将会有以下交互：

(1)收起它的下拉菜单。

(2)标题左侧的图标由“减号”变为“加号”。

当鼠标单击某分类标题，这个分类关闭时，将会有以下交互。

(1)展开它的下拉菜单，并收起其他分类的下拉菜单。

(2)标题左侧的图标由“加号”变为“减号”，并将其他分类的图标由“减号”变为“加号”。

要完成这个任务，也就是使用 jQuery 控制元素的 CSS 样式。有两种方式：jQuery 控制元素的 class 属性、. css()方法修改元素的 CSS 样式。

1. jQuery 控制元素的 class 的属性

之前我们用到了 addClass()、removeClass()为指定元素添加或者移除 class 属性值。jQuery 中常用以下方式控制指定元素的 class 属性(表 4-1-5)。

表 4-1-5　jQuery 控制 class 属性的方式

方法	描述
addClass()	向被选元素添加一个或多个类。
removeClass()	从被选元素删除一个或多个类。
toggleClass()	对被选元素进行添加/删除类的切换操作。
hasClass()	检查被选元素是否包含指定的 class 名称。

实现上述“商品分类”导航的步骤如下：

步骤 1　HTML+CSS 页面布局及美化。代码如下：

【代码 4-1-22】代码参见 demo1. html

```
  <ul class = "nav">
    <li> <! --每一组分类为一个 li-->
```

```
        <h4 class = "title">
            <i class = "fa fa-plus-square"></i>
            <a href = "javascript:;">香水品牌</a>
        </h4>
        <ul>
            <li><a href = "javascript:;">香奈儿</a></li>
            <li><a href = "javascript:;">兰蔻</a></li>
            <li><a href = "javascript:;">雅诗兰黛</a></li>
        </ul>
    </li>
    <! --参考"香水品牌"分类,补充完成"香水分类:淡香水、古龙水、固体香水""香水产地:法国、中国、意大利"的页面 HTML 构建-->
</ul>
```

我们采用 i 标签来放置图标,图标采用项目中所述的“Font-Awesome 字库”。代码如下:

```
 <i class = "fa fa-plus-square"></i>   <! --表示加号-->
<i class = "fa fa-minus-square"></i>    <! --表示减号-->
```

CSS 样式设置。代码如下:

【代码 4-1-23】代码参见 demo1. css

```
1  * {list-style: none; }
2  .nav{width: 100px;  border: 1px solid #e5e5e5; padding: 5px; }
3  .nav a { text-decoration: none; color: #666; }
4  .nav i {width: 15px;height: 15px;}
5  .nav  ul { padding: 0 0 0 20px; display: none; }/*display: none;设置下拉菜单不显示*/
6  .nav .current ul{ display:block;  }
```

当鼠标单击某分类标题时,在 . nav 的直接子元素 li 上添加 current 类。在第 6 行样式中,就设置了这种情况下的样式为“display:block”,从而将该分类的下拉菜单显示出来。

步骤 2 鼠标单击分类标题时,判断当前分类是否展开。代码如下:

【代码 4-1-24】代码参见 demo1. js

```
$ (document). ready(function(){
 $ ('. nav . title'). on('click',function(){
if($ (this). parent(). hasClass('current')){
// 分类展开
}else{
//分类未展开
}
```

```
8 });
9 });
```

当鼠标单击某分类标题时，先要判断该分类是否展开，只要它有 current 类即表示是展开的。只要它没有 current 类即表示没有展开。我们可以采用 .hasClass()方法来判断。代码如下：

```
$ (this).parent().hasClass('current')
```

其中 .parent()表示当前选中标题的直接父元素 li。

步骤 3 jQuery 实现动效。

(1)当鼠标单击某分类标题，若该分类展开，将会有以下交互：

(这部分代码写在【代码 4-1-24】的第 4 行。)

①收起它的下拉菜单。只需要使用 .removeClass()方法将分类 current 从当前选中标题的直接父元素 li 上面移除即可。

```
$ (this).parent().removeClass('current');
```

②标题左侧的图标由“减号”变为“加号”。

当前分类展开，也就是说当前图标为“减号”图标(即 i 元素有 fa-minus-square 类)。鼠标单击该分类标题后，要将分类收起，所以先清除“减号”图标(移除 fa-minus-square 类)，再添加“加号”图标(添加 fa-plus-square 类)。代码如下：

```
$ (this).children('i').removeClass('fa-minus-square');
$ (this).children('i').addClass('fa-plus-square');
```

其中 .children('i')表示当前选中标题的直接子元素 i。

(2)相反，当鼠标单击某分类标题，若该分类本来就是关闭的，将会有以下交互：

(这部分代码写在【代码 4-1-24】的第 6 行。)

①展开它的下拉菜单，并收起其他分类的下拉菜单。代码如下：

```
$ (this).parent().addClass("current");//展开下拉菜单，即为自己添加 current 类
$ (this).parent().siblings().removeClass('current');//排他，移除同级元素的 current 类
```

其中 .siblings()用来获取指定元素的同级元素。

②标题左侧的图标由“加号”变为“减号”，并将其他分类的图标由“减号”变为“加号”。

先将所有的分类都移除“减号”图标，并添加“加号”图标。代码如下：

```
$ ('.nav .title i').removeClass('fa-minus-square').addClass('fa-plus-square');
```

再进行特殊处理，将当前被选中分类的图标移除“加号”图标，并添加“减号”图标。代码如下：

```
$ (this).children('i').removeClass('fa-plus-square').addClass('fa-minus-square');
```

2. 采用 .css()方法修改内联 CSS 样式

前面的 HTML+CSS 布局基本一致，只是这里不再使用 current 类，而是通过 .css()方法

去修改 css 样式,从而实现下拉菜单的收起与展开。

.css()方法的使用方式见表 4-1-6。

表 4-1-6 .css()方法的使用方式

语法	举例	描述
css("propertyname");	$ ("p").css("background-color");	返回 p 元素 background-color 样式的值。
css("propertyname","value");	$ ("p").css("background-color","yellow");	为 p 元素设置一个样式 background-color 的值。
css({"propertyname":"value","propertyname":"value",...});	$ ("p").css({"background-color":"yellow","font-size":"200%"});	为 p 元素设置多个样式的值,用逗号相隔。

步骤 1 鼠标单击分类标题时,判断当前分类是否展开。代码如下:

【代码 4-1-25】代码参见 demo1.js

```
1 $ (document).ready(function(){
2   $ ('.nav .title').on('click',function(){
3       if($ (this).siblings('ul').css("display") = = 'block'){
4        //分类展开
5       }else{
6         //分类未展开}
7 });
8 });
```

当鼠标单击某分类标题时,先要判断该分类是否展开,可以判断该 ul 的 display 样式是否等于 block。我们可以采用.css("display")来获取样式 display 的值。代码如下:

```
$ (this).siblings('ul').css("display")
```

其中$ (this).siblings('ul')表示获取到当前选中标题的兄弟元素 ul,也就是放置下拉菜单内容的 ul。

步骤 2 jQuery 实现动效。

(1)当鼠标单击某分类标题,若该分类展开,将会有以下交互:

(这部分代码写在【代码 4-1-25】的第 4 行。)

①收起它的下拉菜单。只需要使用.css()方法将 display 样式设置为 none。

```
$ (this).siblings('ul').css('display','none');
```

②标题左侧的图标由"减号"变为"加号",见图 4-1-3"商品分类"导航。

(2)相反,当鼠标单击某分类标题,若该分类本来就是关闭的,将会有以下交互:

①展开它的下拉菜单,并收起其他分类的下拉菜单。代码如下:

```
$ (this).siblings('ul').css('display','block');//展开下拉菜单,即设置'display'为'block'
$ (this).parent().siblings().children('ul').css('display','none');//排他处理
```

②标题左侧的图标由“加号”变为“减号”，并将其他分类的图标由“减号”变为“加号”。见图 4-1-3“商品分类”导航。

4.1.5 jQuery DOM 遍历

当浏览器接收到“商品分类”导航页面时，会自上而下解析 HTML 文档，构建一颗 DOM 树(图 4-1-4)。

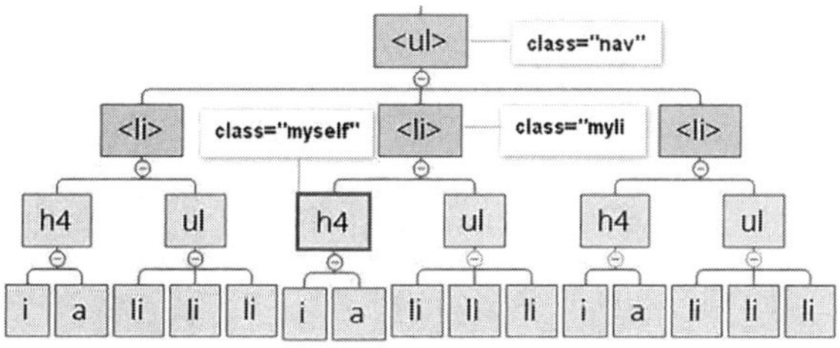

图 4-1-4 “商品分类”导航 DOM 树

1. 祖先

通过 jQuery，能够向上遍历 DOM 树，以查找元素的祖先。

.parent()方法返回被选元素的直接父元素。

.parents()方法返回被选元素的所有祖先元素，它一路向上直到文档的根元素（<html>）。也可以使用可选参数来过滤对祖先元素的搜索。

例如：图 4-1-4 中，从 class="myself"的 h4 元素开始向上遍历，查找父元素 li。代码如下：

```
$ ('.myself').parent();
$ ('.myself').parents('li');
```

2. 后代

后代遍历是指从当前元素开始向下遍历 DOM 树，以查找元素的后代。

.children()方法返回被选元素的所有直接子元素。当然也可以使用参数来过滤对子元素的搜索，如从 class="nav"的 ul 元素开始向下遍历，要查找到 class="myself"的 h4 元素。代码如下：

```
$ ('.nav').children('li').children('.myself');
```

.find()方法返回被选元素的后代元素，一路向下直到最后一个后代，而不仅仅是直接子元素。刚才的代码若用 .find()方法，可以这样写：

```
$ ('.nav').find('.myself');
```

3. 同胞

同胞拥有相同的父元素。在 jQuery 中，能够通过以下方法在 DOM 树中遍历元素的同胞元素。

.siblings()方法返回被选元素的所有同胞元素，也可以使用参数来过滤对同胞元素的搜索，如从 class="myli"的 li 元素开始，查找它所有的同胞元素。代码如下：

```
$ ('.myli').siblings();
```

.next()方法返回被选元素的下一个同胞元素。

```
$ ('.myli').next();
```

上述代码即返回 class="myli"的 li 元素的下一个同胞元素 li。

4. 过滤

三个最基本的过滤方法是:.first()、.last()和.eq()。这三种过滤方法允许我们基于其在一组元素中的位置来选择一个特定的元素。

例如:想得到 class="nav"的 ul 元素的第一个直接子元素 li。代码如下:

```
$ ('.nav li').first();
```

想得到 class="nav"的 ul 元素的最后一个直接子元素 li。代码如下:

```
$ ('.nav li').last();
```

想得到 class="nav"的 ul 元素的第 2 个直接子元素 li。代码如下:

```
$ ('.nav li').eq(1);//索引下标从 0 开始,这里要定位到第 2 个元素,所以索引下标为 1
```

4.1.6 jQuery 实现首页分类导航交互

有了前面的 jQuery 知识做铺垫,可以轻松地完成这个任务。

如图 3-1-12 所示,当鼠标悬停在左侧某分类标题上时,会有如下动态效果:

(1)该分类标题背景变为白色。

(2)右侧出现与之对应的二级分类导航。

当鼠标移出二级分类时,会出现如下动态效果:

(1)该分类标题背景由白色恢复原来的灰色。

(2)二级分类导航隐藏。

1. HTML+CSS 构建页面整体结构

分析首页分类导航的页面结构,并参考 index.html 进行页面 HTML 构建。代码如下:

【代码 4-1-26】index.html

```
<div class = "category">
    <! --存分类导航-->
    <div class = "categoryType">
      <i  class = "fa fa-list-ul"></i><div class = "title">商品分类</div>
    </div>
    <div class = "categoryContent">
       <div class = "category-tab-Con">
         <ul>
            <li class = "nav-item"  ><a href = "#">服装</a><a href =
"#">女装</a></li>
```

```
            <li class = "nav-item " ><a href = "#">男装</a><a href = "#">运动户外</a></li>
            ......
          </ul>
        </div>
        <div class = "content-con">
            <div class = "pannel-con">
                <div class = "line"> <a href = "#">冬季新品</a>...</div>
                <div class = "line"><a href = "#">羽绒服</a>... </div>
            </div>
          <div class = "pannel-con ">
                  <div class = "line"><a href = "#">新品推荐</a>... </div>
                  <div class = "line"><a href = "#"> 西装</a> ...</div>
          </div>
        </div>
    </div>
```

详细的 CSS 样式参见【代码 3-1-12】。为了实现动态效果,设置了 current 类、on 类。代码如下:

【代码 4-1-27】index. css

```
.current{ background:#fff}    //鼠标悬停在分类标题上时,为它添加 current 类
.on{ display:block;}    //鼠标悬停在某分类标题上时,为它的二级分类添加 on 类
```

2. 当鼠标悬停在左侧某分类标题上时,jQuery 实现动态效果

代码如下:

【代码 4-1-28】index. js

```
$ (document).ready(function(){
  $ ('.category-tab-Con .nav-item').mouseover(function(){
    //通过添加、移除 class 的方式
    $ (this).siblings().removeClass('current');
    $ (this).addClass('current');
   //通过添加、移除 class 的方式,显示与之对应的二级分类
    $ ('.content-con .pannel-con').eq($ (this).index()).siblings().removeClass('on');
    $ ('.content-con .pannel-con').eq($ (this).index()).addClass('on');
  });
});
```

其中，$ (this). index() 能够获取到当前元素在其同级元素的 index 位置，再通过 $ ('. content-con . pannel-con'). eq($ (this). index())的 . eq()方法就能获得与之对应的二级分类导航。

3. 当鼠标移出二级分类时，jQuery 实现动态效果

代码如下：

【代码 4-1-29】index. js

```
$ (document). ready(function(){
    $ ('. category-tab-Con . nav-item'). mouseover(function(){//省略 });
    $ (". content-con"). mouseleave(function () {
    //为了避免冒泡排序带来的弊端，采用 . mouseleave()代替 . mouseout()方法。
        $ (this). find('. pannel-con'). removeClass('on');
        $ ('. category-tab-Con . nav-item'). removeClass('current');
        });
});
```

4. 1. 7　项目梳理

(1)jQuery 是一个快速和简洁的 JavaScript 库；jQuery 优化 HTML 文档操作、事件处理、动画设计和 Ajax 交互。

(2)jQuery 沿用 CSS 选择器并还有一些自定义的选择器。

(3)制作一个 jQuery 交互效果的过程：安装 jQuery；HTML＋CSS 构建页面结构及布局；文档就绪事件；jQuery 事件触发及交互实现。

(4)jQuery 常见事件方法；. on()和 . off()、. one()统一处理事件绑定的方法；事件对象；事件传播的两种策略：事件捕获和事件冒泡；事件冒泡带来的弊端及如何阻止事件冒泡。

(5)jQuery 控制元素 CSS 样式的两种方式：jQuery 控制元素的 class 的属性、. css()方法修改元素的 CSS 样式。

(6)jQuery DOM 遍历：祖先、后代、同胞、过滤的方法及使用。

任务 4. 2　jQuery 商品详情页动效制作

在移动电商系统中，“商品详情页”是用户进一步了解商品细节的页面，在该页面中突出商品的亮点和细节，以提高商品的转化率。通过分析，将“商品详情页”按照功能模块划分为“商品相册”“商品价格与库存”“相关推荐”“商品详情”“商品评论”等(图 4-2-1)。

4. 2. 1　jQuery 动画特效

jQuery 提供一组特效方法，通过过渡效果和移动来增强 Web 页面的体验(表 4-2-1)。

图 4-2-1 商品详情页

表 4-2-1 jQuery 提供的特效方法

jQuery 方法		描述
显示、隐藏	.show()和.hide()	显示和隐藏 HTML 元素。
	.toggle()	切换.hide()和.show()方法。
淡入、淡出	.fadeIn()和.fadeOut()	淡入和淡出 HTML 元素。
	.fadeToggle()	在.fadeIn()和.fadeOut()方法之间切换。
	.fadeTo()	允许渐变为给定的不透明度(值介于 0 与 1 之间)。
滑动	.slideDown()	向下滑动元素。
	.slideUp()	向上滑动元素。
	.slideToggle()	在 slideDown() 与 slideUp() 方法之间进行切换。
自定义动画	.animate()	创建自定义动画。
停止动画	.stop()	用于停止动画或效果，在它们完成之前。

如图 4-2-2 所示，通过鼠标单击“显示”“隐藏”“切换”按钮来显示和隐藏商品图片。

图 4-2-2 显示、隐藏、切换特效

该页面的 HTML 代码如下：

【代码 4-2-1】demo. html

```
<img src = "img/goods1. jpg"   id = "goodsImg1">
<div>
<button id = "show">显示</button>
<button id = "hide">隐藏</button>
<button id = "toggle">切换</button>
</div>
```

jQuery 代码如下：

【代码 4-2-2】实现显示、隐藏、切换特效

```
$ ("#show"). on('click',function(){
   $ ("#goodsImg1"). show();//显示出商品图片
});
$ ("#hide"). on('click',function(){
   $ ("#goodsImg1"). hide(1000);//参数 1000,表示隐藏商品图片,过渡时间为 1000ms
});
$ ("#toggle"). on('click',function(){
   $ ("#goodsImg1"). toggle(1000,function(){//带有时间参数和回调函数
      alert("在显示和隐藏之前切换");
   });
});
```

【做一做】

使用淡入淡出、滑动的 jQuery 特效方法重构上例中代码，并观察其动画特效。

4. 2. 2 jQuery 制作苏宁易购网站商品相册模块

如图 4-2-3 所示，商品相册模块，由一张主图与四张细节图组成。

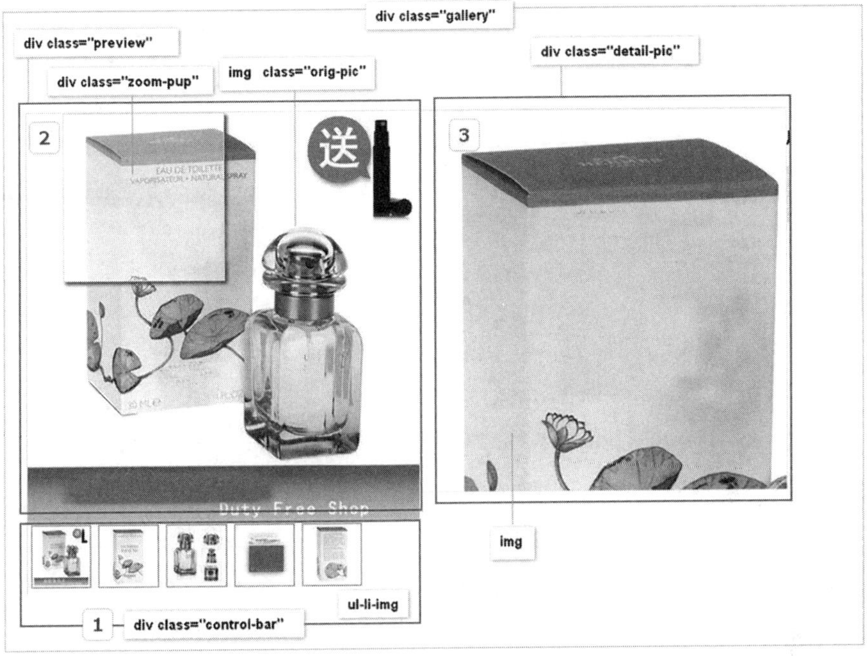

图 4-2-3　商品相册

当鼠标悬停在区域 1 的缩略图上时，区域 2 会出现与该缩略图相对应的商品原图。

当鼠标在区域 2 的原图上移动时，区域 3 所示的细节大图会出现，并随着鼠标在原图上移动而放大不同区域的细节。

当鼠标移出原图时，细节大图会消失，方形放大镜也会随之消失。

1. HTML+CSS 构建页面整体结构

分析商品相册页面结构，并参考 item. html 进行页面 HTML 构建。代码如下：

【代码 4-2-3】item. html

```
<div id = "content" >
    <div class = "goods-detail">
        <div class = "detail-wrapper">
            <div class = "gallery"><! --商品相册-->
                <div class = "preview"><! --商品原图预览-->
                    <img src = "img/items/1_orig.jpg"  class = "orig-pic">
                    <div class = "zoom-pup"></div><! --放大镜-->
                    <div class = "detail-pic"><! --商品细节大图-->
                        <img src = "img/items/1_big.jpg">
                    </div>
                </div>
                <div class = "control-bar"><! --商品缩略图-->
                    <ul>
```

```
                                    <li> <img src = "img/items/1_thum.jpg"></li>
                                    <li> <img src = "img/items/2_thum.jpg"></li>
                                    <li> <img src = "img/items/3_thum.jpg"></li>
                                    <li> <img src = "img/items/4_thum.jpg"></li>
                                    <li> <img src = "img/items/5_thum.jpg"></li>
                              </ul>
                          </div>
                    </div><! --gallery-->
                <div><! --detail-wrapper-->
          </div><! --goods-detail-->
     </div><! --content-->
```

根据图 4-2-3 分析页面的布局，书写 CSS 样式。代码如下：

【代码 4-2-4】item. css

```
#content{  overflow: hidden;}
.detail-wrapper{overflow: hidden;border:1px solid #eee; position: relative;}
.gallery{ width:430px;float: left;margin-right:19px;}
.control-bar{width:430px;height:66px;overflow:hidden;}
.control-bar ul li{float:left;overflow: hidden;width: 64px;height: 64px;
cursor: pointer;
border:1px solid #7cbdd1;margin:0 4px 0 4px;}
.control-bar ul li img{width:60px;height:60px;padding: 2px;}
.preview{position:relative;}/*相对定位*/
/*方形放大镜的样式*/
.preview .zoom-pup { width: 175px;  height: 175px; border:1px solid #eee;
background-color: rgba(255,255,255,0.5);
box-shadow: 3px 3px 4px #888888; /*设置阴影*/
cursor: move; /*此光标指示某对象可被移动。*/
position: absolute; /*绝对定位*/
left: 0px;
top: 0px;
display: none; /*初始状态为隐藏*/
}
.detail-pic {  background-color: #fff;  border: 1px solid #f5f5f5;  width: 400px;
height: 400px; text-align: center;
position: absolute;/*绝对定位*/
top: 0;
left: 430px;/*相对于标准流,向右移动 430px,以免遮住原图*/
```

```
overflow: hidden;
display: none;   /* 初始状态为隐藏 */
z-index: 9999; /* 确保显示在最上方 */
}
.detail-pic img{ width: 800px; height: 800px;}/* 细节大图 */
```

2. 鼠标悬停在商品缩略图上时,预览与之对应的原图

为了简洁的实现这一效果,我们将缩略图命名为“*thum.jpg”,原图为“*orig.jpg”,细节大图命名为“*big.jpg”,同一组图前面的编号一致。因此,当鼠标悬停在某缩略图上时,可以采用如下代码将原图和细节大图对应起来:

```
var src = $(this).attr("src");/* 获取当前图片的 src */
var newSrc1 = src.replace("thum","orig");/* 获取当前图片对应的原图 src */
var newSrc2 = src.replace("thum","big");/* 获取当前图片对应的细节大图 src */
```

完整代码如下:

【代码 4-2-5】item.js

```
$(document).ready(function(){
  $('.control-bar img').on('mouseover',function(){
        var src = $(this).attr("src");
        var newSrc1 = src.replace("thum","orig");
        var newSrc2 = src.replace("thum","big");
        $(".preview .orig-pic").attr("src", newSrc1);
        $(".detail-pic img").attr("src", newSrc2);
    });
});
```

在 jQuery 中,想返回或者设置 DOM 元素的属性,可以采用 .attr()方法。代码如下:

```
$(".preview .orig-pic").attr("src", newSrc1);//修改原图的 src 为 newSrc1
```

3. 鼠标在原图上移动时,会出现相应的细节大图

代码如下:

【代码 4-2-6】item.js

```
$(document).ready(function(){
 $('.preview').on('mousemove',function(e){//当鼠标在元素 .preview 上移动时触发
   $('.zoom-pup').css('display','block');//方形放大镜显示
   $('.detail-pic').css('display','block');//细节大图显示
   var ev = e || event;
   var mouseX = ev.pageX;
   var mouseY = ev.pageY;
   var picLeft = $(".orig-pic").offset().left;
```

```
    var picTop = $ (".orig-pic").offset().top;
    var picWidth = $ (".orig-pic").width();
    var picHeight = $ (".orig-pic").height();
    var xLength = mouseX - picLeft;
    var yLength = mouseY - picTop;
    var qWidth = picWidth / 4;
    var lastQWidth = picWidth - picWidth / 4;
    var qHeight = picHeight / 4;
    var lastQHeight = picHeight - picHeight / 4;
    if (xLength < qWidth) {//方形放大镜的水平方向位置随鼠标移动位置而变化
        $ (".zoom-pup").css("left","0px");
    } else {
        if (xLength > lastQWidth) {
            $ (".zoom-pup").css("left", (lastQWidth - qWidth) + "px");
        } else {
            $ (".zoom-pup").css("left", (xLength - qWidth) + "px");
        }
    }
    if (yLength < qHeight) {//方形放大镜的垂直方向位置随鼠标移动位置而变化
        $ (".zoom-pup").css("top", "0px");
    } else {
        if (yLength > lastQHeight) {
            $ (".zoom-pup").css("top", (lastQHeight - qHeight) + "px");
        } else {
            $ (".zoom-pup").css("top", (yLength - qHeight) + "px");
        }
    }
    $ (".detail-pic > img").css("left", parseInt($ (".zoom-pup").css("left")) * (-800 / picWidth) + "px").css("top", parseInt($ (".zoom-pup").css("top")) * (-800 / picWidth) + "px").css("position", "absolute");//细节图的绝对位置随着放大镜位置变化而变化
});
```

4. 鼠标移出原图时,细节大图消失

代码如下:

【代码 4-2-7】item.js

```
$ (document).ready(function(){
 $ ('.preview').on('mouseleave',function(e){
```

```
3         $ ('.zoom-pup').css('display','none');//方形放大镜消失
4         $ ('.detail-pic').css('display','none');//细节大图消失
5   });
6  });
```

5. 采用 jQuery 动画特效重构代码

【代码 4-2-6】中 3、4 行代码采用 .show()方法，书写如下：

```
$ ('.zoom-pup').show();
$ ('.zoom-pup').show();
```

【代码 4-2-7】中 3、4 行代码采用 .hide()方法，书写如下：

```
$ ('.zoom-pup').hide();
$ ('.zoom-pup').hide();
```

4.2.3 jQuery 实现苏宁易购网站商品购买数量增减

在 jQuery 中，如何提取和设置元素的内容呢？

.html()方法：设置或返回所选元素的内容(包括 HTML 标记)。

.text()方法：设置或返回所选元素的文本内容。

例如：我们有如下代码：

```
<ul id = "brand">
        <li>香奈儿</li>
        <li>兰蔻<span>热销</span></li>
        <li>雅诗兰黛</li>
</ul>
```

采用$ ("#brand").html();可以获取如下内容：

```
<li>香奈儿</li>
<li>兰蔻<span>热销</span></li>
<li>雅诗兰黛</li>
```

采用$ ("#brand").text();只能获取到其中的文本内容：

```
香奈儿兰蔻热销雅诗兰黛
```

采用$ ("#brand li").html();只能获取到第一个 li 元素的内容："香奈尔"。

但是采用$ ("#brand li").html("新品牌");去修改 li 的内容，却能使所有 li 元素的内容都修改为："新品牌"。

在 jQuery 中，还可以采用 .val()方法设置或返回表单字段的值。假如有如下代码：

```
<p>搜索关键字：<input type = "text" id = "search" value = "女鞋"></p>
<button id = "searchBtn">搜索的是什么？</button>
```

当点击“搜索的是什么?”按钮时,弹出输入文本框的值:

```
$ ("#searchBtn").on("click",function(){
  alert($ ("#search").val());
});
```

也可以采用 .val()方法修改文本框内的值:

```
$ ("#search").val("羽绒服");
```

这部分我们将用到以上方法去实现商品购买数量的增减动效。

如图 4-2-4 所示:当鼠标单击减号时,购买数量减 1(但数量必须大于等于 1)。当鼠标单击加号时,购买数量加 1(但数量不能大于库存数)。

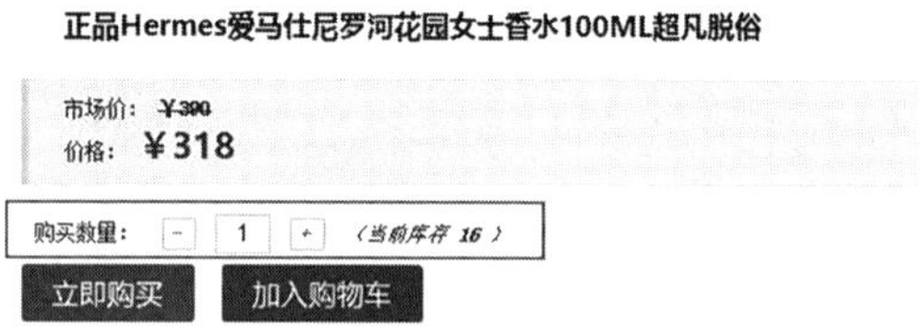

图 4-2-4 商品购买数量

1. HTML+CSS 构建页面布局及美化

观察图 4-2-4,分析这部分的 HTML 结构,这里我们着重关心购买数量部分的 HTML 结构。完整的页面结构见 item.html 文件。代码如下:

【代码 4-2-8】item.html

```
<form id = "goodsform">
    <div class = "goods-key">
        <dl>
            <dt>购买数量:</dt>
            <dd class = "goods-figure-input">
                <a href = "javascript:void(0)" class = "minus"><i>-</i></a>
                <input type = "text" name = "num" id = "number" value = "1">
                <a href = "javascript:void(0)"  class = "plus"><i> + </i></a>
                <em>(当前库存<strong  class = "max">16</strong>)</em>
            </dd>
            <dd class = "btn">
                <a href = "javascript:void" class = "buynow" >立即购买</a>
```

```
                    <a href = "javascript:void" class = "addcart">加入购物车</a>
                </dd>
                </dl>
            </div>
        </form>
```

CSS 样式如下：

【代码 4-2-9】item. css

```
.goods-key dl{ margin:10px 0;}
.goods-key dl dt,.goods-key dl dd{float:left;}
.goods-key dl dt{ height:13px;line-height: 13px;padding: 2px 3px 1px; margin: 8px 5px;}
/*购买数量部分 */
.goods-figure-input{overflow:hidden;}
.goods-figure-input  a i{width: 12px; display: inline-block;color: #999; border: 1px solid #D8D8D8;padding: 2px 3px 1px; height: 13px;line-height: 13px; font-size: 10px;margin: 8px 5px;}
.goods-figure-input  a i:hover{color: #000;border: solid 1px #000;}
.goods-figure-input input{line-height: 18px; width:30px;height:18px;border: solid 1px #d8d8d8;margin:6px 0;text-align: center;}
a.buynow,a.addcart{font: lighter 16px/20px "Microsoft Yahei"; color: #FFF; text-align: center; display: inline-block; height: 20px; padding: 6px 18px; margin-right: 10px;border-radius: 3px;position: relative; overflow: hidden; box-shadow: 0 0 0 2px rgba(204,204,204,0.25);}
.btn .buynow{ background-color: #BA7538;}
.btn .addcart{ background-color: #D93600;}
.btn a:hover.buynow{text-decoration: none;background-color: #96602E;}
.btn a:hover.addcart{text-decoration: none;background-color: #BB0000;}
```

2. 鼠标单击减号时，商品购买数减 1

代码如下：

【代码 4-2-10】item. js

```
$(document).ready(function(){
$(".goods-figure-input .minus").on('click',function(){
    var number = $("#number").val();//采用 .val()获取到目前的购买数量
    if(number > 1){
    number--;
    $("#number").val(number);}//采用 .val()设置目前的购买数量
```

```
});
});
```

3. 鼠标单击加号时,商品购买数加 1

代码如下:

【代码 4-2-11】item.js

```
$ (document).ready(function(){
$ (".goods-figure-input .plus").on('click',function(){
    var number = $ ("#number").val();//采用.val()获取到目前的购买数量
    var max = $ (".max").html();//提取最大库存
    if(number < parseInt(max)){ //parseInt()将字符串转化为数字
    number++;
    $ ("#number").val(number);//采用.val()设置目前的购买数量
    }
 });
});
```

其中,parseInt(max)将 String 对象 max 强制转换为整数。

4.2.4 相关推荐模块

如图 4-2-5 所示,在相关推荐模块中,用户可以鼠标单击向上、向下按钮,让推荐的商品向上、向下移动。

图 4-2-5 相关推荐模块

1. HTML＋CSS 构建页面整体结构

分析相关推荐页面结构，并参考 item. html 进行页面 HTML 构建。代码如下：

【代码 4-2-12】item. html

```
<div class = "recommend">
    <div class = "title">
        <s></s>  <! --用它的 border 制作线-->
        <span>相关推荐</span>
    </div>
    <div class = "ald-carousel">
      <div class = "wrap-others"><! --这个 div 存多个推荐商品-->
        <ul class = "ald-switchable-content">
          <li> <a href = "javascript:void">
                <img src = "img/items/others/1. jpg">
              </a>
              <p class = "look-price"> ¥ 399. 00</p>
          </li>
        </ul>
      </div><! --wrap-others-->
      <ul class = "ald-switchable-trigger"><! --存向上、向下箭头-->
        <li  class = "prev"><i class = "fa  fa-chevron-up"></i></li>
        <li class = "next"><i class = "fa  fa-chevron-down"></i></li>
      </ul>
    </div> <! --ald-carousel-->
</div><! --recommend-->
```

根据图 4-2-5 分析页面的布局，书写 CSS 样式如下：

【代码 4-2-13】item. css

```
. recommend { width:180px; float:left;}
. recommend . title{position:relative;height:15px;margin-top:5px;overflow:hidden;}
. recommend . title s{
position:absolute;top:10px;left:30px;width:180px;height:0;border-top:1px # c9c9c9 dotted;text-decoration: none;}
. recommend . title span{ position: absolute; color: # 999; text-align: center; width:6em;top:0;left:50 % ;margin-left:-2em;background-color: # fff;}
. ald-carousel{padding:10px 12px 2px 30px;position:relative;}
```

```
.ald-carousel .wrap-others{ height:480px; position:relative; overflow:hidden;}
.ald-switchable-content{ position: absolute;top: -480px;}
.wrap-others  li {height:160px;}
.wrap-others  li  img{max-height: 140px; max-width: 140px;}
.ald-switchable-trigger{padding:0 42px; }
.ald-switchable-trigger .prev{ float:left;font-size: 18px;cursor:pointer;}
.ald-switchable-trigger .next{float:right;font-size: 18px;cursor:pointer;}
```

设置类为 ald-switchable-content 的 ul 元素{ position: absolute;top: -480px;},而它的直接父元素是相对定位。由于每一个商品高度为 160px,之后我们只要按照 160 的倍数去改变 top 的值,就可以实现一次向上或向下移动一个商品。

2. 鼠标单击向上箭头时,相关推荐商品向上移动一个

代码如下:

【代码 4-2-14】item. js

```
$ (document).ready(function(){
 $ (".prev").on('click',function(){
var x =   $ (".ald-switchable-content").css('top');
//提取的值有 px 单位,substr()方法只提取数字,去掉单位 px
var y =   parseInt(x.substr(0,x.length-2))-160;
    if(Math.abs(y) < ($ ('.ald-switchable-content li').length-3) * 160){
        $ (".ald-switchable-content").css('top',y);
    }
});
});
```

3. 鼠标单击向下箭头时,相关推荐商品向下移动一个

代码如下:

【代码 4-2-15】item. js

```
$ (document).ready(function(){
  $ (".next").on('click',function(){
    var x =   $ (".ald-switchable-content").css('top');
    var y =   parseInt(x.substr(0,x.length-2)) + 160;
    if(y < 0){
        $ (".ald-switchable-content").css('top',y);
    }
});
});
```

4.2.5 jQuery 操作 DOM 制作商品评论模块

如图 4-2-6 所示的商品评论模块，我们将交互效果分两部分实现：

图 4-2-6 商品评论

(1)添加和删除评论。当用户填写好评论，鼠标单击“发表评论”按钮时，当前评论会添加到评论列表的最后面。当用户鼠标单击“删除”按钮时，该评论被删除(实现这一交互时，暂时不考虑星级评价)。

(2)星级评价。当用户鼠标单击或者鼠标悬停在某颗星上时，这颗星及前面的星都变成红星。当用户单击“发表评价”按钮时，星级评价跟随评论显示在评论列表中。

1. HTML+CSS 布局及美化页面

代码如下：

【代码 4-2-16】item.html

```
<div class = "detail-content"><! --这部分包含商品详情与商品评论-->
        <ul  class = "tab-bar"><! --选项卡标题-->
            <li > <a href = "javascript:void">商品详情</a></li>
            <li class = "current"><a href = "javascript:void">商品评论</a></li>
        </ul>
        <div class = "detail" style = "display:none;"><! --商品详情部分简略，并暂时隐藏-->
            <div class = "parameter">参数</div>
            <div class = "description">详情页图片</div>
        </div>
        <div class = "comment"><! --商品评论部分-->
```

```
            <ul class = "comments-list"><! --商品评论列表-->
               <li class = "comment-item"><! --单个评论布局-->
                   <div> <! --放星级评价-->
                       <img src = "img/star_red. png"/>
                       <img src = "img/star_red. png"/>
                       <img src = "img/star_red. png"/>
                       <img src = "img/star_red. png"/>
                       <img src = "img/star. png"/>
                  </div>
                  <div>这个香水应该是正品,包装精美,香气很好闻! </div>
                  <div>h* * *t(匿名)</div>
               </li>
               <! --省略多个评论,与前面布局一致-->
            </ul>
            <div class = "your-comment"><! --用户评价-->
              <div class = "star"><! --星级评价-->
                  <h3>总体评价:</h3>
                  <div>
                       <img src = "img/star. png"/>
                       <img src = "img/star. png"/>
                       <img src = "img/star. png"/>
                       <img src = "img/star. png"/>
                       <img src = "img/star. png"/>
                  </div>
               </div>
               <form action = "#" method = "post" id = "discuss-form"> <! --用户评价表单-->
                   <div >
            <textarea name = "content" id = "discuss-content" >请在此输入评价</textarea>
            <button class = "discuss-btn" type = "button">发表评价</button>
                   </div>
               </form>
            </div>
         </div>
     </div>
```

此页面 CSS 代码请参考【代码 4-2-13】,这里不再赘述。

2. 添加和删除评论

要完成这一效果，我们要学习以下三个方面的知识：

• 如何创建一个元素。

• jQuery 如何将新建元素插入页面中。

• jQuery 如何将元素从页面中删除。

例如：我们有如下 HTML 代码：

```
<ul id = "nav">
        <li>男装</li>
        <li>女装</li>
</ul>
<button class = "addBtn">添加</button>
<button class = "deleteBtn">删除</button>
```

现在想再添加“童装”“女裙”“运动装”，首先创建该元素。可以采用三种方式：jQuery、text/HTML 或者 JavaScript/DOM 来创建。代码如下：

```
var new1  =  $ ("<li>童装</li>");//jQuery 创建
var new2 =  "<li>女裙</li>";//text/HTML 创建
var new3 =  document.createElement("li");//JavaScript/DOM 创建
    new3.innerHTML = "运动装";
```

当鼠标单击“添加”按钮时，代码如下：

【代码 4-2-17】添加子元素

```
$ (".addBtn").on("click",function(){
  //创建元素
var new1  =  $ ("<li>童装</li>");//jQuery 创建
var new2 =  "<li>女裙</li>";//text/HTML 创建
var new3 =  document.createElement("li");//JavaScript/DOM 创建
    new3.innerHTML = "运动装";
  $ ("#nav").append(new1);
  $ ("#nav").append(new2,new3);
});
```

代码中，方法 .append()可以将一个或者多个元素，添加到指定元素内部的结尾处。另外还有 .prepend()、.before()、.after()方法可以将元素插入页面中去，假如均是指定元素$ ("#nav")，分别采用这四个方法插入元素，位置示意图如图 4-2-7 所示。

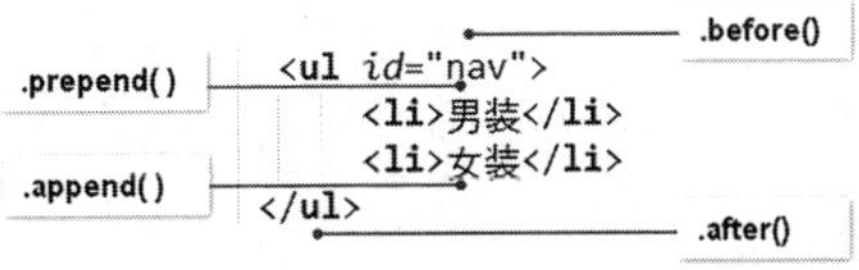

图 4-2-7　jQuery 方法将元素插入页面中的位置示意图

假如现在想删除＃nav 中最后一个 li 元素，可以采用 .remove()方法删除被选元素及其子元素。代码如下：

```
$ (".deleteBtn").on("click",function(){
$ ("#nav li").last().remove();//使用 last()选取＃nav li 选择器所值的这一组 li 中的最后一个 li
});
```

也可以采用 .empty()进行删除，但是 .empty()仅仅从被选元素中删除子元素。

例如：上面代码如果这样写：$ ("＃nav li").last().empty()；虽然在页面中也看不到最后一的 li 的内容，但是从开发者工具中还是可以找到该 li(图 4-2-8)。

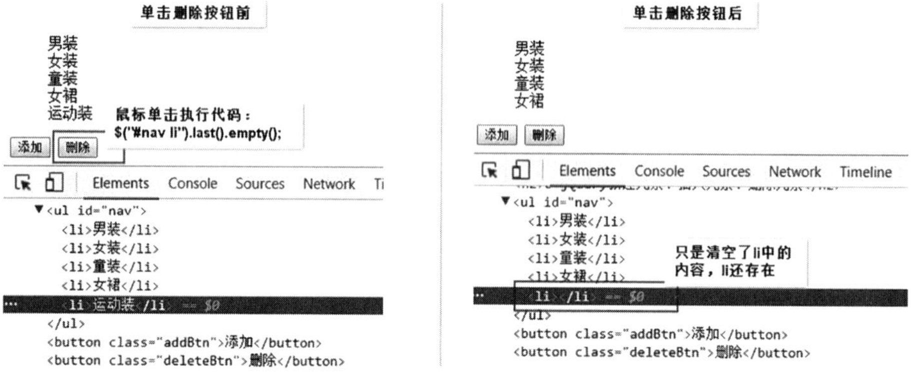

图 4-2-8　.empty()仅删除子元素

回到“商品评论”模块中来，要添加和删除评论。jQuery 代码如下：

【代码 4-2-18】item.js

```
1  $ (document).ready(function(){
2    $ (".discuss-btn").on("click",function(){
3     var discuss = $ ("#discuss-content").val();
4     var starStr = "";//星级评价的 html 暂时为空
5     var str = "<li class='comment-item'><div>" + starStr + "</div><div>" + discuss + "</div><div>***(匿名)<br><button class='delete-btn' type='button'>删除</button></div></li>";
6     $ (".comments-list").append(str);
7    //假如鼠标单击删除键，则删除该 li，需要嵌套，因为删除键是后面新添加的元素
8     $ (".delete-btn").on("click",function(){
9       $ (this).parents('.comment-item').remove();
10     });
11   });
12 })
```

代码第 4 行为星级评价预留的 starStr 对象，暂时设置为空字符串。

代码中第 5 行采用 HTML 的方式创建新元素，加号可以连接变量和字符串。其中字符串采用双引号，与它内部使用单引号以示区分。

代码第 8 行，因为“删除”按钮是未来新创的元素，给它绑定鼠标单击事件的代码要嵌套在前面的事件方法中去，否则事件将绑定不成功。

3. 星级评价

步骤 1　实现鼠标悬停或单击时的交互。代码如下：

【代码 4-2-19】item.js

```
1    var starNum = 0;//星星的下标
2   $ ('.star img').each(function(index){
3        var star = 'img/star.png';   //普通灰色星星图片的存储路径
4        var starRed = 'img/star_red.png';    //红色星星图片存储路径
5        $ (this).on("mouseover click",function(){  //设置鼠标滑动和点击都会触发事件
6            $ ('.star img').attr('src',star);//先复位所有星为灰色星
7            $ (this).attr('src',starRed);     //设置当前星为红星
8            $ (this).prevAll().attr('src',starRed);  //设置当前星前面的星都为红星
9            starNum = index;//星星的下标
10     });
11   });
```

代码第 2 行，采用 .each()方法，为每个 img 规定要运行的函数，它的语法如图 4-2-9 所示。

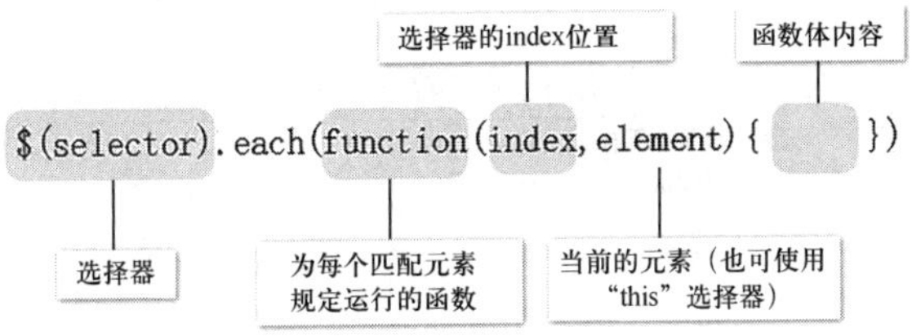

图 4-2-9　.each()语法规则

function 函数的可选参数 index，表示当前元素在选中的一组元素中的序号（从 0 开始）。代码第 9 行中的 starNum = index；利用 index 记录下来有几颗星是红星。

代码第 5 行，采用 .on()方法将 mouseover、click 事件同时绑定在指定元素上。

第 8 行中 .prevAll()方法，可以指定元素之前的所有同级元素，这样可实现将当前星前面的所有星选中。

步骤 2　将星级评价添加到评论列表中。

在【代码 4-2-19】的第 4 行下添加如下代码：

【代码 4-2-20】将星级评价添加到评论列表中

```
var starStr = "";
for(var i = 0;i<5;i++){
    if(i <= starNum){//下标小于等于 starNum 为红星，否则为灰色的星星
```

```
        starStr = starStr +"<img src='img/star_red.png'/>";
    }else{
        starStr = starStr +"<img src='img/star.png'/>"; }
}
```

4.2.6 项目梳理

(1)jQuery 提供一组特效方法,通过过渡效果和移动来增强 Web 页面的体验。

(2)在 jQuery 中,采用 .html()、.text()方法设置或返回所选元素的内容;采用 .val()方法设置或返回表单字段的值。

(3)创建一个新元素可以采用 jQuery、text/HTML 或者 JavaScript/DOM 来创建。

(4).append()、.prepend()、.before()、.after()方法可以将元素插入页面中去。

(5).remove()方法删除被选元素及其子元素;.empty()仅从被选元素中删除子元素。

(6).attr()方法设置或返回所选元素的某个属性。

(7).each()方法为指定元素组中的每个元素规定要运行的函数。

【师傅小结】

本项目为行业流行 JavaScript 框架——jQuery 的学习,通过项目的学习,掌握 jQuery 的基本语法知识及 jQuery 选择器;掌握 jQuery 事件方法、事件对象及事件传播;掌握 jQuery 控制元素 CSS 样式的方式;掌握 jQuery DOM 遍历及 jQuery 动画特效的实现。

通过本项目的学习,提高页面交互分析能力,交互代码构建能力。

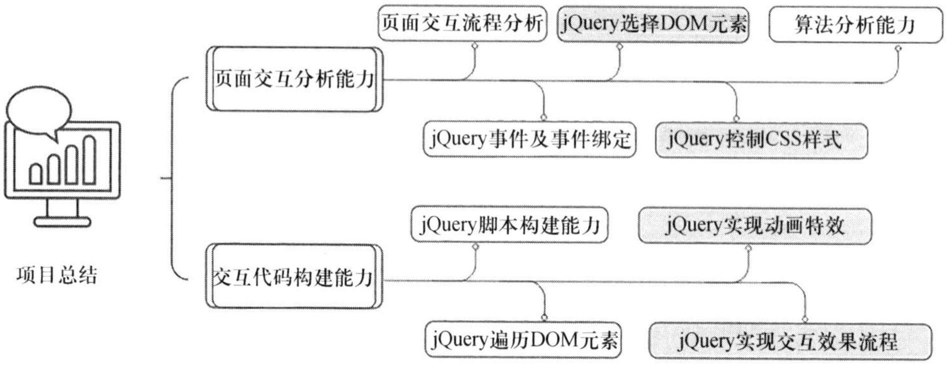

技能训练引导图 2

【学徒思考】

通过本项目我学习了 jQuery 事件方法、事件对象及事件传播;掌握了 jQuery 控制元素 CSS 样式的方式;掌握了 jQuery DOM 遍历及 jQuery 动画特效的实现。我将进一步思考如下问题如何完成:

(1)jQuery 可以做哪些工作?

(2)如下图所示,采用 jQuery 实现购物车的收起及展开的动态效果。

“购物车”

(3)采用 jQuery 动画特效，如下图所示，完成商品列表页面中“条件搜索”模块。

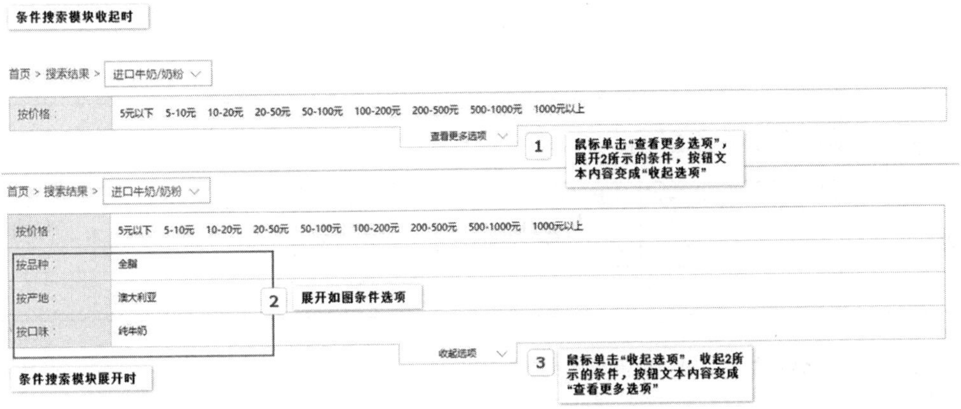

“条件搜索”模块

(4)完成如下图所示的购物车列表。当商品数量增加或者减少时，小计、商品总价会发生联动变化。当商品数量减少为 0 时，该商品从列表中删除，暂时不考虑库存。当鼠标单击“删除”按钮，该商品从列表中删除。

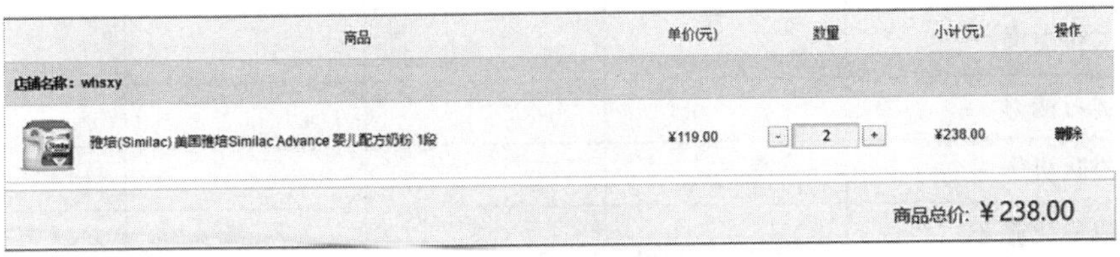

购物车计算器

【思政园地】

在进行苏宁易购网站动态代码优化的过程中，我们要注重培养严谨的科学态度和精益求精的工匠精神。代码优化不仅关乎网站的性能和用户体验，更体现了我们对技术的追求和对工作的责任感。我们要认真对待每一行代码，力求做到简洁、高效、可靠。同时，要不断学习和掌握新的技术和方法，提高自己的专业素养，为推动信息化发展贡献自己的力量。

此外，我们还要注重团队合作，与同事们密切配合，共同解决代码优化中遇到的问题。在团队中，要尊重他人的意见和建议，积极分享自己的经验和知识，形成良好的合作氛围。

【工作任务实施记录与评价】

1. 创建第一个 jQuery 页面记录

师傅指导记录	页面评价	评价成绩
		年　月　日

2. jQuery 控制的 CSS 样式检查记录

检查质量评价	jQuery 控制元素的 class 属性情况	.css()方法修改元素的 CSS 样式情况	评价成绩	评价日期

3. 苏宁易购网站首页分类导航交互检查记录

检查质量评价	HTML+CSS 构建页面整体结构	鼠标悬停，jQuery 实现动态效果	其他创新与改进情况	评价成绩	评价日期

4. 苏宁易购网站商品详情页动效检查记录

检查质量评价	是否动画特效实现	苏宁易购网站商品相册模块情况	实现数量增减情况	评价成绩	评价日期

5. 学徒关键职业能力及职业品质、工匠精神评价

项目	A	B	C	D
工作态度				
学习能力				
团队协作				
沟通交流				
编码素养				
认真负责				

6. 页面网址附在此处

项目5

管理员管理模块构建

知识目标：

- 认知理解 Ajax。
- 认知理解 JSON。
- 理解 jQuery 对 Ajax 请求

技能目标：

- 掌握 jQuery Ajax 重构登录方法。
- 掌握数据的增删改查原理。

素质目标：

- 具有计算机应用相关的信息安全、知识产权保护和质量规范意识。
- 具有获取前沿技术信息、学习新知识的能力。
- 养成严谨、细心的职业素养。

【任务目标与质量要求】

在师傅带领与指导下，熟悉 Ajax，熟悉 JSON；能够增删改查管理数据（包括加载管理员列表、删除管理员、添加管理员、修改管理员）。

【学习产出目标】

(1)使用原生 JavaScript 代码实现 Ajax 工作流程。

(2)使用 jQuery Ajax 制作管理员登录功能。

(3)加载管理员列表。

(4)删除管理员。

(5)添加管理员。

(6)修改管理员。

任务5 运用Ajax构建管理员模块

任务5.1 Ajax异步加载

5.1.1 Ajax小试身手

Ajax的核心是JavaScript对象XMLHttpRequest，所有现代浏览器（IE7+、Firefox、Chrome、Safari以及Opera）都内建了XMLHttpRequest对象。XMLHttpRequest对象提供了对HTTP协议的完全访问，包括做出POST和GET等请求。

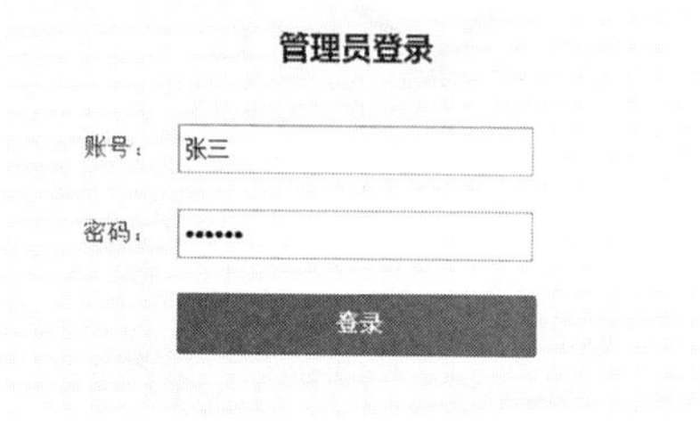

图5-1-1 管理员登录界面

以管理员登录功能的实现为例，体验Ajax的交互过程（图5-1-1）。

在这个初体验中，简化管理员登录流程如下：

（1）填写账号和密码，并鼠标单击“登录”按钮。

（2）获取到账号及密码，并通过Ajax的post请求，传输给服务器端。

（3）登录成功之后，将服务器端返回来的信息采用alert()方法进行弹出。

1. 准备工作

步骤1 将MobileShop项目文件导入Eclipse中。

从项目5开始，我们将在Eclipse中进行开发。如图5-1-2所示，将前端文件整合到WebContent文件，并将index.html迁移到WebContent文件的根目录下。

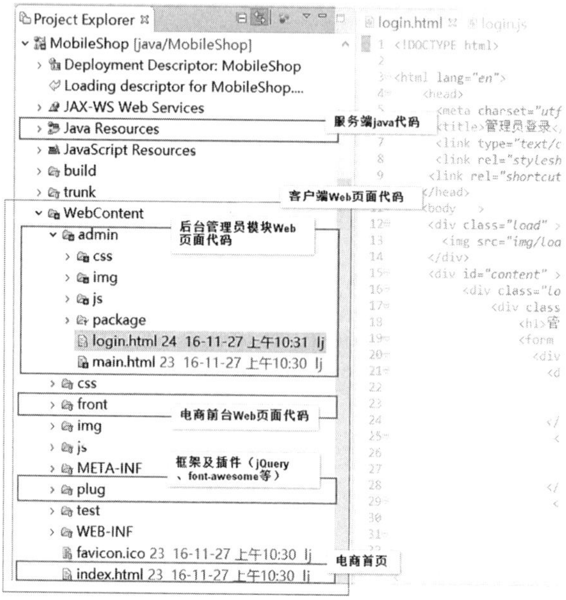

图5-1-2 目录结构

步骤 2　HTML+CSS 页面美化及布局。这部分不是本项目的重点，为了方便书写 JavaScript 代码，我们将“登录表单”代码展示出来。代码如下：

【代码 5-1-1】login. html

```
<form id = "login_form">
    <div class = "login-same">
        <dl> <dt>账号：</dt>
            <dd><input type = "text" class = "text" name = "userName" value = "" id = "userName" placeholder = "邮箱/手机/用户名"></dd>
        </dl>
        <dl><dt>密码：</dt>
            <dd><input type = "password" class = "text" value = "" id = "password" placeholder = "请输入您的密码"></dd>
        </dl>
        <dl><dt> </dt>
            <dd>
            <input type = "button" class = "login_ent" id = "loginBtn" value = "登录">
            </dd>
        </dl>
    </div>
</form>
```

步骤 3　准备 js 文件，并加载到 login. html 文件中去。

在“MobileShop>admin>js”中新建“loginAjaxDemo. js”文件，并导入 login. html。

```
<script  src = "js/loginAjaxDemo. js" type = "text/javascript"></script>
```

2. 采用原生 JavaScript 代码实现 Ajax 工作流程

步骤 1　为按钮添加鼠标单击事件。代码如下：

【代码 5-1-2】loginAjaxDemo. js

```
var  login  =   document.getElementById("loginBtn");//获取“登录”按钮元素
 login.addEventListener("click", loginFun);
 /*为“登录”按钮添加鼠标单击事件和事件触发时将调用的函数 loginFun()函数*/
 function loginFun(){
     //Ajax 代码，后面步骤 2-8 代码都写在这里
   }
```

步骤 2　准备数据。代码如下：

【代码 5-1-3】提取账号和密码

```
//提取账号+密码
```

```
    var userName =
document.getElementById("userName").value.replace("/(^\s*)|(\s*$ )/g","");;
    var password =
document.getElementById("password").value.replace("/(^\s*)|(\s*$ )/g","");
```

在实际工作中,服务端开发人员会与我们进行 API 接口规划,这里所用到的管理员登录验证接口见表 5-1-1。

表 5-1-1　管理员登录验证 API 规划

模块	功能	前台传参	HTTP 方法类型	API 设计
管理员管理	登录验证	input、password	POST	/admin_manager/login
备注:手机号/邮箱/用户名均可登录,账号参数名称为 input				

构建要传递给服务器端的参数。代码如下:

【代码 5-1-4】构建成 JSON 数据

```
  var data = {"input":userName,"password":password};//构建成 JSON 数据
```

步骤 3　创建 XMLHttpRequest 对象。

所有现代浏览器(IE7+、Firefox、Chrome、Safari 以及 Opera)均内建 XMLHttpRequest 对象。创建 XMLHttpRequest 对象的语法:

```
    variable=new XMLHttpRequest();
```

老版本的 Internet Explorer(IE5 和 IE6)使用 ActiveX 对象:

```
    variable=new ActiveXObject("Microsoft.XMLHTTP");
```

为了应对所有的现代浏览器,包括 IE5 和 IE6,我们先检查浏览器是否支持 XMLHttpRequest 对象。如果支持,则创建 XMLHttpRequest 对象。如果不支持,则创建 ActiveXObject。代码如下:

【代码 5-1-5】创建 XMLHttpRequest 对象或者 ActiveXObject 对象

```
    var xhr;
    if (window.XMLHttpRequest){//  IE7+, Firefox, Chrome, Opera, Safari 浏览器执
行代码
        xhr=new XMLHttpRequest();
    }else { // IE6, IE5 浏览器执行代码
        xhr=new ActiveXObject("Microsoft.XMLHTTP");
    }
```

步骤 4　发送 HttpRequest 请求。

使用 XMLHttpRequest 对象的 open()和 send()方法,向服务器发送的 HttpRequest 请求。其中 open()方法规定请求的类型、URL 以及是否异步处理请求,它的语法结构如图 5-1-3 所示。

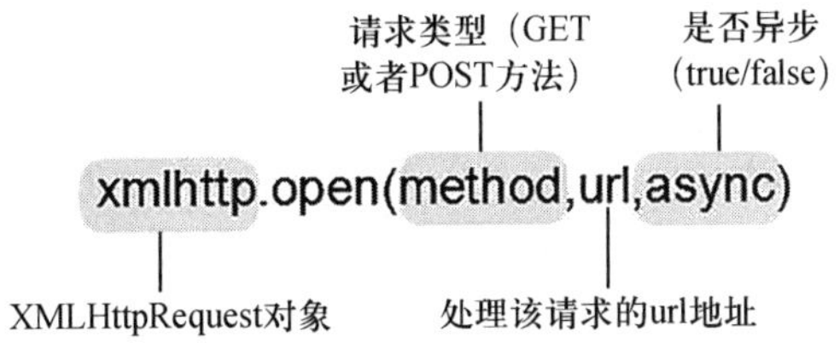

图 5-1-3 open()函数语法结构

案例中需要像 HTML 表单那样 POST 数据，采用 setRequestHeader()来添加 HTTP 头，然后在 send()方法中传递数据。代码如下：

【代码 5-1-6】发送 HttpRequest 请求

```
var url = "http://localhost:8080/MobileShop" + "/admin_manager/login";
xhr.open("POST", url, true);
xhr.setRequestHeader("Content-type","application/x-www-form-urlencoded");
xhr.send(data);//将 data 对象传递给服务器
```

步骤 6 响应请求时，回调函数的设置。代码如下：

【代码 5-1-7】回调函数

```
xhr.onreadystatechange = function(){
    if(xhr.readyState == 4 && xhr.status == 200){//当请求成功时
    alert(xhr.responseText);
    }
}
```

代码中，xhr.onreadystatechange 当 readyState 属性改变时，就会触发调用后面的回调函数(表 5-1-2)。

表 5-1-2 XMLHttpRequest 对象的状态码

属性	描述
onreadystatechange	存储函数(或函数名)，每当 readyState 属性改变时，就会调用该函数。
readyState	存有 XMLHttpRequest 的状态。从 0 到 4 发生变化。 0：请求未初始化 1：服务器连接已建立 2：请求已接收 3：请求处理中 4：请求已完成，且响应已就绪
status	200 OK。请求成功。 404 Not Found。服务器无法找到被请求的页面。 500 Internal Server Error。请求未完成。服务器遇到不可预知的情况。

如需获得来自服务器的响应，使用 XMLHttpRequest 对象的 responseText 或 responseXML 属性。代码 alert(xhr.responseText)就可以将从服务器获取到的数据并弹出。我们将在步骤

8 对 responseText 进一步解析。

步骤 7 浏览器中测试及调试。

在 Chrome 浏览器中访问"http://localhost:8080/MobileShop/admin/login.html",输入账号和密码,点击"登录"按钮之后,发现服务器报 500 错误(图 5-1-4)。

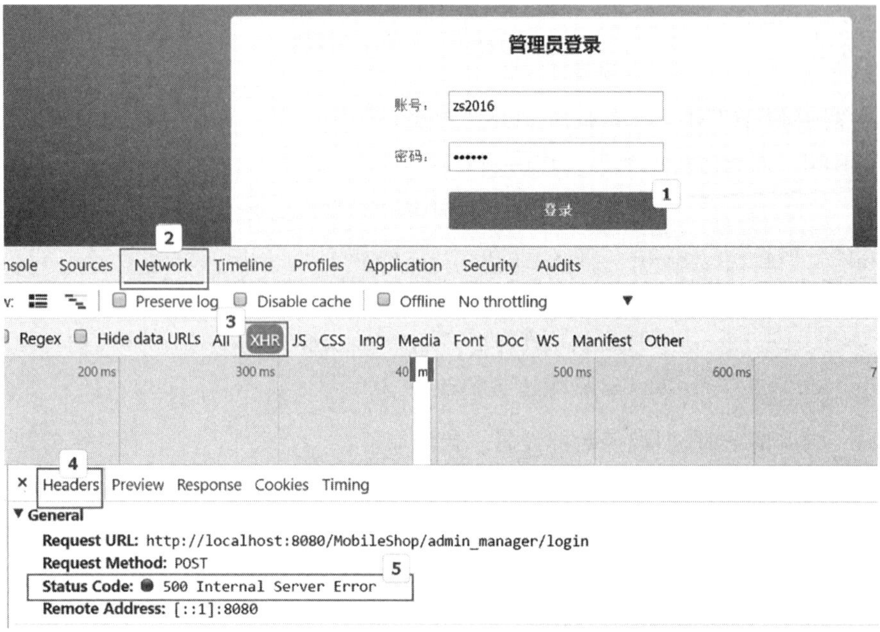

图 5-1-4 Chrome 开发者工具调试

仔细阅读 Ajax 帮助文档(http://www.runoob.com/ajax/ajax-tutorial.html),发现问题可能出现在.send()函数的参数上面。该参数格式如下:

```
xmlhttp.send("fname=Bill&lname=Gates");
```

在步骤 5 之前,将 data 参数进行改造,代码如下:

【代码 5-1-8】data 参数重构

```
data = (function(obj){ // 转成 .send()函数需要的参数格式
    var str = "";
    for(var i in obj){
        str += i + "=" + obj[i] + "&"
    }
    return str;
})(data);
```

再次预览页面,如图 5-1-5 所示,status 为 200,表示请求成功。图 5-1-5 中 1 表示页面中弹出服务器端返回的数据。

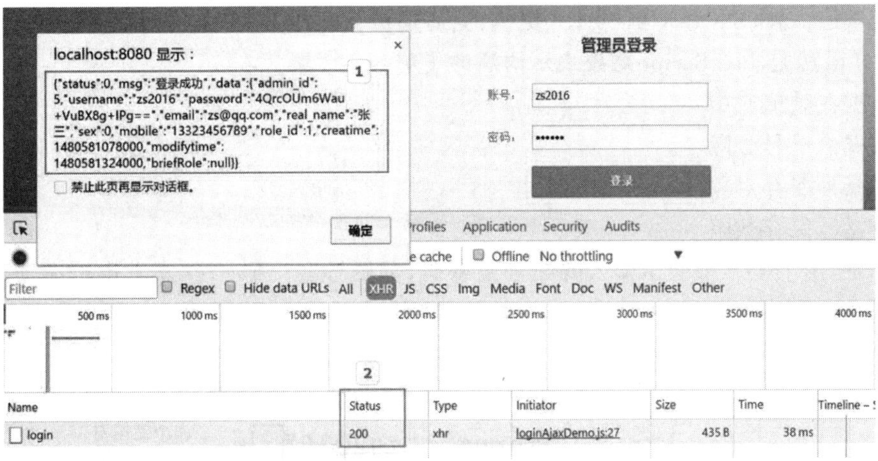

图 5-1-5　Ajax 请求成功

步骤 8　进一步获取管理员编号和真实姓名。代码如下：

【代码 5-1-9】解析返回的 JSON 数据

```
    //JSON.parse()方法将 JSON 数据(responseText 为 JSON 数据)转化为 JavaScript 对
象,浏览器才能使用
     var result = JSON.parse(xhr.responseText);
     var adminId = result.data.admin_id;
    var realName = result.data.real_name;
    alert("管理员 Id:" + adminId + "    真实姓名:" + realName);
```

再次预览页面(图 5-1-6)。

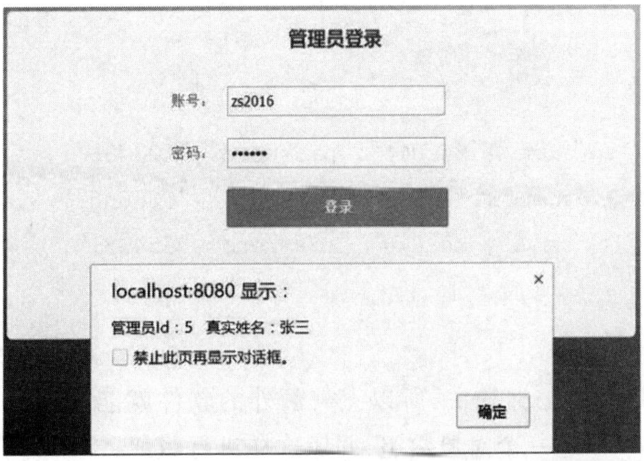

图 5-1-6　解析 XMLHttpRequest 对象的 responseText 属性

5.1.2　JSON 使用

服务器端向客户端返回的数据格式通常是 HTML、XML、JSON。其中 JSON(JavaScript Object Notation) 是一种人类可读(human readable)的轻量级的数据交换格式,在 Web 开发中非常受欢迎。JSON 比 XML 更小、更快,更易解析。

JSON 语法是 JavaScript 对象表示语法的子集。

- 数据在键值对中
- 数据由逗号分隔
- 花括号保存对象
- 方括号保存数组

例如:使用 JSON 来表示输入的账号及密码,如图 5-1-7 所示,注意其中键应当放置在双引号中。

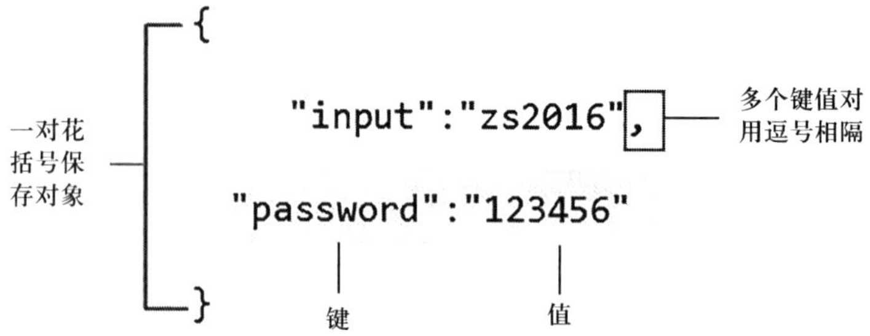

图 5-1-7 JSON 数据格式

通过 JavaScript,也可以创建一个对象,赋值如下:

```
var user = {"name":"zs2016","password":"123456"};
```

假如要访问用户的密码。代码如下:

```
user. password;
```

假如有一组用户的账号信息,可以采用数组来表示:

```
{
    "userInfo":[
                {"name":"zs2016","password":"123456"},
                {"name":"ls2016","password":"666666"},
                {"name":"xh2016","password":"654321"}
               ]
}
```

因为 JSON 使用 JavaScript 语法,所以无需额外的软件就能处理 JavaScript 中的 JSON。通过 JavaScript,也可以创建一个对象数组,并像这样进行赋值:

```
var userInfo = [
                {"name":"zs2016","password":"123456"},
                {"name":"ls2016","password":"666666"},
                {"name":"xh2016","password":"654321"}
               ];
```

假如要访问数组中的第一个用户的 name 值，可以这样写：

```
userInfo[0].name;//下标从 0 开始
```

通常我们从服务器中读取 JSON 数据（通过 responseText 属性），需要使用 JSON.parse()将 JSON 字符串转换为 JavaScript 对象才能在网页中使用。

而 JSON.stringify()正好相反，它可以将 JavaScript 对象转换为 JSON 字符串。

例如：有如下 js 对象。代码如下：

```
var userObj = {"name":"zs2016","password":"123456"};
```

转化成 JSON 字符串，并在控制台输出：

```
console.log("js 对象 userObj 转化成 JSON 字符串:");
console.log(JSON.stringify(userObj));
```

userObj 对象若是表示成 JSON 字符串。代码如下：

```
var userStr = '{"name":"zs2016","password":"123456"}';
```

转化成 js 对象，并在控制台输出：

```
console.log("JSON 字符串 userStr 转化成 js 对象:");
console.log(JSON.parse(userStr));
```

在浏览器中预览效果（图 5-1-8）。

图 5-1-8　JSON 字符串与 js 对象相互转化

5.1.3　jQuery Ajax 重构管理员登录功能

在 Ajax 初体验中，我们采用原生的 JavaScript 实现 Ajax 工作流程。jQuery 对 Ajax 请求操作进行了封装，相对于原生 JavaScript 来说，jQuery Ajax 不用考虑浏览器的差异，代码也将得到精简。从这个功能实现开始，我们将采用 jQuery 实现 Ajax 请求（表 5-1-3）。

表 5-1-3　jQuery 实现 Ajax 请求

方法	描述
.load( )	从服务器加载数据，并把返回的数据放置到指定的元素中。
$.get( )	使用 Ajax 的 HTTP GET 请求从服务器加载数据。
$.post( )	使用 Ajax 的 HTTP POST 请求从服务器加载数据。

续表 5-1-3

方法	描述
$.ajax()	执行异步 Ajax 请求。
$.getJSON()	使用 HTTP GET 请求从服务器加载 JSON 编码的数据。
$.getScript()	使用 Ajax 的 HTTP GET 请求获取和执行 JavaScript。

这 6 个方法中 .load( )需要指定元素,后面 5 种方法都以 $ 开始的全局 jQuery 对象的方法。回到任务中来,管理员登录的流程(表 5-1-4)。

表 5-1-4　管理员登录流程

名称	管理员登录
描述	管理员输入账号(手机号、邮箱或者用户名均可)、密码进行登录
基本流程	1. 进入管理员登录页面。 2. 输入账号、密码,点击登录按钮。 3. 系统对输入的账号、密码进行验证。 4. 系统根据数据验证的结果返回数据,登录成功直接跳转至管理员后台主页,失败给出提示信息并停留在登录页面。

1. 准备工作

将之前的“loginAjaxDemo.js”从“login.html”中移除,在“MobileShop>admin>js”中新建“login.js”文件,将 login.js 引入 login.html 中。代码如下:

```
<script src="js/login.js" type="text/javascript"></script>
```

2. jQuery Ajax 重构管理员登录功能

步骤 1　为按钮添加鼠标单击事件。代码如下:

【代码 5-1-10】login.js

```
$(document).ready(function(){
    $("#loginBtn").on("click",function(e){
        e.preventDefault();//阻止 a 元素发生默认的行为
        //jQuery 代码,后面步骤 2-8 代码都写在这里
    });
})
```

步骤 2　准备数据。代码如下:

【代码 5-1-11】提取输入的数据

```
var input = $("#userName").val().trim();//提取账号
var password = $("#password").val().trim();//提取密码
var data = {input: input,password:password};
```

步骤 3　采用 $.post( )进行 Ajax 操作。

$. post()方法使用 HTTP POST 请求从服务器加载数据，它的语法规则如图 5-1-9 所示。

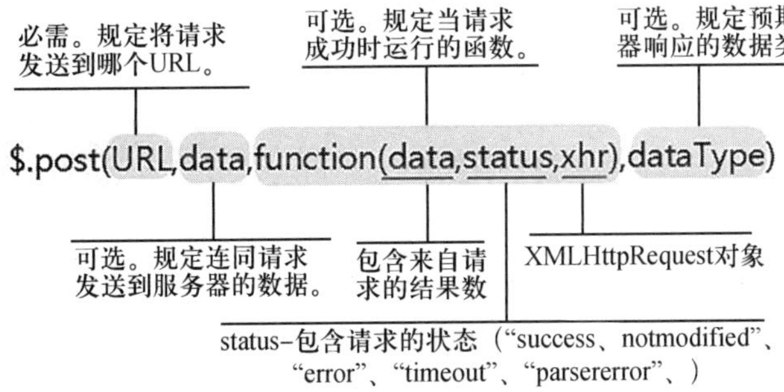

图 5-1-9　$. post( )语法规则

代码如下：

【代码 5-1-12】采用 $. post( )进行 Ajax 操作

```
var url = "http://localhost:8080/MobileShop" + "/admin_manager/login";  //准备 url
$ . post(url, data, function(data,status,xhr) {
   console. log("data 中提取用户名:" + data. data. username);
   console. log("返回的 status:" + status);
   console. log("xhr 对象 responseText 属性中提取的用户名:"
 + JSON. parse(xhr. responseText). data. username);
   console. log("xhr 对象的 status 属性" + xhr. status);        });
```

在回调函数中，采用 console. log()将服务器端返回的数据输出到控制台。在 Chrome 浏览器中预览，效果如图 5-1-10 所示：

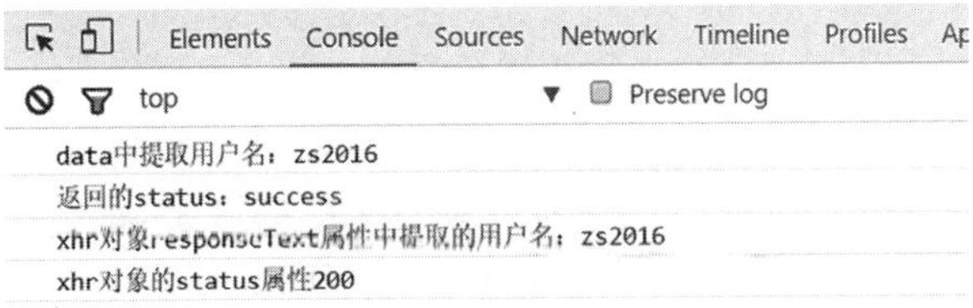

图 5-1-10　控制台输出

【知识引申】

在实际工作中，开发人员常常需要预先模拟向服务器端发送各种 HTTP 请求，查看服务器端返回的数据格式，以便能够正确响应与解析数据。Postman 可以帮助我们完成这项模拟工作，它是一款功能强大的网页调试与发送网页 HTTP 请求的 Chrome 插件。我们在完成步骤 3 之前，可以通过 Postman 对该过程进行模拟(图 5-1-11)。

从图中第 6 步可以看出，假设从服务器端返回的 js 对象是 data，要想提取出 username 的值，需要采用"data. data. username"进行访问。

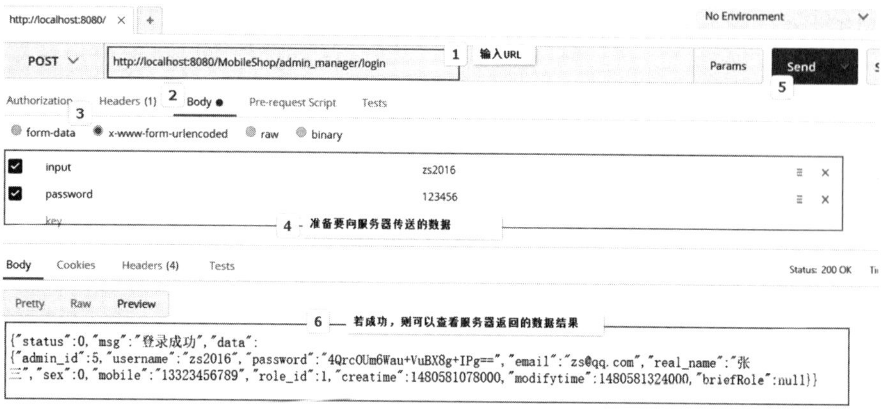

图 5-1-11　Postman 使用步骤

步骤 4　实现当验证成功之后，跳转到后台首页的功能。代码如下：

【代码 5-1-13】验证成功跳转到首页

```
var url = "http://localhost:8080/MobileShop" + "/admin_manager/login";  //准备 url
$ . post(url, data, function(data,status,xhr) {
    if(xhr. readyState = = 4 && xhr. status = = 200){//表示服务器成功响应
  if(data. status = = 0){//这是我们项目自己约定的 status,0 表示登录验证成功
        window. location. href = "main. html";//跳转到 main. html 页面
    }else{
        alert(data. msg);//这是我们项目自己约定的 msg
    }
}
  });
```

步骤 5　采用 . done()、. fail()对步骤 4 进行重构。

jQuery 可以在$. get()、$. post()、$. getJSON()、$. ajax()后面采用链式编程调用 . done()、. fail()、. always()方法，处理请求成功或者失败的情况(表 5-1-5)。

表 5-1-5　jQuery Ajax 方法

方法	描述
. done()	请求成功后要执行的代码。
. fail()	请求失败后要执行的代码。
. always()	无论请求成功与否都要执行的代码。

重构步骤 4 代码如下：

【代码 5-1-14】. done()、. fail()重构步骤 4

```
  var url = "http://localhost:8080/MobileShop" + "/admin_manager/login"; //准备 url
    $ . post(url, data)
```

```
        .done(function(data){
            if(data.status = = 0){
        window.location.href = "main.html";
    }else{alert(data.msg);}
        })
        .fail(function(){
    alert("服务器忙,请稍后再试");
        }).always(function(){
            alert("不管是否登录成功都会执行");
        });
```

步骤 6　采用 $.ajax()方法再次重构,并实现加载等待图片功能。

$.ajax()方法用于执行 Ajax 请求。所有的 jQuery Ajax 方法内部都使用 .ajax()方法,该方法通常用于其他方法不能完成的请求,可以更好地控制 Ajax 请求。

该方法中常用的设置项(表 5-1-6)。

表 5-1-6　$.ajax()方法设置项

名称	值/描述
type	规定请求的类型(GET 或 POST)。
url	规定发送请求的 URL。默认是当前页面。
data	规定要发送到服务器的数据。
timeout	设置本地的请求超时时间(以毫秒计)。
success(result,status,xhr)	当请求成功时运行的函数。
error(xhr,status,error)	如果请求失败要运行的函数。
beforeSend(xhr)	发送请求前运行的函数。
complete(xhr,status)	请求完成时运行的函数(在请求成功或失败之后均调用,即在 success 和 error 函数之后)。

$.ajax()的语法如下:

```
$.ajax({name:value, name:value, ... })
```

$.ajax()多个设置项之间用逗号分隔。代码如下:

【代码 5-1-15】$.ajax()方法重构代码

```
    var url = "http://localhost:8080/MobileShop" + "/admin_manager/login";
    $.ajax({
        type:"post",
        data:data,    //data 变量在前面步骤 2 中准备的
        url:url,
        timeout:2000,
```

```
        beforeSend:function(){//加载中的图片
          $ (".load").css("display","block"); },
        complete:function(){//加载中的图片消失
          $ (".load").css("display","none"); },
        success:function(result){
            if(result.status = = 0){ window.location.href = "main.html";
            }else{ alert(result.msg);   } },
        fail:function(){alert("服务器忙,请稍后再试"); }
      })
```

再次预览调试,当填写账号、密码,并鼠标单击“登录”按钮之后,将会出现短暂的加载图片。

5.1.4 “管理员管理”与“角色管理”页面切换

服务器端向客户端返回的数据格式可以是 HTML、XML 和 JSON。本任务将尝试采用 Ajax 加载服务器端的返回的 HTML 文件,以更新页面内容。

当登录验证通过,执行如下代码:

```
window.location.href = "main.html";
```

页面跳转到 main.html 中(图 5-1-12)。

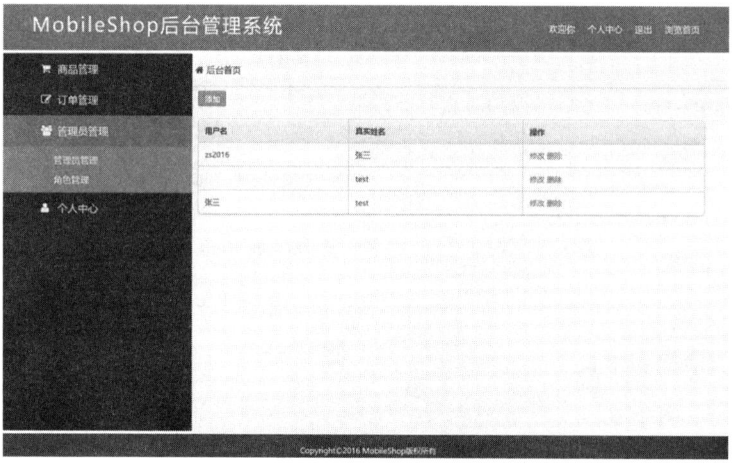

图 5-1-12 后台管理系统首页

这是一个典型的后台管理系统的布局,页面分为页头、左边菜单栏、右边主要内容、页脚四个部分。

步骤 1 HTML 页面布局(图 5-1-13)。

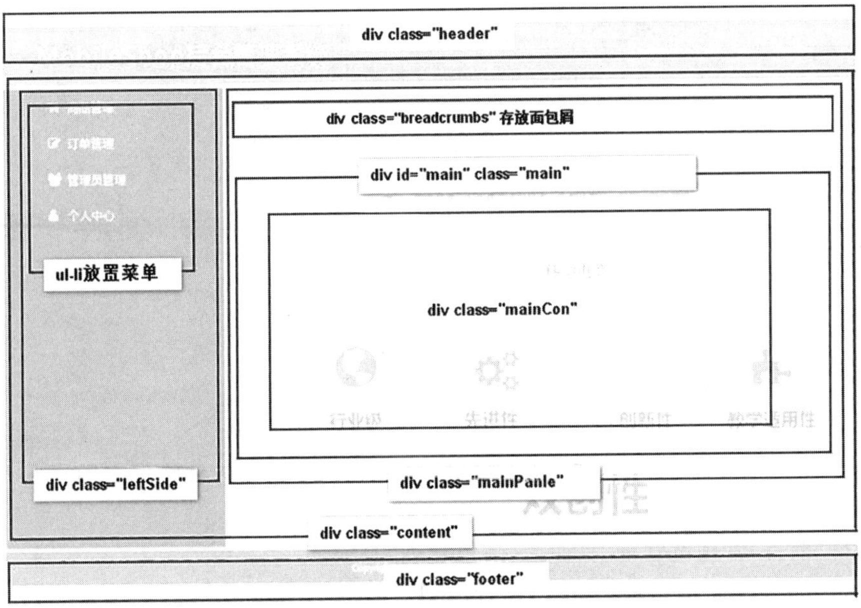

图 5-1-13　后台管理系统首页 HTML 布局

代码如下：

【代码 5-1-16】main. html

```
<div class = "content">
        <div class = "leftSide">
            <ul class = "nav">
              <li >
                <h4 class = "navTitle">
                  <span   class = "fa fa-group (alias) " ></span>
                    管理员管理
                </h4>
                <div class = "item">
                    <a href = "/package/manager. html" id = "managerLink">
管理员管理</a>
                      <a href = "/package/role. html" id = "roleLink">
角色管理</a>
                </div>
              </li>
            </ul>
        </div>
        <div class = "mainPanle" >
            <div   class = "breadcrumbs">
              <ul>
```

```
                    <li><span class = "fa fa-home"></span></li>
                    <li class = "breadcrumb">后台首页</li>
                </ul>
            </div>
            <div id = "main" class = "main">
                <div class = "mainCon" >
                </div>
            </div>
        </div>
    </div>
```

注意：HTML 页面布局完整代码见“main. html”，CSS 样式美化代码见“main. css”文件。二级菜单的显示与隐藏动态效果代码见“main. js”。

步骤 2 准备“管理员管理”页面与“角色管理”页面。

我们要实现当用户鼠标单击“管理员管理”时，右侧 class＝mainCon 的 div 内容为管理员的增删改查；当用户鼠标单击“角色管理”时，右侧内容则更新为角色的增删改查操作。

在“admin”中新建“package”文件夹，在其中新建“manager. html（管理员管理）”和“role. html（角色管理）”。注意观察两个 html 文件的页面结构，要确保当文件内容被加载到 main. html 右侧 class＝mainCon 的 div 中时，结构不出错。

“manager. html”测试代码如【代码 5-1-17】所示，至于样式的实现，依然在“main. css”中。代码如下：

【代码 5-1-17】manager. html

```
    <div class = "btnArea"><a href = "#" id = "addManagerBtn" class = "blueBtn">添加</a> </div>
    <div class = "managerList">
        <table class = "bordered">
            <thead>
                <tr><th>用户名</th><th>真实姓名</th> <th>操作</th></tr>
            </thead>
            <tbody><! --这里动态加载管理员-->
            </tbody>
        </table>
    </div>
```

步骤 3 实现鼠标单击“管理员管理”与“角色管理”，右边的联动切换动效。

新建“manager. js”，并导入“main. html”中去。代码如下：

【代码 5-1-18】manager. js

```
    $ (document). ready(function(){
```

```
        $ ("#managerLink").on('click',function(e){
            e.stopPropagation();
           e.preventDefault();
        //Ajax 加载 manager.html 页面
        var url = "http://localhost:8080/MobileShop/admin" + $ (this).attr("href");
        $ (".mainCon").empty();
        $ (".mainCon").load(url);
    })
})
```

“管理员管理”菜单项的 html 代码如下：

```
<a href = "/package/manager.html" id = "managerLink">管理员管理</a>
```

在 href 属性中，存储了“manager.html”的路径信息，我们可以通过如下代码获取到 url：

```
var url = "http://localhost:8080/MobileShop/admin" + $ (this).attr("href");
```

再通过 .load()方法将“manager.html”加载到右边 div class="mainCon"中去。

.load()方法按照 url 从服务器加载数据，并把返回的数据放置到前面指定的元素中。语法结构如图 5-1-14 所示。

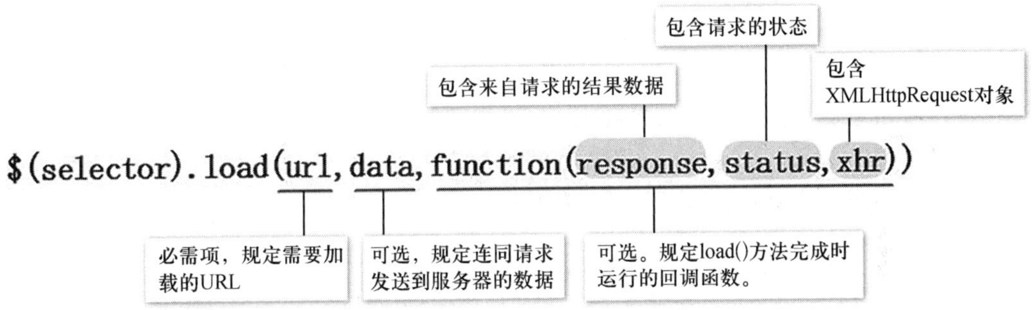

图 5-1-14 .load()方法语法规则

现将“manager.html”加载到页面右边 div class="mainCon"中去。代码如下：

```
$ (".mainCon").load(url);
```

同理，新建“role.js”，完成当鼠标单击菜单“角色管理”时，将“role.html”加载到页面右边 div class="mainCon"中去。

5.1.5 项目梳理

(1)Ajax(Asynchronous JavaScript And XML，即异步 JavaScript 和 XML)，是指一种创建交互式网页应用的网页开发技术；Ajax 工作原理及流程。

(2)原生 JavaScript 代码实现 Ajax 工作流程的方法；Ajax 的核心是 JavaScript 对象 XMLHttpRequest，它提供了对 HTTP 协议的完全访问，包括做出 POST 和 GET 等请求。

(3) JSON 数据格式，JSON.parse()将 JSON 字符串转换为 JavaScript 对象；JSON.stringify()将 JavaScript 对象转换为 JSON 字符串。

(4) \$.post()方法、\$.ajax()方法实现管理员登录功能的步骤。

(5)Ajax 加载服务器端的返回的 HTML 文件的实现步骤及 .load()方法的使用。

任务 5.2 “增删改查”管理数据交互

在任务 5.1 中，我们小试牛刀，初步体会到 Ajax 异步加载所带来的便利。在这个任务中，我们将继续使用 Ajax 完成“管理员模块”的增删改查操作。

5.2.1 加载管理员列表

在任务 5.1.4 中，当管理员鼠标单击“管理员管理”菜单项时，预览效果如图 5-2-1 所示。

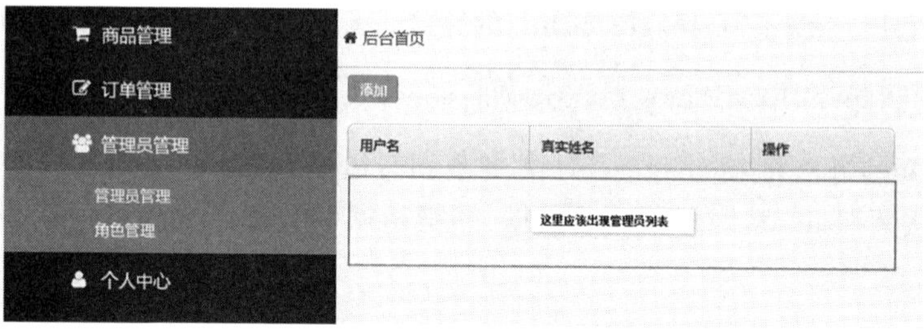

图 5-2-1 预览管理员管理

当鼠标单击左侧“管理员管理”菜单时，不仅加载“manager.html”页面，还要将管理员列表加载在选择器“.managerList tbody”的元素中。

步骤 1 至步骤 3 应该写在【代码 5-1-6】的第 8 行之后。

步骤 1 准备 url。

表 5-2-1 查询所有管理员 API 规划

模块	功能	前台传参	HTTP 方法类型	API 设计
管理员管理	查询所有管理员	无	GET	/admin_manager

从表 5-2-1 构建查询所有管理员 url 如下：

```
var getManagerUrl = "http://localhost:8080/MobileShop/admin_manager";
```

步骤 2 采用 \$.get()、.done()、.fail()向服务器进行 GET 请求。代码如下：

【代码 5-2-1】manager.js

```
$ (document).ready(function(){
    $ ("#managerLink").on('click',function(e){
      ......
   var getManagerUrl = "http://localhost:8080/MobileShop/admin_manager";
```

```
5        $ .get(getManagerUrl)
6        .done(function(data){//请求成功后要执行的代码
7            if(data.status = = 0){
8                //将获取的多个管理员信息,依次输出在页面中
9            }else{
10             alert(data.msg);
11           }
12       })
13       .fail(function(){//请求失败后要执行的代码
14           alert("服务器忙,请稍后再试");
15       });
16       });
17   })
```

步骤 3 采用 for 循环,将管理员依次添加到页面。

在【代码 52-1】的第 8 行写如下代码:

【代码 5-2-2】采用 for 循环将管理员添加到页面

```
for(var i = 0;i<data.data.length;i + + ){
    var name = data.data[i].username;
    var realName = data.data[i].real_name;
    var adminId = data.data[i].admin_id;
     var codeStr = "<tr class = 'item'> <td>" + name + "</td> <td>" + realName + "</td><td><a href = '#' class = 'edit' data-adminId = '" + adminId + "'>修改</a> <a href = '#' class = 'delete' data-adminId = '" + adminId + "'>删除</a></td></tr>";
    $ (".managerList tbody").append(codeStr);
    }
```

其中 data.data.length 可以获取到管理员的总数。

采用 data.data[i].username 可以获取到第 i+1 个管理员的用户名。

在构建 codeStr 时,构建 data-admin 属性存储管理员的 adminId 值,方便后期做管理员修改、管理员删除操作。注意构建 codeStr 时,单引号和双引号的使用。

预览效果如图 5-2-2 所示。

图 5-2-2 加载管理员列表

5.2.2 删除管理员

当管理员鼠标单击“删除”按钮时，将会向服务器发送删除这一管理员的指令，并从管理员列表中删除该行。

步骤 1 为“删除”按钮添加鼠标单击事件，并制定事件发生时运行 deleteManager()方法。代码如下：

【代码 5-2-3】manager.js

```
$ (".managerList tbody .delete").on("click",deleteManager);
  function deleteManager(){
     //步骤 2 至步骤 4“删除管理员”代码写在这里
  }
```

步骤 2 构建 url。

获取之前绑定在“删除”按钮上的管理员 ID 信息：

```
var adminId = $ (this).attr("data-adminId");
```

表 5-2-2 删除管理员 API 规划

模块	功能	前台传参	HTTP 方法类型	API 设计
管理员管理	删除管理员	adminId	DELETE	/admin_manager/{adminId}

按照表 5-2-2 所示，构建 url 如下：

```
var url =  "http://localhost:8080/MobileShop" + "/admin_manager/" + adminId;
```

步骤 3 采用 $.ajax( )进行 Ajax 操作。代码如下：

【代码 5-2-4】$.ajax( )向服务器发送 DELETE 请求

```
  $ .ajax({
      type: 'DELETE',
  url:url,
  success:function(data){
      alert(data.msg);
            //步骤 4 的移除管理员代码写在这里
                  }
});
```

步骤 4 从列表中移除该管理员。

对列表中所有管理员进行遍历，只要发现 data-adminId 的值为当前 adminId，则移除。代码如下：

【代码 5-2-5】从页面中移除某管理员

```
   $ (".managerList tbody .item").each(function(){
   if( $ (this).find(".delete").attr("data-adminId") = = adminId)
```

```
    $ (this).remove();
 });
```

步骤 5 在浏览器中进行测试预览。

5.2.3 添加管理员

"添加管理员"工作流程如下：

(1)当管理员鼠标单击"添加"按钮时，会弹出"添加管理员"弹出层和黑色遮罩层(图 5-2-3)。

图 5-2-3 添加管理员

(2)填写"手机""真实姓名""角色 ID"之后。

(3)鼠标单击"添加"按钮，获取到第 2 点中所述信息，向服务器发送 POST 请求。

(4)添加管理员成功之后，将在"管理员列表"最后添加一行，展示该管理员信息。

(5)当鼠标单击 ✖ 按钮时，关闭"添加管理员"弹出层，同时黑色遮罩层消失。

1. 准备工作

步骤 1 构建"添加管理员"弹出层。

在 manager.html 代码最前面添加"添加管理员"弹出层。代码如下：

【代码 5-2-6】manager.html

```
<div class = "addManager">
    <div class = "addManagerCon">
    <h1>添加管理员</h1>
    <a  href = "#" class = "closeManagerBtn"><span class = "fa fa-close (alias)"> </span></a>
    <form id = "addManager_form">
      <div class = "addManager-same">
          <dl>
              <dt>手机:</dt>
                <dd><input type = "text" class = "text" value = "" id = "mobile" placeholder = "手机"></dd>
            </dl>
```

```
            <dl>
              <dt>真实姓名:</dt>
              <dd>
               <input type="text" class="text" value="" id="realName" placeholder="真实姓名">
             </dd>
           </dl>
           <dl>
               <dt>角色</dt>
              <dd><input type="text" class="text" value="" id="roleId" placeholder="角色 ID">
              </dd>
            </dl>
            <dl>  <dt> </dt>
                    <dd><a href="#"  class="addManager_ent"  id="btn1">添加</a></dd>
             </dl>
        </div>
      </form>
    </div>
 </div>
```

步骤 2　构建黑色遮罩层。代码如下：

【代码 5-2-7】manager. html

```
<div class="blackCover"></div>
```

步骤 3　“添加管理员”弹出层和黑色遮罩层均为绝对定位，初始状态均设置为“display:none;”。

2. jQuery Ajax 实现“添加管理员”功能

步骤 1　当管理员鼠标单击“添加”按钮时，会弹出“添加管理员”弹出层和黑色遮罩层。代码如下：

【代码 5-2-8】manager. js

```
$("#addManagerBtn").on("click",function(e){
        e.stopPropagation();
        e.preventDefault();
        $(".blackCover").fadeIn();//显示黑色遮罩层
        $(".addManager").fadeIn();//显示“添加管理员”弹框
});
```

步骤 2　当鼠标单击关闭按钮时，关闭“添加管理员”弹出层，同时黑色遮罩层消失。代码如下：

【代码 5-2-9】manager. js

```
$ (".closeManagerBtn").on("click",function(e){
        $ (".blackCover").fadeOut(1000); //隐藏黑色遮罩层
        $ (".addManager").fadeOut(1000 );//隐藏"添加管理员"弹框
    });
```

步骤 3 为"添加"按钮添加鼠标单击事件。代码如下：

【代码 5-2-10】manager. js

```
$ ("#btn1").on("click",function(e){
    e.preventDefault();
    e.stopPropagation();
  //步骤 4 至步骤 6
});
```

步骤 4 准备数据。代码如下：

【代码 5-2-11】准备数据

```
var realName = $ ("#realName").val().trim();
var mobile =  $ ("#mobile").val().trim();
var roleId = $ ("#roleId").val().trim();
var data = {"mobile": mobile,"realName":realName,"roleId":roleId};
```

步骤 5 构建 url。

表 5-2-3 管理员 API 规划

模块	功能	前台传参	HTTP 方法类型	API 设计
管理员管理	新增管理员	mobile、realName、roleId	POST	/admin_manager

按照表 5-2-3 所示，构建 url 如下：

```
var url = "http://localhost:8080/MobileShop/admin_manager";
```

步骤 6 采用 $. ajax()方法向服务器发送 POST 请求。代码如下：

【代码 5-2-12】采用 $. ajax()方法向服务器发送 POST 请求

```
$ .ajax({
     type:"post",
     data:data,
     url:url,
     timeout:2000,
     success:function(data){
         if(data.status == 0){alert(data.msg);
             //构建 codeStr,将该管理员添加到列表中去
```

```
                    var codeStr =  "<tr class='item'> <td>" + data.data.userName + "</td> <td>" + data.data.real_name + "</td><td><a href='#' class='edit' data-adminId='" + data.data.admin_id + "'>修改</a> <a href='#' class='delete' data-adminId='" + data.data.admin_id + "'>删除</a></td></tr>"
                    $(".managerList tbody").append(codeStr);
                }else{ alert(data.msg); }
            },
            fail:function(){ alert("服务器忙,请稍后再试"); }
        });
```

5.2.4 修改管理员

“修改管理员”工作流程如下：

(1)当管理员鼠标单击“修改”按钮时，会弹出“修改管理员”弹出层和黑色遮罩层。如图 5-2-4 所示，“修改管理员”弹出层上已经有“用户名”“密码”“邮箱”“性别”等基本信息。

图 5-2-4 修改管理员

(2)填写新的“用户名”“密码”“邮箱”“性别”。

(3)鼠标单击“保存”按钮，获取到第 2 点中所述信息，向服务器发送 POST 请求修改管理员信息。

(4)当鼠标单击 ✖ 按钮时，关闭“修改管理员”弹出层，同时黑色遮罩层消失，并更新管理员列表。

1. 准备工作

步骤 1 构建“修改管理员”弹出层。

我们在 5.2.3 的黑色遮罩层前添加一个“修改管理员”弹出层。代码如下：

【代码 5-2-13】manager.html

```
<div class="editManager">
    <div class="editManagerCon">
        <h1>修改管理员</h1>
        <a  href="#" class="closeEditManagerBtn"><span class="fa fa-close (alias)"> </span></a>
```

```
            <form id = "editManager_form">
                <div class = "editManager-same">
                    <dl><dt>用户名:</dt>
                    <dd><input type = "text" class = "text" value = "" id = "username" placeholder = "用户名"></dd>
                    </dl>
                    <dl><dt>密码:</dt>
                    <dd><input type = "password" class = "text" value = "" id = "password" placeholder = "密码"></dd>
                     </dl>
                    <dl><dt>邮箱:</dt>
                    <dd><input type = "text" class = "text" value = "" id = "email" placeholder = "邮箱地址"></dd>
                    </dl>
                    <dl> <dt>性别:</dt>
                    <dd>男<input type = "radio" value = "0"  name = "sex" id = "man">
                        女<input type = "radio" value = "1"  name = "sex" id = "woman">
                    </dd>
                    </dl>
                    <dl><dt> </dt>
                    <dd><a href = "#"  class = "editManager_ent"  id = "editManagerbtn">保存</a></dd>
                    </dl>
                   </div>
                </form>
            </div>
    </div>
```

步骤2 “修改管理员”弹出层设置为绝对定位，与黑色遮罩层一样，初始状态均设置为“display:none;”。

2. jQuery Ajax实现“修改管理员”功能

步骤1 当鼠标单击“修改”按钮时，会弹出“修改管理员”弹出层和黑色遮罩层。代码如下：

【代码5-2-14】manager.js

```
$ (".managerList tbody .edit").on("click",function(){
    $ (".blackCover").fadeIn(1000);
```

```
        $ (".editManager").fadeIn(1000);
          //步骤 3 至步骤 6 代码写在这里
      });
```

步骤 2 当鼠标单击关闭按钮时，关闭“添加管理员”弹出层，同时黑色遮罩层消失。代码如下：

【代码 5-2-15】manager.js

```
      $ (".closeEditManagerBtn").on("click",function(e){
          $ (".blackCover").fadeOut(1000);
          $ (".editManager").fadeOut(1000 );
        //模拟鼠标单击“管理员管理”菜单选项，重新加载刷新管理员列表
      });
```

步骤 3 “修改管理员”弹出层初始数据设置。

表 5-2-4 管理员 API 规划

模块	功能	前台传参	HTTP 方法类型	API 设计
管理员管理	根据 id 查询管理员	adminId	GET	/admin_manager/{adminId}

按照表 5-2-4 所示，构建 url 如下：

```
   var adminId =  $ (this).attr("data-adminId");//之前将 adminId 绑定在“修改”按
钮的属性 data-adminId 上
   var url =  "http://localhost:8080/MobileShop" + "/admin_manager/" + adminId;
```

采用$.get()方法从服务器上获得管理员信息，填入“修改管理员”弹出层的表单中。代码如下：

【代码 5-2-16】$.get()方法从服务器上获取到的管理员信息

```
   $ .get(url)
   .done(function(data){
         if(data.status = = 0){
      $ ("#username").val(data.data.username);
            $ ("#password").val("");
            $ ("#email").val(data.data.email);
            var sex = data.data.sex;
            $ ('.editManagerCon input[name = "sex"]').each(function(i){
                  if($ (this).val() = = sex)  {  $ (this).attr("checked",
"checked");}
            });
      }else{alert(data.msg);}
   });
```

步骤 4 为按钮“修改”添加鼠标单击事件，并准备数据。代码如下：

【代码 5-2-17】为按钮“修改”添加鼠标单击事件

```
$ ("#editManagerbtn").on("click",function(){
        var username =   $ ("#username").val().trim();
        var password =   $ ("#password").val().trim();
        var email = $ ("#email").val().trim();
        var sex =   $ ('.editManagerCon input[name = "sex"]:checked ').val();
  //获取选择的性别的值
        var data = {"adminId":adminId,"username":username,"password":
  password,"email":email,"sex":sex};
              //步骤 6 的代码放在这里
            });
```

步骤 5 构建 url。

表 5-2-5 根据 id 更新管理员 API 规划

模块	功能	前台传参	HTTP 方法类型	API 设计
管理员管理	根据 id 更新管理员信息	adminId、username、password、email、sex	PUT	/admin_manager/{adminId}
注意：sex 0：男 1：女				

按照表 5-2-5 所示，url 构建方式如下：

```
var url = "http://localhost:8080/MobileShop/admin_manager";
```

步骤 6 采用 $.ajax() 使用 PUT 方式，修改管理员信息。代码如下：

【代码 5-2-18】$.ajax()向服务器发送 PUT 请求

```
     $.ajax({type:'PUT',
              data:data,
              url:url,
              timeout:2000,
              success:function(data){
                  if(data.stuts = = 0){ alert(data.msg);
                                        }else{ alert(data.msg);}
                  }, fail:function(){ alert("服务器忙，请稍后再试"); }
            });
```

步骤 7 模拟鼠标单击事件。

jQuery 中，可以采用方法 .trigger() 模拟事件的发生。如果想实现当点击关闭按钮时，模拟鼠标单击“管理员管理”菜单选项，重新加载刷新管理员列表。需要在步骤 2 新添加一行代码：

```
$ ("#managerLink").trigger("click");
```

步骤 8 点击“修改管理员”关闭按钮，当管理员用户名被修改时会修改管理员列表中的用户名(图 5-2-5)。

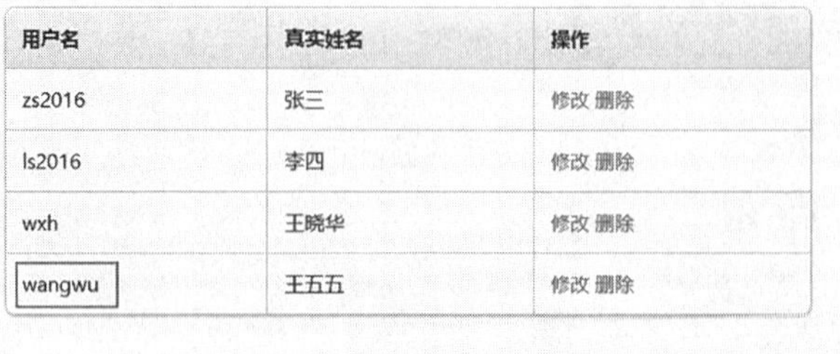

图 5-2-5 管理员用户名被修改

5.2.5 项目梳理

(1)jQuery Ajax 实现前后端数据交互的流程。

(2)\$.get()方法向服务器端发送 GET 请求，并从服务器端获取数据，展示在页面中的步骤及方法。

(3)\$.ajax()向服务器端发送 DELETE、POST、PUT 请求的步骤及方法。

【师傅小结】

通过本项目的学习，掌握 Ajax 与 JSON 的基础知识。通过原生 JavaScript 代码实现 Ajax 工作流程，更加理解 JavaScript 对象 XMLHttpRequest。掌握 jQuery Ajax 实现前后端数据交互的流程及方法如下图所示。

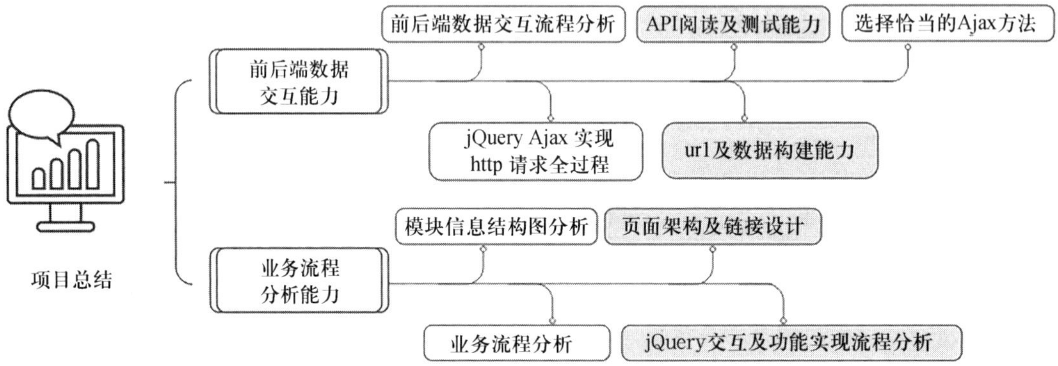

技能训练引导图 3

通过本项目的学习，提高前后端数据交互能力及业务流程分析能力。

【学徒思考】

通过本项目我学习了 Ajax 与 JSON 的基础知识。我将进一步思考如下问题如何完成?

(1)完成下表和图中所示，“加载角色列表”“删除角色”“添加角色”“修改角色”的功能。

角色管理模块 API 规划

模块	功能	前台传参	HTTP 方法类型	API 设计
角色管理模块	新增角色	name、description	POST	/role
	查询所有角色	无	GET	/role
	根据 id 更新角色	roleId、name、description	PUT	/role/{roleId}
	根据 id 删除角色	roleId	DELETE	/role/{roleId}

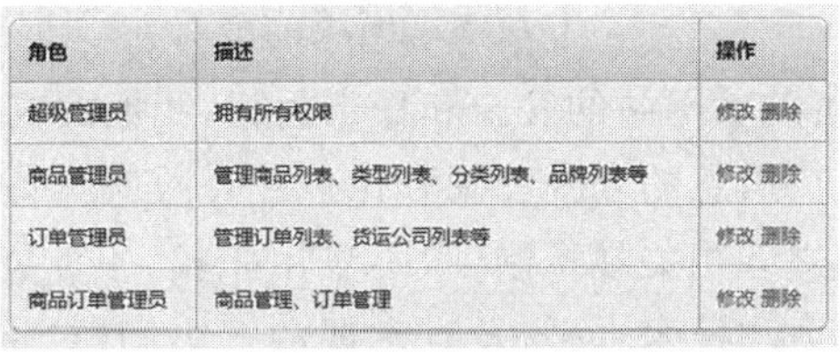

角色	描述	操作
超级管理员	拥有所有权限	修改 删除
商品管理员	管理商品列表、类型列表、分类列表、品牌列表等	修改 删除
订单管理员	管理订单列表、货运公司列表等	修改 删除
商品订单管理员	商品管理、订单管理	修改 删除

角色列表

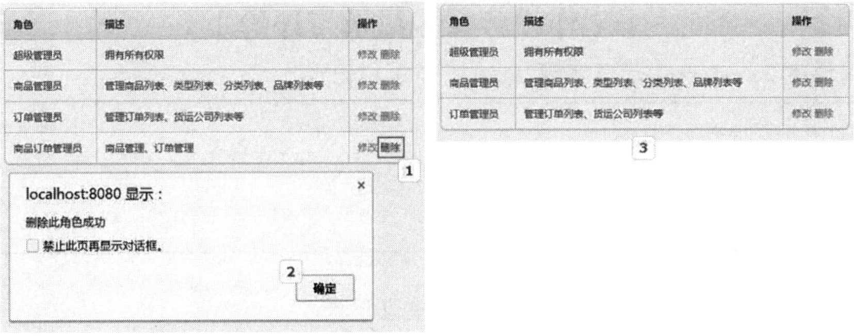

删除角色

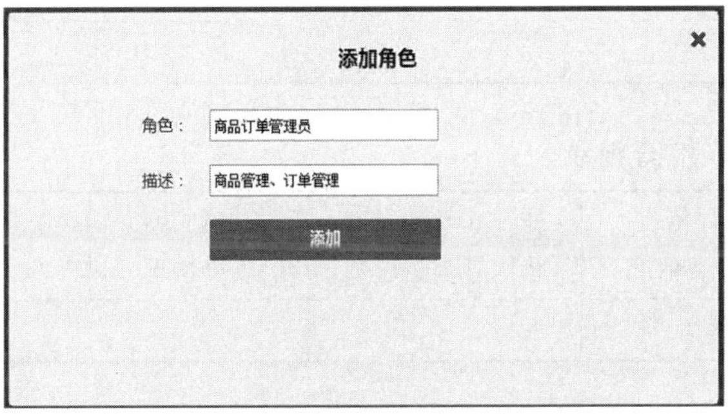

添加角色

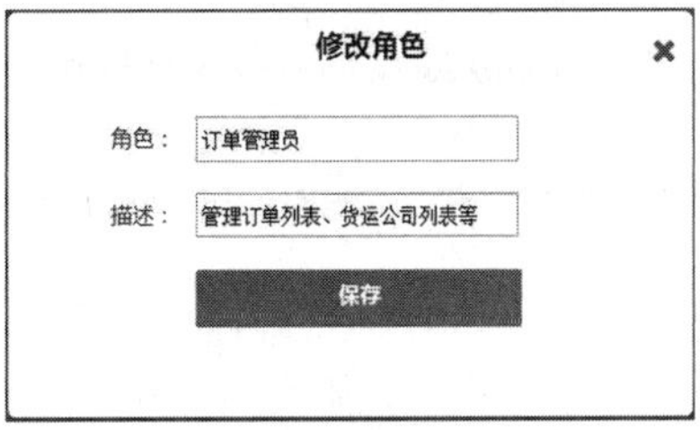

修改角色

(2)按下表所示,完成"个人中心"的"账户管理"功能。

管理员账户管理模块 API 规划

模块	功能	前台传参	HTTP 方法类型	API 设计
管理员管理模块	更新电话和真实姓名	adminId、mobile、realName、roleId	PUT	/admin_manager/info/{adminId}

【思政园地】

管理员管理模块的构建关乎网站的安全和稳定运行,我们要高度重视。在构建过程中,我们要坚守安全底线,确保用户信息的安全和隐私保护。一般应具备高度的责任心和使命感,认真履行管理员的职责,严格遵守相关规章制度,不滥用职权,不泄露用户信息。作为代码编写者,不断提升自己的管理能力和技术水平,及时发现和解决问题,保障网站的正常运行。要积极学习和借鉴先进的管理经验和技术,为网站的发展提供有力支持。

【工作任务实施记录与评价】

1. 使用原生 JavaScript 代码实现 Ajax 工作流程记录

师傅指导记录	工作流程评价	评价成绩
		年　月　日

2. 使用 jQuery Ajax 制作管理员登录功能检查记录

检查质量评价	是否提取输入的数据	"管理员管理"页面与"角色管理"页面是否正确	评价成绩	评价日期

3. 加载管理员列表检查记录

检查质量评价	for 循环依次添加页面情况	是否 data. length 获取管理员总数	其他创新与改进情况	评价成绩	评价日期

4. 增删改数据检查记录

检查质量评价	是否实现删除功能	是否实现修改功能	是否实现新增功能	评价成绩	评价日期

5. 学徒关键职业能力及职业品质、工匠精神评价

项目	A	B	C	D
工作态度				
学习能力				
团队协作				
沟通交流				
编码素养				
认真负责				

6. 页面网址附在此处

项目6
后台管理模块构建

知识目标：

- 认知理解 Backbone 类库。
- 理解 Backbone 事件管理机制。
- 理解 Backbone 模型。

技能目标：

- 掌握 Backbone 实现商品的增删改查。

素质目标：

- 养成严谨、细心的职业素养。
- 具有良好的职业道德，能自觉遵守行业法规、规范和企业规章制度。
- 具有良好的人际交往、团队协作能力和客户服务意识。

【任务目标与质量要求】

在师傅带领与指导下，熟悉 Backbone，能够创建 Backbone 页面，实现“商品管理”模块导航，实现“上架商品”模块（下架、删除、编辑、搜索）。

【学习产出目标】

（1）创建 Backbone 页面。

（2）制作“商品管理”模块导航。

（3）制作“上架商品”模块（下架、删除、编辑、搜索）。

任务 6　基于 Backbone 框架构建后台管理模块

任务 6.1　框架选择

6.1.1　Backbone 框架简介

Backbone 是构建 JavaScript 应用程序的优秀的类库，它简洁、轻量级、功能实在。

如图 6-1-1 所示，直接面对用户的是 DOM 层，由静态 HTML 代码组成。Backbone. View 负责响应 DOM 层用户与 Web 应用之间的人机交互，实现界面与数据模型之间的关联。Backbone. Model 与 Backbone. Collection 负责维护数据，底层的 Ajax 完成最终与服务器的通信。

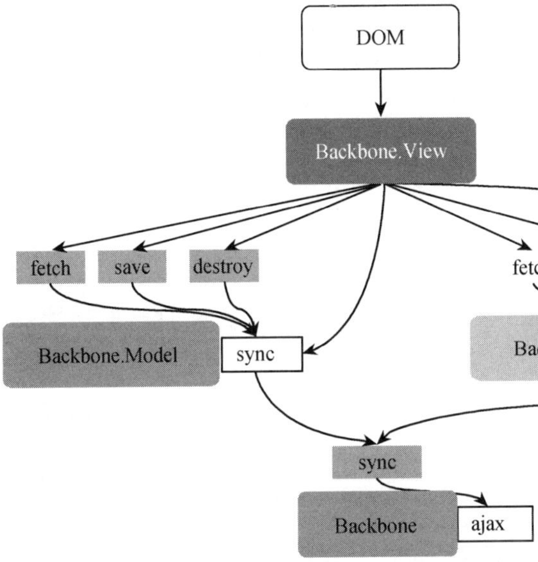

图 6-1-1　Backbone 架构图

此外，Backbone 还依赖于 Underscore。Underscore 作为 Backbone 赖以生存的 JavaScript 库，也是相当的简洁，它具有 60 多个独立的函数提供了丰富实用的功能。

Backbone 支持 jQuery 或 Zepto（Zepto 是一个轻量级的针对现代高级浏览器的 JavaScript 库，它的 api 与 jquery 类似），我们这里选择采用 jQuery。

6.1.2　第一个 Backbone 页面

从图 6-1-1 Backbone 架构图可以看出，Backbone 的数据结构采用模型（model）和集合（collection）来进行构建，通过视图（View）绑定页面中的 DOM 元素，并将数据显示在 DOM 元素中。

我们以一个被简化了的商品列表为例，快速构建一个 Backbone 页面（图 6-1-2）。

商品编号	商品名称	销售价格
sp001	汇源果汁	4.5
sp002	圣诞袜子	8
sp003	圣诞苹果	20

图 6-1-2 商品列表

1. 搭建 Backbone 应用开发运行环境

官网下载 Underscore、Backbone 的 js 文件，放置于“plug”文件夹。在项目根目录下创建 backboneDemo 文件夹，并新建 demo1.html、demo1.css、demo1.js 文件。因为依赖关系，在 demo1.html 中加载 js 文件时，需要按照 jQuery、Underscore、Backbone 的顺序依次引入。代码如下：

【代码 6-1-1】加载 js 文件

```
<script  src="../plug/jquery-3.1.1.js" type="text/javascript"></script>
<script  src="../plug/underscore-min.js" type="text/javascript"></script>
<script  src="../plug/backbone-min.js" type="text/javascript"></script>
<script src="demo1.js"></script><!--该例的 backbone 代码见 demo1.js-->
```

2. 构建 HTML 页面

按照图 6-1-2 所示，搭建页面。代码如下：

【代码 6-1-2】demo1.html

```
<!DOCTYPE html>
<html lang="en">
    <head> <meta charset="utf-8"><title>第一个 Backbone 页面</title>
      <link type="text/css" rel="stylesheet" href="demo1.css" /> <!--该例的样式详见 demo1.css-->
    </head>
    <body>
      <div style="width:400px;" >
          <table class="bordered">
                  <thead>
                    <tr><th>商品编号</th> <th>商品名称</th> <th>销售价格</th></tr>
                  </thead>
                  <tbody id="goodsInfo"><!--这里由 Backbone 加载进来  -->
                  </tbody>
              </table>
      </div>
```

```
        <script  src="../plug/jquery-3.1.1.js" type="text/javascript"></script>
        <script  src="../plug/underscore-min.js" type="text/javascript"></script>
        <script  src="../plug/backbone-min.js" type="text/javascript"></script>
        <script src="demo1.js"></script><!--该例的 backbone 代码见demo1.js-->
    </body>
</html>
```

其中,id 为"goodsInfo"的 tbody 标签,将用来放置由 Backbone 加载出来的商品列表数据。

3. Backbone 实现商品列表的展示

步骤 1 创建数据模型。

在 Backbone 中,通过 Model.extend()方法创建一个数据模型。代码如下:

【代码 6-1-3】demo1.js

```
$ (document).ready(function(){
var  GoodsItem  =  Backbone.Model.extend({//创建模型类
    defaults:{
        sn:"",
        name:"",
        price:""
    }
});
//步骤 2 至步骤 3 代码写在这里
});
```

创建数据模型时,通过 defaults,可以设置数据模型对象的属性名称,这里为商品设置了"sn"、"name"、"price"三个属性。

步骤 2 创建集合类并实例化。

在 Backbone 中,集合是一组模型的有序组合,这里有多条商品信息,因此需要创建集合类。通过 Collection.extend()方法创建一个集合类。代码如下:

【代码 6-1-4】创建集合类并实例化

```
    var  GoodsList  =  Backbone.Collection.extend({
   model:GoodsItem
});
```

其中,在定义 GoodsList 集合类时,通过 model 属性,为 GoodsList 集合类指定依赖于 GoodsItem 的模型类。代码如下:

【代码 6-1-5】创建一个 GoodsList 集合类的对象

```
//data 变量虚拟一组数据
var data = [
                {"sn":"sp001","name":"汇源果汁","price":"4.5"},
        {"sn":"sp002","name":"圣诞袜子","price":"8"},
        {"sn":"sp003","name":"圣诞苹果","price":"20"}
        ];
   //实例化集合,并将 data 传递给它
   var goodsList = new GoodsList(data);
```

代码中,通过 data 定义一组商品数据,当执行代码"var goodsList = new GoodsList(data);"时,会自动创建一个 GoodsList 集合类的对象,它里面存有一组 GoodsItem 模型。

步骤 3 创建视图类并实例化。

在 Backbone 中,通过 View.extend()方法创建一个视图类,然后实例化。代码如下:

【代码 6-1-6】创建视图类并实例化

```
 //创建视图类
var GoodsListView = Backbone.View.extend({
    el: $ ("body"),
        initialize: function () {
        this.render();
       },
       render: function(){
        for(var i = 0;i < goodsList.models.length;i + + ){
       $ ("#goodsInfo").append("<tr class = 'item'> <td >" + goodsList.
models[i].get("sn") + "</td> <td>" + goodsList.models[i].get("name") +
"</td><td>" + goodsList.models[i].get("price") + "</td></tr>");
         }
       }
   });
   //实例化视图
 var goodListView = new GoodsListView;
```

所有视图(View)都拥有一个 DOM 元素,可以通过 el 属性设置,这个 DOM 元素可以是页面已存在的元素,也可以是暂时不存在的元素。定义 GoodsListView 类时,代码"el: $("body")",即设置 GoodsListView 指向页面中的 body 元素。

initialize 在实例化视图时会被自动调用,代码"this.render();"即调用下面定义的 render 渲染函数。

render 渲染函数定义视图显示的内容,并完成渲染。其中"goodsList.models.length"可以获取到集合中模型对象数组的长度。通过"goodsList.models[i]"获取到第 i+1(i 从 0 开始)个模型对象。再通过 get 方法获取到属性的值,如代码"goodsList.models[0].get ("name")"就是获取第1个商品的商品名。

代码中通过 append 的方式将每条商品信息添加到 div 中，这种方式并不十分可取，6.1.6 是采用模板的方式帮助布局 html 结构。

6.1.3 事件管理

在 Backbone 中，数据模型与视图之间的联动变化极为流畅，当数据模型发生变化时，视图跟随数据模型的变化自动刷新。这都归功于 Backbone 事件管理机制，视图通过侦听数据模型的变化自动重新渲染。

事件模块 Backbone. Events 的事件管理是通过图 6-1-3 中所示方法来完成的。

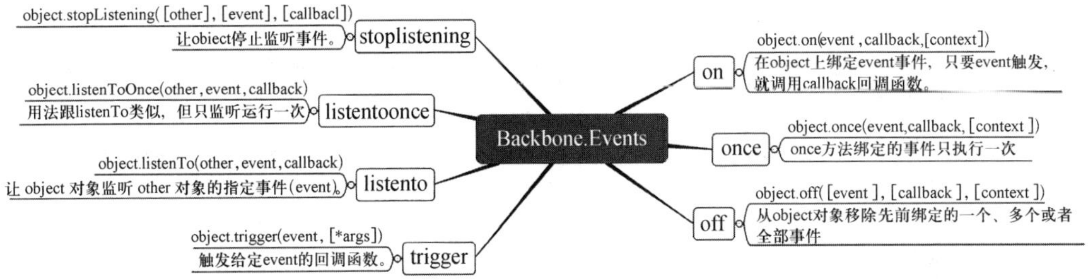

图 6-1-3　Backbone. Events 模块

现在我们尝试用 on 方法为对象绑定事件。代码如下：

【代码 6-1-7】demo3. js

```
        var GoodsItem = Backbone.Model.extend({defaults:{sn:"",name:"",
price:""} });//Model 类
        var newGoods = new GoodsItem();//实例化 GoodsItem 类
        newGoods.on("change",function(){ //为 newGoods 绑定 change 事件
                console.log("监听到 Model 对象 newGoods 的 change 事件:");
                console.log(newGoods.toJSON());
                console.log(newGoods.get("name"));
        });
newGoods.set( {sn:"sp110",name:"书籍《Web 前端开发技术》",price:"50"});
//采用 set()方法，设置 newGoods 值
```

代码中，newGoods 是我们定义的 GoodsItem Model 类的一个对象，当采用 set()方法设置 newGoods 值后，Model 对象 newGoods 发生了变化，即触发了 change 事件。代码如下：

【代码 6-1-8】为 newGoods 绑定 change 事件

```
        newGoods.on("change",function(){
            //当 newGoods 触发 change 事件时，会触发该回调函数
        });
```

在 chrome 中预览效果(图 6-1-4)。

图 6-1-4　预览控制台输出

当 Model 的属性值发生变化时，就会促发该 Model 的 change 事件。在 Backbone 中，还有如下事件可供我们使用（图 6-1-5）。

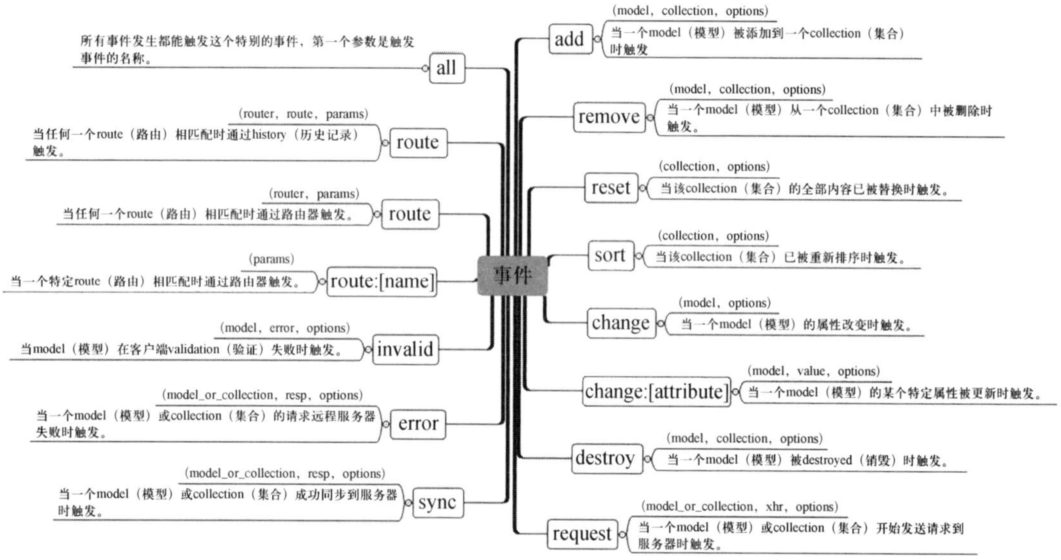

图 6-1-5　Backbone 事件目录及参数

注意，all 事件较为特殊，该事件无论子对象触发任何自身事件或执行自定义函数时，它都会执行。

Backbone 的事件管理机制，可以实现视图-模型之间的数据监听与联动。

接下来，我们在 6.1.2 的基础之上，实现添加商品的功能。也就是通过事件监听，实现当 Collection 发生变化时，View 随之变化（图 6-1-6）。

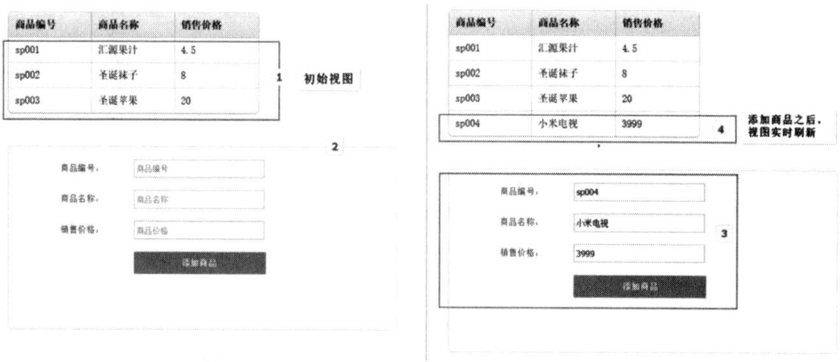

图 6-1-6　添加商品实时刷新视图

步骤 1 在 6.1.2 的基础页面上，新增一个"添加商品"模块。代码见"WebContent/backboneDemo"中的"demo2.html"与"demo2.css"。

步骤 2 为"添加商品"按钮添加鼠标单击事件。代码如下：

【代码 6-1-9】demo2.js

```
$ (document).ready(function(){
    //创建 GoodsItem 模型、GoodsList 集合代码省略，详见 demo1.js
    $ ('.addBtn').on('click',function(e){
        e.preventDefault();
        e.stopPropagation();
        //获取表单中数据
        var goodsId = $ ("#goodsId").val().trim();
        var goodsName =  $ ("#goodsName").val().trim();
        var price =$ ("#price").val().trim();
        //创建一个 GoodsItem 模型对象
        var newGoods = new GoodsItem();
        newGoods.set( {"sn":goodsId,"name":goodsName,"price":price});
        //添加到 goodsList 集合对象中去
        goodsList.push(newGoods);
        //在控制台输出一次
        for(var i=0;i<goodsList.models.length;i++){
        console.log(goodsList.models[i].toJSON());
        }
    });
});
```

在 chrome 中预览，当用户填写新商品信息并提交后，控制台中立刻输出当前的 goodsList 对象，如图 6-1-7 所示，可以看出，我们已经成功将新商品添加到 goodsList 对象的最后。

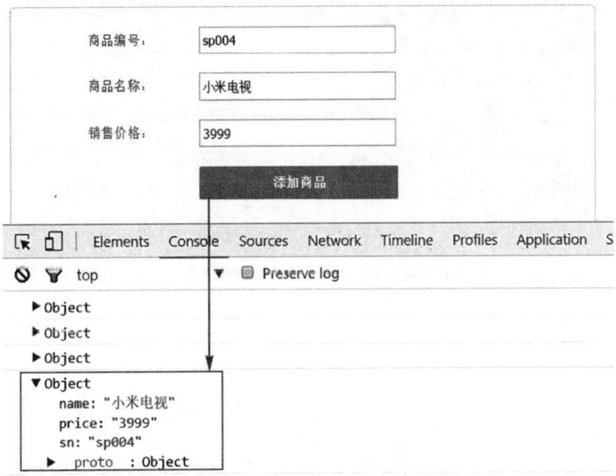

图 6-1-7 查看控制台输出

步骤 3 为视图添加事件监听。

为了让 Collection 对象的改变能被 View 监听到，并重新渲染 View，需要采用 listenTo() 方法为 View 添加事件监听。

从图 6-1-8 中可以看出 listenTo()方法的语法规则如下：

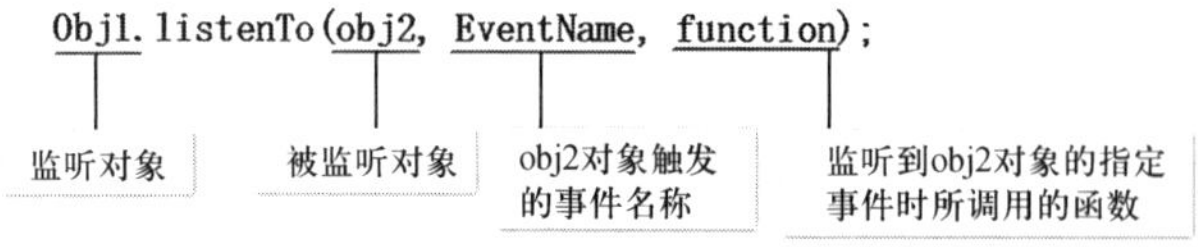

图 6-1-8 listenTo 语法规则

完整代码如下：

【代码 6-1-10】demo2. js

```
$ (document). ready(function(){
//创建模型类
var  GoodsItem = Backbone. Model. extend({defaults: {sn:"",name:"",price:""}});
//创建集合类
var  GoodsList = Backbone. Collection. extend({model: GoodsItem});
var data =[
            {"sn":"sp001","name":"汇源果汁","price":"4.5"},
          {"sn":"sp002","name":"圣诞袜子","price":"8"},
          {"sn":"sp003","name":"圣诞苹果","price":"20"}
         ];
   //实例化集合,并将数据传递给它
   var goodsList = new GoodsList(data);
  //创建视图类
  var GoodsListView = Backbone. View. extend({
      el: $ ("body"),
      initialize: function () {
          this. listenTo(goodsList, 'add', this. render);//采用 listenTo 监听goodsList 的 add 事件
      },
      render: function(){
              $ ("#goodsInfo"). empty();//清空商品列表
              for(var i=0;i < goodsList. models. length;i++){//重构商品列表
              $ ("#goodsInfo"). append("<tr class='item'> <td >" + goodsList. models[i]. get("sn") + "</td> <td>" + goodsList. models[i]. get("name") + "</td><td>" + goodsList. models[i]. get("price") + "</td></tr>");
              }
      }
```

```
25      });
26      //实例化视图
27      var goodListView = new GoodsListView;
28      goodListView. render();
29      $ ('. addBtn'). on('click',function(e){
30      //省略,详见代码 6-1-4
31      });
32  });
```

代码第 17 行中,this 是指当前 GoodsListView 类的对象,按照图 6-1-5 的事件目录可知,当 Model 添加到 Collection 这种情况,会触发 add 事件。整句实现的功能是:为当前的 GoodsListView 对象设置一个事件监听,监听 goodsList 对象,当 goodsList 对象触发 add 事件时,通过 this. render 执行当前 GoodsListView 对象的渲染函数 render,在渲染函数 render 中,首先 empty()清空商品列表,再通过 for 循环重构商品列表,从而达到刷新视图的目的。

6. 1. 4 Backbone 模型

模型(Model)是 Backbone 中所有数据模型的基类,用于封装原始数据,并提供对数据进行操作的方法,我们一般通过继承的方式来扩展和使用它。

在数据库开发中,我们曾遇见过 ORM(对象关系映射)的概念,而 Backbone 中的 Model 就像是映射出来的一个数据对象,它可以对应到数据库表中的某一条记录,并通过操作对象,将数据自动同步到服务器数据库中。

1. 数据模型类及构造函数

我们采用 Model. extend()创建数据模型,其中可以重构默认的构造函数 initialize,每次实例化时,initialize 函数会首先被调用。还可以通过 defaults 来初始化数据模型,如我们对【代码 6-1-3】进行改造,添加一个 initialize 构造函数,在构造函数中,修改属性“sn”“name”“price”的值,并输出。代码如下:

【代码 6-1-11】WebContent/backboneDemo/demo4. html 中 js 代码

```
    var  GoodsItem = Backbone. Model. extend({
      initialize: function() {
                console. log("进构造函数");
          this. set("sn","sp000");
                this. set("name","Mobileshop 商品");
                this. set("price","0");
                console. log("构造函数中设置      商品编号:" + this. get('sn') + "商品名称" + this. get('name') + "      商品价格:" + this. get('price'));
      },
        defaults: {sn:"",name:"",price:""}
    });
```

```
        var newGoods = new GoodsItem();//实例化 GoodsItem
        newGoods.on("change",function(){
          console.log("监听到 Model 对象 newGoods 的 change 事件:");
            console.log("采用 toJSON 方法访问  商品编号:" + newGoods.toJSON().sn + "
  商品名称" + newGoods.toJSON().name + "    商品价格:" + newGoods.toJSON().price);
          console.log("采用 get 方法访问  商品编号:" + newGoods.get('sn') + "
  商品名称" + newGoods.get('name') + "    商品价格:" + newGoods.get('price'));
        });
        newGoods.set( {sn:"sp110",name:"书籍《Web 前端开发技术》",price:"50"});
```

2. 设置数据、读取数据

在 Backbone 中,设置数据采用 set 方法去实现。当只设置一个属性时,语法规则如下:

```
model.set(attributeName, attributeValue)
```

例如:下面这行代码,就是通过 set 方法设置当前 GoodsItem 对象"sn"的属性值。

```
this.set("sn","sp000");
```

当设置多个属性时,属性之间用逗号隔开,语法规则如下:

```
model.set({attrName1: attrValue1,attrName2: attrValue2,......})
```

例如:下面这行代码,就是通过 set 方法设置 newGoods 对象多个属性的值:

```
newGoods.set( {sn:"sp110",name:"书籍《Web 前端开发技术》",price:"50"});
```

在 Backbone 中,读取一个模型对象的数据,需要采用 get 方法去实现,语法规则如下:

```
model.get(attribute)
```

例如:下面的这行代码,可以通过 newGoods.get('sn')获取到 newGoods 对象属性"sn"的值。

```
  console.log("采用 get 方法访问  商品编号:" + newGoods.get('sn') + "   商品名称
" + newGoods.get('name') + "    商品价格:" + newGoods.get('price'));
```

在 Backbone 中,实例化后的模型对象所有的属性都保存在 attributes 中,要获取其中某一个属性值,除了使用 get 方法以外,还可以采用 toJSON 方法将 attributes 转化为 JSON 字符串,实际上是对 JSON.stringify 的封装与实现。

Model 的 toJSON 方法的语法如下:

```
model.toJSON([options])
```

【代码 6-1-6】中就采用 newGoods.toJSON()将 newGoods 对象转化为 JSON 字符串,再通过 newGoods.toJSON().sn 的方式,获得 newGoods 对象的"sn"属性的值,后面会在 6.1.6 的模板中运用到这个方式。

3. 数据同步到服务器端

Backbone.Model 提供 fetch、save、destroy 方法,分别实现在服务器上获取、保存和删除数据的操作。

(1)fetch 方法。Model 的 fetch 方法采用 GET 方式从服务器端获取数据,内部再调用 set 方法去重置 Model 的 attributes 对象。

之前,我们一直采用虚拟数据,这里将从服务器上请求一组真实的商品信息,并在控制台输出。

表 6-1-1　获取单个商品的 API 规划

模块	功能	前台传参	HTTP 方法类型	API 设计
商品	根据 id 查询单个商品	goodId	GET	/backbone/goods/{goodsId}

服务器端为适应 backbone 开发了一套新的 API 接口,即在以前的 url 路径前加"/backbone",如表 6-1-1 所示。若想查询"goodsId=5"的商品信息(实际开发中可以查看数据库中已有商品的 goodsId 值),url 应该构建成如下格式:

```
"http://服务器 IP 地址:8080/MobileShop/backbone/goods/{goodsId}"
```

在 postman 中测试一下该 url,观察返回的数据结构(图 6-1-9)。

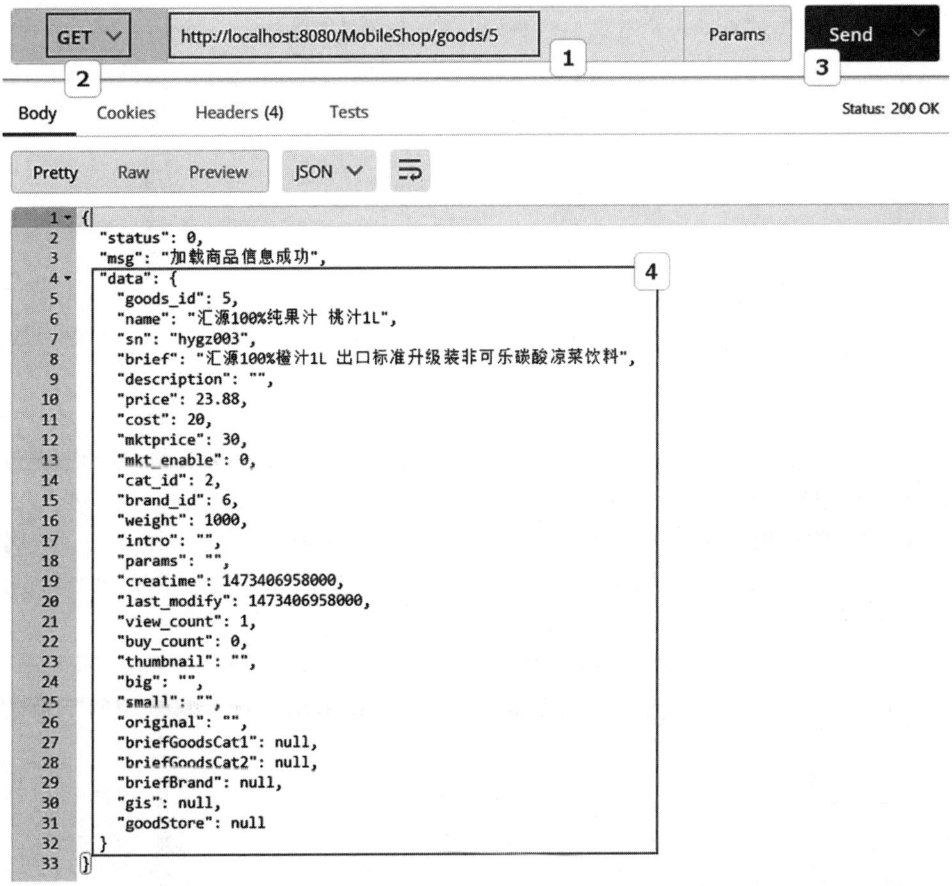

图 6-1-9　postman 测试 API

现在我们将采用 Model 向服务器发送 XHR 请求，获取数据并在控制台展示。代码如下：

【代码 6-1-12】WebContent/backboneDemo/demo5.js

```
1       //步骤 1:构建 Model 的 urlRoot
2        var goodId = 5;//这里假设 goodId 为 5 的商品存在，且有数据
3        var urlRoot = "http://localhost:8080/MobileShop" + "/goods/";
4       //步骤 2:创建 Model 类 GoodsItem,将 urlRoot 传递进去,将 goodsId 设置为键值属性
5       var GoodsItem = Backbone.Model.extend({
6           urlRoot:urlRoot,
7           idAttribute:"goodsId" //goodsId 设置为键值属性,即唯一标识
8       });
9       //步骤 3:创建一个 GoodsItem 类的对象 goods,并设置 goodsId 属性的值
10      var goods = new GoodsItem({goodsId:goodId});
11      //步骤 4:调用 goods 的 fetch 方法,采用 GET 的方式,向服务器发送 XHR 请求
12      goods.fetch({
13          success:function(model,response){
14            //通过 model 获取商品名称
15            console.log("商品编号:" + model.get("data").sn + "    商品名称:" +
    model.get("data").name + "    商品价格:" + model.get("data").price);
16          },error :function(err){
17              console.log(err);
18          }
19      });
```

代码中，fetch 方法有 success、error 回调函数，其中，success 函数是当服务器返回数据，并成功重置 goods 的 attributes 时调用。

在 Backbone 中，模型(Model)有一个默认 id 属性，通过 Model 的 urlRoot，并基于 id 属性可以生成 URLs，格式为："urlRoot/{id}"。id 属性是 model 的唯一标示符，通过设置 Model 的 idAttribute，建立一个从 key 到 id 的一个透明映射。第 7 行"idAttribute:"goodsId""代码，将 goodsId 设置为键值属性。代码第 10 行中，初始化 Model 时 goodsId 的值为 5。代码第 12 行中，调用 fetch 方法时，Backbone 会将 goodsId 的值拼在 urlRoot 后面，构建 urls 为："http://localhost:8080/MobileShop/goods/5"。

从图 6-1-9 中可见，想获取的商品信息在从服务器返回的数据的"data"属性中，因此这里采用 model.get("data")先获取到商品所有信息，再采用如下方式去访问下面的各个参数：

```
model.get("data").sn
model.get("data").name
model.get("data").price
```

在 chrome 中预览，可以看到控制台输出了商品名称(图 6-1-10)。

图 6-1-10　控制台预览商品信息

因为我们想获取的商品信息在“data”属性中（从服务器返回的数据），可以优化步骤 2 的写法，在创建 Model 类时重构 parse 函数，通过 return response. data 返回商品信息。代码如下：

【代码 6-1-13】重构 parse 函数

```
//步骤 2:创建 Model 类 GoodsItem,将 url 地址传递进去
    var GoodsItem = Backbone.Model.extend({
      urlRoot:urlRoot,
      parse : function(response){
        return response.data;
    },
    idAttribute:"goodsId"
  });
```

那么我们获取商品参数的代码应该修改如下：

【代码 6-1-14】获取商品参数代码

```
model.get("sn")
model.get("name")
model.get("price")
```

完整代码见“WebContent/backboneDemo/demo5. js”中【代码 6-1-12】所示。

在工作中，项目前后端约定的数据格式不可能千篇一律，作为前端开发人员，我们要学会观察服务器端返回的数据格式，再解析数据，从而获取到想要的数据。

(2)save 方法。Model 的 save 方法，是将客户端的数据发送到服务器端进行保存，并通过模型内部的 isNew 方法检测数据是不是新建，其实就是检测 Model 的 id 属性是否为空，如果为空，表示数据是新建，如果不为空，表示数据是更新。

如果数据是新建的，则采用 POST 方式发送数据到服务器端，否则采用 PUT 方式发送数据并修改服务器端原来的数据。

接下来，我们将新建一个商品，并传送到服务器端保存。

表 6-1-2　新增商品的 API

模块	功能	前台传参	HTTP 方法类型	API 设计
商品	新增商品	name、sn、brief、description、price、cost、mktprice、catId、brandId、weight、intro	POST	/backbone/goods

按照表 6-1-2 所示，构建 url 如下：

```
var urlRoot =  "http://服务器 IP 地址:8080/" + "/backbone/goods";
```

现在我们将使用 Model 的 save()方法向服务器新增一个商品。代码如下：

【代码 6-1-15】WebContent/backboneDemo/demo6. js

```
    //步骤 1:构建 urlRoot 地址
     var urlRoot =  "http://localhost:8080/MobileShop" + "/backbone/goods";
    //步骤 2:创建 Model 类 GoodsItem,将 urlRoot 地址传递进去
    var GoodsItem = Backbone.Model.extend({
        urlRoot:urlRoot,
    idAttribute:"goodsId"  //将 goodsId 设置为键值属性
  });
    //步骤 3:创建一个 GoodsItem 类的对象 goods
    var goods = new GoodsItem();
    //步骤 4:给 goods 设置属性值,实际工作中,是通过表单文本框输入的
    goods.set ({name:"正品 Davidoff 大卫杜夫冷水女士淡香水 1",sn:"sp123457",brief:"Cool Water(冷水)女士香水可以说是男用香水的一款延伸之作",description:"30/50/100ml 气质优雅包邮",price:"89",cost:"80",mktprice:"90",catId:"23",brandId:"5",weight:"300",intro:"商品品牌  Davidoff/大卫杜夫"});
    //步骤 5:调用 goods 的 save 方法,采用 POST 的方式,向服务器发送 XHR 请求,url 地址就是步骤 1 中的,传递的参数就是步骤 4 中设置的数据
     goods.save();
```

开启服务器，在 chrome 中预览该页面，打开开发者工具，查看 XHR 请求的情况。

从图 6-1-11 中可以看出，请求的 url 为“http://localhost:8080/MobileShop/backbone/goods”，请求的方式是 POST，“200 OK”表示请求成功，新增商品成功。

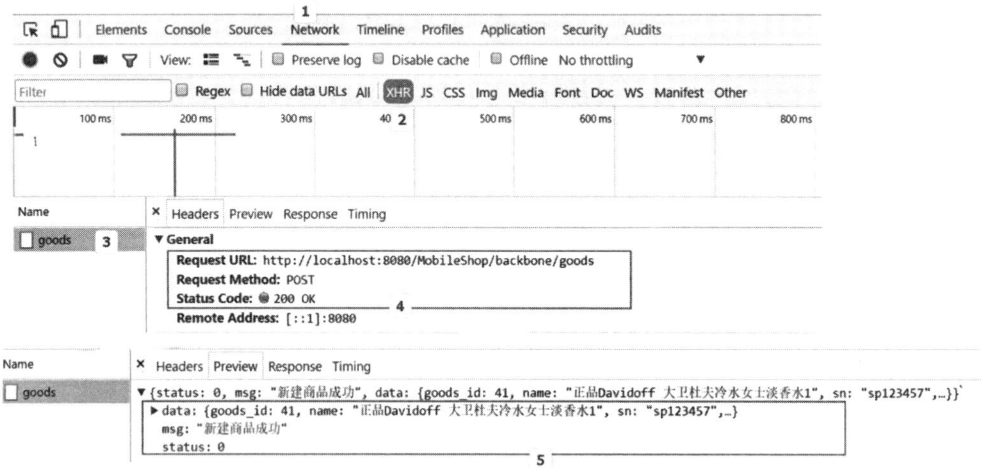

图 6-1-11　查看 XHR 请求情况

为什么发送的是 POST 请求而不是 PUT 呢？

虽然在代码的第 6 行，我们通过“idAttribute:"goodsId" ”将 goodsId 设置为键值属性，它将覆盖 Model 的 id 属性。但是代码第 10 行中，采用 goods. set()为商品添加信息，并没有设置 goodsId 的值。当执行“goods. save()”代码时，Backbone 检查到 goodsId 为空，则认为该组数据是新建，所以选择向服务器发送 POST 请求。

我们再去数据库印证是否插入成功，打开 mobile_shop 下的表 ms_goods，即可查看到刚才插入的这条记录(图 6-1-12)。

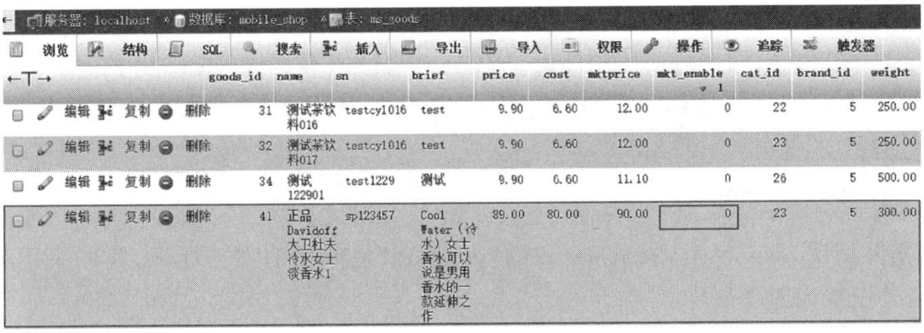

图 6-1-12　查看数据库

从数据库中，我们查看到系统为它生成的“goodsId”为“41”，参数“mktEnable”默认为“0”，在最初设定时，我们约定“mktEnable”“0”为商品上线，“1”为商品下线。现在提出新的需求：使该商品下线，即将“mktEnable”的值修改为“1”。

表 6-1-3　商品上下线的 API

模块	功能	前台传参	HTTP 方法类型	API 设计
商品	商品上下线	goodsId　mktEnable	PUT	/backbone/goods/enable

按照表 6-1-3 所示，构建 url 如下：

```
"http://服务器 IP 地址:8080/MobileShop/backbone/goods/enable"
```

现在我们将刚才新增的商品下线。代码如下：

【代码 6-1-16】WebContent/backboneDemo/demo6. js

```
    //步骤 1:预设值当前商品 id
    var goodsId = "41";
    //步骤 2:构建 urlRoot 地址
    var urlRoot = "http://localhost:8080/MobileShop" + "/backbone/goods/enable";
    //步骤 3:创建 Model 类 GoodsItem,将 urlRoot 地址传递进去
    var GoodsItem = Backbone.Model.extend({
        urlRoot:urlRoot,
        defaults:{
            goodsId:"",
```

```
                mktEnable:""
            },
            idAttribute:"goodsId"  //将 goodsId 设置为键值属性
        });
        //步骤 4:创建一个 GoodsItem 类的对象 goods
        var goods = new GoodsItem();
        //步骤 5:给键值属性 goodsId 和 mktEnable 赋值
        goods.set({goodsId:goodsId,mktEnable:"1"});
        //步骤 6:调用 goods 的 save 方法,因为键值属性 goodsId 有值,则采用 PUT 方式,向服务器发送 XHR 请求,url 地址就是步骤 1 中的,传递的参数就是步骤 5 中设置的数据
        goods.save();
```

根据实际情况,Model 类 GoodsItem 的“goodsId”是商品的唯一标识,我们采用如下代码将“goodsId”设置为键值属性:

```
idAttribute:"goodsId"
```

这样就将“goodsId”与 Model 的 ID 关联起来。

再通过如下代码为“goodsId”赋值,并将“mktEnable”设置为 1。

```
goods.set({goodsId:goodsId,mktEnable:"1"})
```

最后调用 goods 对象的 save 方法,将参数传递给服务器,因为 goodsId 被设置为键值属性与 ID 关联起来,系统会认为 goods 对象的 id 不为空,因此就会采用 PUT 方式与服务器交互。代码如下:

```
goods.save();
```

开启服务器,在 chrome 中预览该页面,打开开发者工具,查看 XHR 请求的情况(图 6-1-13)。

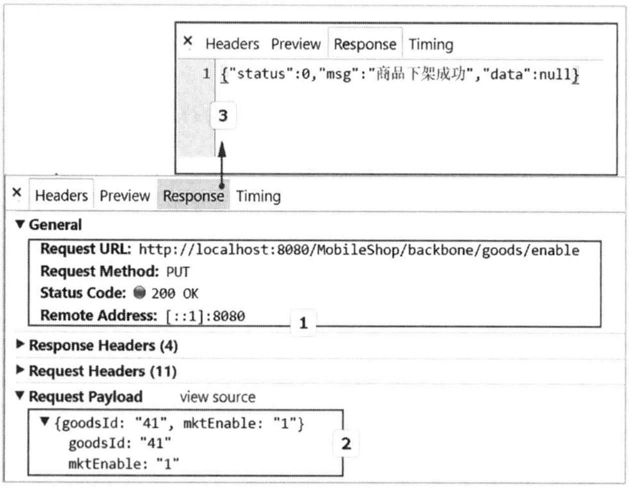

图 6-1-13　查看 XHR 请求情况

(3)destroy 方法。在 Backbone 中，模型对象调用 destroy 方法，是采用 DELETE 方式向服务器端发送对象的 ID，服务器根据 ID 对该数据进行删除处理。这里可以通过 idAttribute 将实际的 id(例如商品 id，goodsId)与 Model 的 ID 相关联。

例如：我们想将刚才创建的“goodsId”为“41”的商品删除：

表 6-1-4　删除商品的 API

模块	功能	前台传参	HTTP 方法类型	API 设计
商品	根据 id 删除商品	goodsId	DELETE	/goods/{goodsId}

按照表 6-1-4 所示，应该构建 url 如下：

```
"http://服务器 IP 地址:8080/MobileShop/goods/{goodsId}"
```

现在我们将刚才新增的商品删除。完成这一过程的代码如下：

【代码 6-1-17】WebContent/backboneDemo/demo6.js

```
//步骤 1:预设值当前商品 id
var goodsId = "41";
//步骤 2:构建 urlRoot 地址
var urlRoot =  "http://localhost:8080/MobileShop" + "/goods/";
//步骤 3:创建 Model 类 GoodsItem,将 urlRoot 地址传递进去
var GoodsItem = Backbone.Model.extend({
    urlRoot:urlRoot,
    defaults:{
      goodsId:""
    },
    idAttribute:"goodsId"  //将 goodsId 设置为键值属性
});
//步骤 4:创建一个 GoodsItem 类的对象 goods
var goods = new GoodsItem();
//步骤 5:给键值属性 goodsId 赋值
goods.set({goodsId:goodsId});
//步骤 6:调用 goods 的 destroy 方法,以 DELETE 的方式发送 XHR 请求
goods.destroy({
  success:function(model,response){
    console.log(response.msg);
  },error:function(error){
    console.log("操作异常");
  }
});
```

开启服务器，在 chrome 中预览该页面，打开开发者工具，查看 XHR 请求的情况(图 6-1-14)。

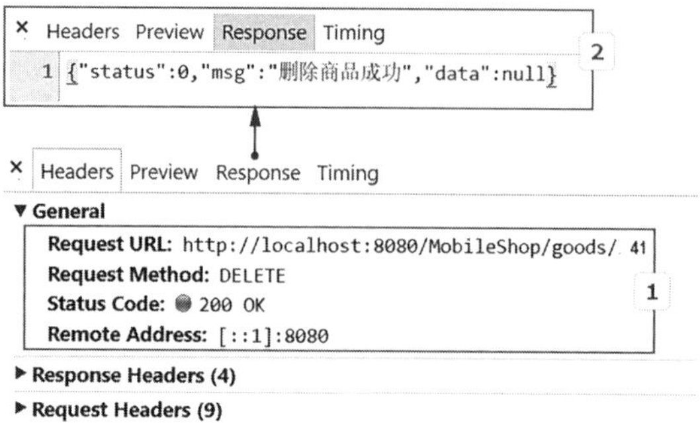

图 6-1-14 删除商品

6.1.5 Backbone 模型集合

模型集合是 Backbone 中基于模型存在的一个数据集合类，假如 Backbone 中的 Model 对应到数据库表中的某一条记录，那么 Collection 就对应一个表中的多条记录。

之前我们通过 Model 的 fetch 方法从服务器端获取到一个真实的商品，这里，将通过 Collection 的 fetch 方法从服务器上获取“上架商品列表”，并在控制台输出(图 6-1-15)。

图 6-1-15 控制台输出“上架商品列表”

表 6-1-5 根据页码查询上架商品的 API 规划

模块	功能	前台传参	HTTP 方法类型	API 设计
商品	根据页码查询上架商品	pageId	GET	/backbone/goods/enable/page/{pageId}

按照表 6-1-5，构建 url 如下：

```
//本地服务器就这样设置，或者根据服务器实际的 ip 来设置
var path = "http://localhost:8080/MobileShop";
var pageId = 1;//默认情况下是第 1 页，这个值根据实际情况变化
var url = path + "/backbone/goods/enable/page/" + pageId;
```

1. 准备工作

在“admin>js”文件夹中新建“onlineGoods. js”文件，并在“main. html”页面中加载该 js 文件：

```
<script  src = "js/onlineGoods_6.1.js"  type = "text/javascript"></script>
<!--上架商品-->
```

2. 创建集合类、实例化

代码如下：

【代码 6-1-18】admin/js/onlineGoods_6. 1. js

```
$ (document).ready(function(){
  //步骤 1:预设值当前页面 id
  var pageId = 1;
  //步骤 2:构建 url 地址
 var url =  "http://localhost:8080/MobileShop" + "/backbone/goods/enable/page/" + pageId;
  //步骤 3:创建 Model 类 GoodsItem
 var  GoodsItem = Backbone.Model.extend();
 //步骤 4:创建集合类
 var  OnLineGoodsList = Backbone.Collection.extend({
     model: GoodsItem,
     url:url,
     parse : function(response){
       return response.data;//重构从服务器返回的数据
     }
});
  //步骤 5:实例化集合
var  onLineGoodsList = new OnLineGoodsList();
//步骤 6:采用 fetch 方法获取服务器数据
})
```

3. 采用 fetch 方法从服务器端获取数据

在 Collection 的 fetch 方法的语法结构如下：

```
collection.fetch([options])
```

options 为配置对象，它支持 success 和 error 回调函数，两个回调函数接收(collcction, response, options)作为参数。当模型数据从服务器返回时，我们可以使用 collection. models 来获取 collection 中的 model 对象。

当 options 中设置 reset:true 时，将触发该 collection 对象的 reset 事件。

当 options 中设置 url 时，将设置或者重置 url 的值。代码如下：

【代码 6-1-19】admin/js/onlineGoods_6.1.js

```
        //步骤 6:采用 fetch 方法获取服务器数据
        onLineGoodsList.fetch({
    reset:true,
            url:url,//在 fetch 时重构 url
    success: function(collection, response) {
            // 1、获取数据成功后在控制台输出集合中的模型列表
        console.log("加载输出");
            for(var i = 0;i<collection.models.length;i++){
         console.log(collection.models[i].toJSON());
        }
          }
    });
```

在 Chrome 中预览,即可在控制台中查看到商品列表(图 6-1-16)。

图 6-1-16 控制台日志输出

4. 删除 Collection 中 Model

Collection 中,可以采用 remove、shift、pop 这三个方法从一个 Collection 对象中移除 Model 对象。用法如表 6-1-6 所示:

表 6-1-6 删除 Collection 中 Model

方法	作用	语法
remove	从 Collection 对象中移除一个 Model 对象。	collection.remove(models, [options]) 例如:collection.remove(collection.models[3]);意思是从 collection 对象中移除该 collection 对象中第 4 个 model 对象。(下标从 0 开始)。[options]为可选项,为配置对象。
shift	删除并且返回集合中第一个模型。	collection.shift([options])

续表 6-1-6

方法	作用	语法
pop	删除并且返回集合中最后一个模型。	collection. pop([options])

代码如下：

【代码 6-1-20】admin/js/onlineGoods_6. 1. js

```
      //步骤 6:采用 fetch 方法获取服务器数据
      onLineGoodsList. fetch({
    reset:true,
    success: function(collection, response) {
      // 1、获取数据成功后在控制台输出集合中的模型列表 代码省略
    // 2、从 collection 中移除 model,再输出
     collection. remove(collection. models[3]);//删除第 4 个模型对象,下标从 0 开始
        collection. shift();//删除第 1 个模型对象
        collection. pop();//删除最后个模型对象
        console. log("remove 事件发生之后,再次输出");
        for(var i = 0;i<collection. models. length;i + + ){
        console. log(collection. models[i]. toJSON());
    }
      }
  });
```

在 Chrome 中再次预览(图 6-1-17)。

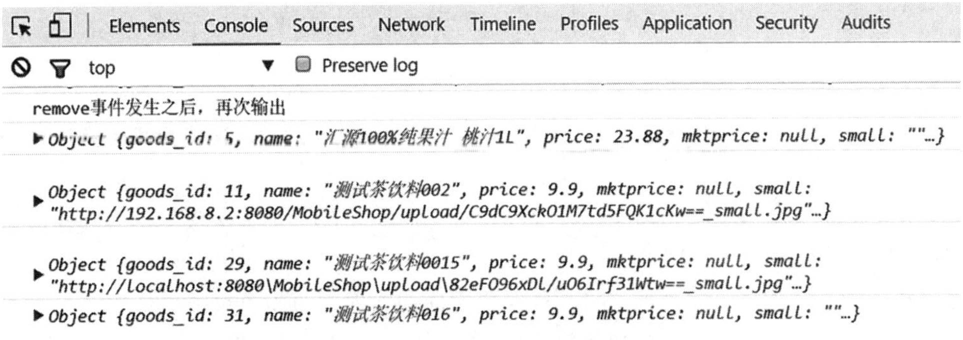

图 6-1-17　删除 Collection 中 Model 之后的“上架商品列表”

注意观察图 6-1-16 与图 6-1-17 的区别,会发现删除了 onLineGoodsList 对象的第 4 个、第 1 个和最后一个模型对象。

5. 向 Collection 添加 Model

Collection 中,可以采用 add、unshift、push 这三个方法向 Collection 对象中添加 Model 对象。用法如表 6-1-7 所示：

表 6-1-7 添加 Collection 中 Model

方法	作用	语法
add	往 Collection 对象指定的位置插入 Model 对象。	Collection. add(models, [options]) 例如:collection. add(newGoods2,{at:2})意思是往 collection 对象的第 3 个位置(下标从 0 开始)添加 model 对象 newGoods2。 {at:2}就是设置的 options 配置项。
unshift	向 Collection 对象头部插入 Model 对象。	collection. unshift(models, [options]) 例如:collection. unshift(newGoods1)意思是往 collection 对象的首位置添加一个 model 对象 newGoods1。
push	向 Collection 对象尾部插入 Model 对象。	collection. pop(models, [options]) 例如:collection. pop(newGoods3)意思是往 collection 对象的尾位置添加一个 model 对象 newGoods3。

代码如下:

【代码 6-1-21】admin/js/onlineGoods_6. 1. js

```
        //步骤 6:采用 fetch 方法获取服务器数据
        onLineGoodsList. fetch({
      reset:true,
      success: function(collection, response) {
          // 1、获取数据成功后在控制台输出集合中的模型列表 代码暂时省略
         // 2、从 collection 中移除 model,再输出   代码暂时省略
         // 3、往 collection 里添加 model,再输出
     var newGoods1 = new GoodsItem();//构建 newGoods1
     newGoods1. set({"goods_id":100,"name":"测试商品 1","price":1,"mktprice":1,"small":""});
     var newGoods2 = new GoodsItem();//构建 newGoods2
     newGoods2. set( {"goods_id":102,"name":"测试商品 2","price":2,"mktprice":2,"small":""});
     var newGoods3 = new GoodsItem();//构建 newGoods3
     newGoods3. set( {"goods_id":103,"name":"测试商品 3","price":3,"mktprice":3,"small":""});
     collection. add(newGoods2,{at:2});//在第 3 个位置插入模型对象 newGoods2,序号从 0 开始
   collection. unshift(newGoods1);//在头部插入模型对象 newGoods1
     collection. push(newGoods3);//在尾部插入模型对象 newGoods3
      console. log("add 事件发生之后,再次输出");
      for(var i = 0;i<collection. models. length;i + + ){
      console. log(collection. models[i]. toJSON());
   }
      }
});
```

在 Chrome 中预览(图 6-1-18)。

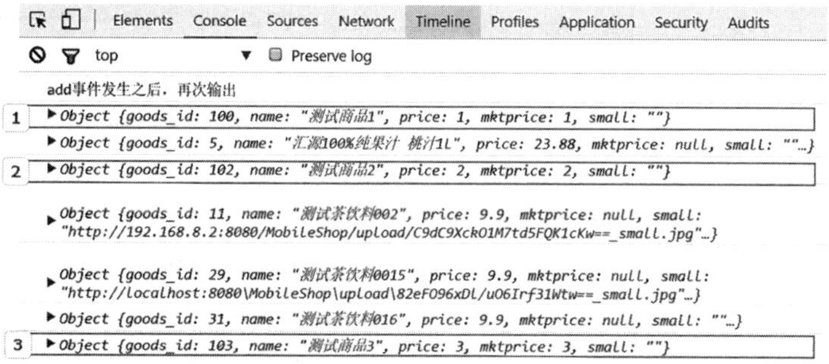

图 6-1-18　向 Collection 中添加 Model 之后的"上架商品列表"

注意观察图 6-1-17 与图 6-1-18 的区别，会发现增加了 3 个模型对象，位置分别是第 1 个、第 3 个和最后 1 个。

【知识引申】

此外，Collection 中，还提供 create 方法从在 Collection 中创建一个 Model 的新实例，并同步到服务器端，语法如下：

```
collection.create(model, [options])
```

详细的使用方式可以参见网址：

http://www.css88.com/doc/backbone/#Collection-create

6.1.6　Backbone 视图及模板使用

在 Backbone 中，模型与模型集合将数据准备好之后，会通过视图展示在 Web 页面中。当模型或者模型集合发生变化时，视图可以独立地进行更新，而不必重新绘制该页面。我们不必通过查找 DOM 元素，再手动更新 HTML，而是通过绑定视图的 render 函数到模型或模型集合的事件(如 change、reset 等事件)上，这样视图就能监听到模型数据变化而实时更新在 Web 页面中。

在本节中，将通过 Collection 的 fetch 方法从服务器上获取"上架商品列表"，通过视图(View)显示在页面中(图 6-1-19)。

选中	商品编号	商品名称	销售价格	上架	操作
☐	4	汇源果汁 100%纯橙汁 橙汁	23.88	0	编辑 删除
☐	5	汇源100%纯果汁 桃汁1L	23.88	0	编辑 删除
☐	11	测试茶饮料002	9.9	0	编辑 删除
☐	22	测试茶饮料008	19.9	0	编辑 删除
☐	29	测试茶饮料0015	9.9	0	编辑 删除
☐	31	测试茶饮料016	9.9	0	编辑 删除
☐	34	测试122901	9.9	0	编辑 删除

图 6-1-19　视图显示"上架商品列表"

1. HTML 页面构建

代码如下：

【代码 6-1-22】admin/main. html

```
<div id="online" class="main"><!-- 单击"上架商品" 菜单项出现该 div-->
        <div class = "mainCon" >
         <div class = "search">
                <input type = "text" value = "搜索" class =
"searchInput">
                <a href = "#" id = "" class = "blueBtn">搜索</a>
          </div>
           <div class = "onLineGoodsList">
             <table class = "bordered">
                    <thead>
                    <tr>
                          <th>选中</th>
                          <th>商品编号</th>
                          <th>商品名称</th>
                          <th>销售价格</th>
                          <th>上架</th>
                          <th>操作</th>
                    </tr>
                    </thead>
                    <tbody  id = "onlineGoodsList">
                             <! --这里的内容由 Backbone View 渲染显示-->
                    </tbody>
                </table>
          </div>
         <div class = "page">
             <div class = "pageWrap">
              <b class = "pageNum">
                    <a class = "pagePrev">上一页</a>
              <b class = "pageCur">1</b>
              <a>2</a>
              <a>3</a>
              <b class = "pageBreak">...</b>
              <a class = "pageNex">下一页</a>
              </b>
              <b class = "pageSkip">
```

```
                    <form  >
                    到第
                    <input type = "text" class = "jumpTo"  value = "1"/>
                    页
                     <button type = "submit" class = "pageBtn">确定</button>
                        </form>
                    </b>
                </div>
               </div><! -- page  -->
               </div>
      </div><! -- online  -->
```

目前，我们还未实现左侧导航与右侧面板的联动，暂时将默认显示的 ID="main"的 div 面板隐藏起来，从而只显示出 ID="online"这个面板。

同时，在“admin>css>main. css”中设置表格及翻页的 CSS 样式。

我们计划把“上架商品列表”显示在“ <tbody id="onlineGoodsList"> </tbody>”中。

2. 创建视图

代码如下：

【代码 6-1-23】admin/js/onlineGoods_6. 1. js

```
    //步骤 7:创建视图类
    var GoodsListView = Backbone. View. extend({
    el: $ ("online"),
        initialize: function () {
            this. listenTo(onLineGoodsList, 'all', this. render);
        },
        render: function(){
            $ ("#onlineGoodsList"). empty();//清空一次
            for(var i = 0;i < onLineGoodsList. models. length;i + + ){
             $ ("#onlineGoodsList"). append("<tr class = 'item'> <td> <input type = 'checkbox' data-goodsId = '" + onLineGoodsList. models[i]. get("goods_id") +
                  "'> </td> <td>" + onLineGoodsList. models[i]. get("goods_id") +
                  "</td> <td>" + onLineGoodsList. models[i]. get("name") +
                  "</td><td>" + onLineGoodsList. models[i]. get("price") +
                 "</td><td>" + onLineGoodsList. models[i]. get("mkt_enable") +
                 "</td><td><a href = '#'  class = 'edit' data-goodsId = '" + onLineGoodsList. models[i]. get("goods_id") +
                 "'>编辑</a>  <a href = '#' class = 'delete'  data-goodsId = '" + onLineGoodsList. models[i]. get("goods_id") + "'>删除</a></td></tr>'"
```

```
            );
        }
    },
});
```

3. 实例化视图

代码如下：

【代码 6-1-24】admin/js/onlineGoods_6.1.js

```
//步骤 8:实例化视图
var goodsListView = new GoodsListView;
goodsListView.render();//渲染一次
```

在 Chrome 中预览，即可得到如图 6-1-17 所示效果，但是【代码 6-1-17】中，render 函数中构建页面时，夹杂了 html 代码，这样不利于代码的分离与维护，接下来将采用 Underscore 的模板来构建页面。

4. 结合 Underscore 的模板优化代码

步骤 1 构建模板。首先要在页面中使用 <script>元素定义模板，type 属性设置为"text/template"，并为这段代码设置一个唯一 ID。代码中采用<%= 变量名称%>可以直接输出变量的值。代码如下：

【代码 6-1-25】admin/main.html

```
    <script type="text/template"  id="onLineTemplate">
    <td><input type="checkbox"  ></td>
        <td><% = goods_id %></td>
        <td><% = name %></td>
        <td><% = price %></td>
        <td><% = mkt_enable %></td>
        <td><a href="#" class="edit" data-goodsId="<% = goods_
id %>">编辑</a> <a href="#" class="delete" data-goodsId="<% =
goods_id %>">删除</a></td>
    </script>
```

步骤 2 优化视图。在视图 View 中，通过_.template()函数访问页面中定义的模板内容，并将数据传递给模板。代码如下：

【代码 6-1-26】admin/js/onlineGoods_6.1.js

```
//创建一个显示单个 model 对象的视图类
    var GoodsItemView = Backbone.View.extend({
      tagName : 'tr',        //设置生成的 DOM 元素，这里为表格中的一行
    className : 'item',   //设置 class 属性
    itemTemplate : _.template($ ("#onLineTemplate").html()),//设置模板
```

```
6       initialize:function(){
7               this.render();
8       },
9         render : function(){
10              console.log("进入单个视图");
11              console.log(this.model.toJSON());
12          this.$el.html(this.itemTemplate(this.model.toJSON()));
13          return this;
14        }
15      });
16      //创建一个显示 Collection 对象的视图类
17      var GoodsListView = Backbone.View.extend({
18          el :'#onlineGoodsList',
19         initialize: function() {
20         this.listenTo(onLineGoodsList,'all',this.render);
21                 //GoodsListView 视图监听 collection 对象 onLineGoodsList 的 all
    事件,render 进行渲染
22        },
23        render :function(){
24            this.$el.empty();//清空
25            for(var i = 0;i < onLineGoodsList.models.length;i++){
26                var view = new GoodsItemView ({model :onLineGoodsList.models[i] });
27                this.$el.append(view.$el);
28            }
29         }
30       });
31    //步骤 8:实例化视图
32    var goodsListView = new GoodsListView;
34    goodsListView.render();
```

第 5 行代码,“itemTemplate : _.template($ ("#onLineTemplate").html())”,定义模板 itemTemplate,并指向步骤 1 中定义好的“#onLineTemplate”模板。

第 12 行代码,“this.$el.html(this.itemTemplate(this.model.toJSON()))”,将当前的模型(Model)对象转化成 JSON 格式传递给模板 itemTemplate,这样＜%= goods_id %＞等变量就能正常显示数据。

步骤 3 再次优化模板。

预览时 mkt_enable 为 0,页面中显示“是”和“下架”按钮,mkt_enable 为 1 时,页面中显示“否”。

在模板中,我们可以采用三目运算处理逻辑。代码如下:

【代码 6-1-27】admin/main. html

```
        <script type = "text/template"   id = "onLineTemplate">
        <td><input type = "checkbox"   ></td>
             <td><% = goods_id %></td>
             <td><% = name %></td>
             <td><% = price %></td>
           <td><% =( mkt_enable = = 0 ? "是     <a href = '#' class = 'offLine'>下架</a>"："否") %></td>
             <td><a href = "#" class = "edit" data-goodsId = "<% = goods_id %>">编辑</a>  <a href = "#" class = "delete" data-goodsId = "<% = goods_id %>">删除</a></td>
        </script>
```

在 Chrome 中预览，效果如图 6-1-20 所示。

选中	商品编号	商品名称	销售价格	上架	操作
	4	汇源果汁 100%纯橙汁 橙汁	23.88	是 下架	编辑 删除
	5	汇源100%纯果汁 桃汁1L	23.88	是 下架	编辑 删除
	11	测试茶饮料002	9.9	是 下架	编辑 删除
	22	测试茶饮料008	19.9	是 下架	编辑 删除
	29	测试茶饮料0015	9.9	是 下架	编辑 删除
	31	测试茶饮料016	9.9	是 下架	编辑 删除
	34	测试122901	9.9	是 下架	编辑 删除

图 6-1-20 视图显示“上架商品列表”

6.1.7 Backbone 实现“商品管理”模块导航

Backbone 在复杂的单页面应用中，表现得游刃有余。在单页面应用中，所有的操作、内容都在一个页面上呈现，这意味着浏览器的 url 始终要定位到当前页面。那么一个页面中所有的操作便不能都通过事件监听来完成，尤其是对于需要切换页面场景以及需要分享、收藏固定链接的情况。因此就有了路由(router)，通过 hash 的方式(即 # page)来完成切换。

在本节中，我们将采用路由来完成左侧菜单与右侧面板之间的联动。当鼠标点击“商品发布”“上架商品”“库存商品”时，右边会切换到相应的页面。

实现步骤如下：

1. HTML 页面构建

将左侧导航中标签<a>设置为命名锚记链接，如<a href=" # publishGoods" >商品发布</a>就是指向 ID 为“publishGoods”的命名锚记。代码如下：

【代码 6-1-28】admin/main. html

```
    <div class = "item">
        <a href = "#publishGoods" >商品发布</a>
        <a href = "#online" >上架商品</a>
        <a href = "#stockGoods" >库存商品</a>
</div>
```

定义右侧应用场景的 div,将它们的 ID 与【代码 6-1-28】中 a 的 href 值对应起来。代码如下:

【代码 6-1-29】admin/main. html

```
        <div id = "main" class = "main"  style = "display:none;"><! -- 进入后台,默认 div -->
            <div class = "mainCon" >
                <h2>后台首页</h2>
            </div>
        </div>
        <div id = "publishGoods" class = "main"  style = "display:none;"><! --单击"发布商品"菜单项出现该 div -->
        <div class = "mainCon" >
            <h2>发布商品页面</h2>
        </div>
        </div>
        <div id = "stockGoods" class = "main"  style = "display:none;"><! --单击"库存商品"菜单项出现该 div -->
        <div class = "mainCon" >
            <h2>库存商品页面</h2>
        </div>
        </div>
        <div id = "online" class = "main"><! -- 单击"上架商品" 菜单项出现该 div-->
            <div class = "mainCon" >
                <! -- 代码在前面 6.1.6 中出现过,这里省略-->
            </div>
        </div>
```

2. 创建路由

新建"router. js",并在"main. html"中引入该 js。"router. js"代码如下:

【代码 6-1-30】admin/js/router. js

```
var AppRouter  =  Backbone. Router. extend({
    initialize: function(){//构造函数
```

```
            $ ('#main'). show();
            $ ('#main'). siblings(). hide();
        },
        routes:{
            'main':'showMain',
            'publishGoods':'showPublishGoods',
          'online':'showOnline',
           'stockGoods':'showStockGoods'
        } ,
        showPublishGoods: function (){
            $ ('#publishGoods'). show();
            $ ('#publishGoods'). siblings(). hide();
        },
        showOnline: function (){
            $ ('#online'). show();
            $ ('#online'). siblings(). hide();
        },
        showStockGoods: function (){
            $ ('#stockGoods'). show();
            $ ('#stockGoods'). siblings(). hide();
        },
    });
```

Backbone中，可以通过action方式将页面的url或hash属性与一个对应的函数（动作）绑定起来。具体做法如【代码6-1-30】中routes的定义，在构建routes属性时，以key/value的形式将url或hash属性与一个对应的函数（动作）绑定起来。当页面需要访问url时（存在key中），就会执行后面的函数（存在value中），如我们单击“发布商品”菜单项时，url为“publishGoods”，就会触发函数showPublishGoods的执行，showPublishGoods函数声明代码如下：

```
showPublishGoods: function (){
    $ ('#publishGoods'). show();
    $ ('#publishGoods'). siblings(). hide();
},
```

即可将id为“#publishGoods”元素显示出来，而将它的兄弟元素隐藏起来，从而实现了应用场景的切换。

3. 启动路由

代码如下：

【代码6-1-31】admin/js/router. js

```
var app = new AppRouter();//实例化一个 AppRouter
Backbone. history. start(); //通过 history 对象的 start 方法启动对 URL 地址变化的监听
```

在 Chrome 中预览 main. html 页面如图 6-1-21 所示。

图 6-1-21　路由应用效果

6.1.8　项目梳理

(1)Backbone 框架是构建 JavaScript 应用程序的一个优秀的类库,采用 MVC 模式架构代码;Backbone 由事件(Events)、模型(Model)、模型集合(Collection)、视图(View)及路由(router)等模块组成。

(2)搭建 Backbone 应用开发运行环境,构建一个 Backbone 页面的思路及步骤。

(3)Backbone 事件管理机制,通过侦听数据模型(Model 和 Collection)的变化实现页面内容的刷新。

(4)模型(Model)是 Backbone 中所有数据模型的基类,用于封装原始数据,并提供对数据进行操作的方法,Backbone. Model 提供 fetch、save、destroy 方法,分别实现在服务器上获取、保存、删除数据等操作。

(5)模型集合(Collection)是 Backbone 中基于模型(Model)存在的一个数据集合类;Collection 中可以采用 remove、shift、pop 这三个方法从一个 Collection 对象中移除 Model 对象;Collection 中可以采用 add、unshift、push 这三个方法向 Collection 对象中添加 Model 对象;Backbone. Collection 提供 fetch、create 方法,实现与服务器的数据同步。

(6)视图(View)将模型(Model)或者模型集合(Collection)将数据展示在 Web 页面;视图可以结合 Underscore 的模板使用。

(7)路由(router)实现单页面应用程序的导航功能。

任务 6.2 “上架商品”模块实现

在不断探索 Backbone 的过程中,已经完成了“上架商品”列表的展示,接下来将继续采用 Backbone 模型、模型集合、视图及模板的知识去完成“上架商品”的“下架处理”“删除”“编辑”“关键字搜索”四个功能,即所谓的增删改查(图 6-2-1)。

选中	商品编号	商品名称	销售价格	上架	操作
	83	旺旺 旺仔牛奶245ml*12罐 红罐8+绿罐4 新老包装交替	38	是 下架	编辑 删除
	84	泸州老窖六年陈头曲52度 浓香型白酒 整箱500ml*6瓶	349	是 下架	编辑 删除
	85	雅顿第五大道香水女士持久淡香125ml正品代购包邮	199	是 下架	编辑 删除
	86	正品Hermes爱马仕尼罗河花园女士香水30/50/100ML超凡脱俗包邮	265	是 下架	编辑 删除
	87	正品Bvlgari Omnia Amethyste 花舞轻盈女香65ML简装外盒包邮	215	是 下架	编辑 删除
	88	正品Bvlgari man宝格丽当代绅士男淡香30ml/60ml/100ml/150ml包邮	225	是 下架	编辑 删除
	89	正品Bvlgari Pour Homme宝格丽大吉岭茶中性香水30/50/100ML包邮	216	是 下架	编辑 删除
	90	周大福珠宝十二生肖猴足金黄金吊坠(工费:48计价)F189132	1232	是 下架	编辑 删除
	91	周生生珠宝18K黄金钻石戒指钻戒女款首饰48926R	1800	是 下架	编辑 删除
	92	Belle/百丽专柜同款牛皮男豆豆鞋懒人鞋驾车鞋男鞋3LQ01AM5	320	是 下架	编辑 删除

图 6-2-1 “上架商品”模块

6.2.1 实现下架商品

如图 6-2-1 所示,当鼠标单击“下架”按钮时,这行的商品将被下架,同时从“上架商品”列表中删除。我们将采用视图(View)的 events 属性,将视图所指向的元素中的 DOM 元素与触发的事件和事件函数相绑定。格式如图 6-2-2 所示。

```
events: {
    "click  a.offLine": "offGoods",
    "click    a.edit": "editGoods",
    "click  a.delete": "deleteGoods"
}
```

事件名称　DOM元素　函数名称

图 6-2-2 events 属性中定义元素事件

1. 通过 Collection 的 fetch 函数准备数据

代码如下：

【代码 6-2-1】admin/onlineGoods_6. 2. js

```
$ (document). ready(function(){
 //步骤 1 Model 创建
     var path = "http://localhost:8080/MobileShop";
     var urlRoot = path + "/backbone/goods/";
     var  GoodsItem = Backbone. Model. extend({
          urlRoot:urlRoot,
idAttribute:"goodsId" ,//将 goodsId 设置为键值属性
defaults:{briefBrand:"",briefGoodsCat:"",goods_id:"",mkt_enable:"",mktprice:"",name:"",price:"",small:""},
parse : function(response){
            if(response. data ! = null){
        return response. data;
        }else{
            return response;
            }
        }
  });
     //步骤 2 Collection 创建
      var pageId = 1;
      var path = "http://localhost:8080/MobileShop";
 var url = path + "/backbone/goods/enable/page/" + pageId;
      var  OnLineGoodsList = Backbone. Collection. extend({
     model: GoodsItem,
     url:url, //可以在定义集合类时传入 url
     parse : function(response){
         return response. data;
        }
});
//步骤 3  实例化 Collection
     var  onLineGoodsList = new OnLineGoodsList();
  //步骤 4 调用 GET 方式从服务器提取数据
  onLineGoodsList. fetch({
     reset:true,
     url:url,//也可以在 fetch 时重构 url
     success: function(collection, response) {
```

```
            }
        });
//步骤 5 View 定义
//步骤 6 实例化 View,页面显示出数据
    })
```

2. View 定义,并采用 events 绑定事件

代码如下:

【代码 6-2-2】admin/onlineGoods_6. 2. js

```
$ (document). ready(function(){
    //步骤 1 至步骤 4 省略
    //步骤 5 View 定义
      var GoodsItemView = Backbone. View. extend({
          tagName : 'tr',          //设置生成的 DOM 元素,这里为表格中的一行
      className : 'item',    //设置 class 属性
      itemTemplate : _. template($ ("#onLineTemplate"). html()),//设置模板
      events: {
    "click a. offLine": "offGoods",//为“下架”按钮(a. offLine)绑定鼠标单击事件,执行 offGoods 函数
    "click a. edit": "editGoods",//为“编辑”按钮(a. edit)绑定鼠标单击事件,执行 editGoods 函数
    "click a. delete": "deleteGoods"//为“下架”按钮(a. delete)绑定鼠标单击事件,执行 deleteGoods 函数
          },
      initialize:function(){
              this. render();
              this. listenTo(this. model,'all',this. render);
      },
            render : function(){
              /* console. log("进入单个视图");
              console. log(this. model. toJSON()); */
          this. $ el. html(this. itemTemplate(this. model. toJSON()));
          return this;
        },
        offCoods :function(e){
                    //下架商品时执行该函数
          },
          editGoods :function(){
                    //编辑商品时执行该函数
```

```
        },
         deleteGoods :function(){
        //删除商品时执行该函数
        }
    });

    //创建一个显示 Collection 对象的视图类
    var GoodsListView = Backbone.View.extend({
        el : '#onlineGoodsList',
        //事件绑定
      initialize: function() {
            //GoodsListView 视图监听 collection 对象 onLineGoodsList 的 all 事件,render 进行渲染
      this.listenTo(onLineGoodsList,'all',this.render);
            },
      render :function(){
          this.$el.empty();//清空
          for(var i = 0;i < this.collection.models.length;i++){
              var view = new GoodsItemView ({model :this.collection.models[i] });
              this.$el.append(view.$el);
          }
      }
      });
  //步骤 6 实例化 View,页面显示出数据
  var goodsListView = new GoodsListView({collection:onLineGoodsList});
  goodsListView.render();
})
```

3. offGoods 函数定义

代码如下：

【代码 6-2-3】admin/onlineGoods_6.2.js

```
offGoods :function(e){
            //从当前 model 中去 获取 goodsId
      var goodsId = this.model.get("goods_id");
            //new 一个 GoodsItem
      var goods = new GoodsItem();
       //重构 url
      var path = "http://localhost:8080/MobileShop";
      var urlRoot = path + "/backbone/goods/enable/";
```

```
            goods.urlRoot = urlRoot ;
            //给 goodId 赋值,修改 mktEnable 为 1
            goods.set({goodsId:goodsId,mktEnable:"1"});
        //因为 goodsId 是键值,并且不为空,所以 save 会以 PUT 方式请求数据,
    修改 mktEnable 为 1,从而下架商品
        goods.save();
        //从 collection 中移除该 model
        onLineGoodsList.remove(this.model);
    }
```

其中,我们将该 model 从 Collection 对象 onLineGoodsList 中移除的代码如下:

```
onLineGoodsList.remove(this.model);
```

在 chrome 中测试"下架商品"功能(图 6-2-3)。

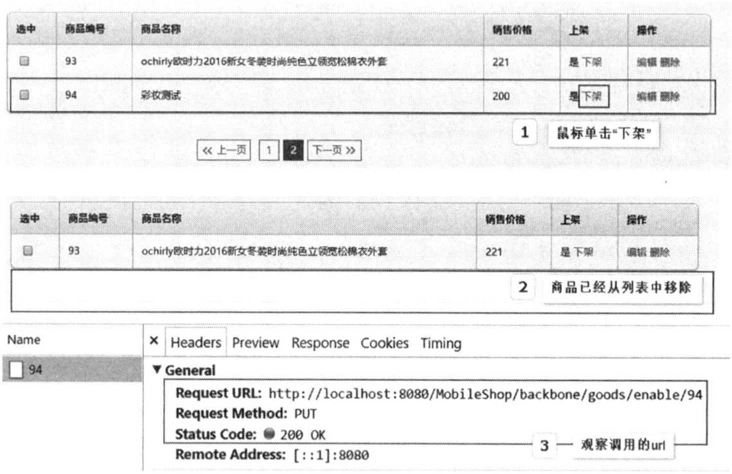

图 6-2-3 在 chrome 中测试"下架商品"功能

6.2.2 实现删除商品

接 6.2.1,定义 deleteGoods 函数的内容如下:

【代码 6-2-4】admin/onlineGoods_6.2.js

```
    deleteGoods :function(){//删除商品
        //从当前 model 中去 获取 goodsId
        var goodsId = this.model.get("goods_id");
        //重新 new 一个 GoodsItem,给它值
        var goods = new GoodsItem();
            goods.set({goodsId:goodsId});
        goods.destroy(); //DELETE 方式
```

```
        //从 collection 中移除该 model
        onLineGoodsList.remove(this.model);
        }
```

这里不需要重新定义 urlRoot，是因为在【代码 6-2-1】中已经定义：

```
var path = "http://localhost:8080/MobileShop";
var urlRoot = path + "/backbone/goods/";
```

删除某个商品的 url 应该构建成如下格式：

```
"http://服务器 IP 地址:8080/MobileShop/goods/{goodsId}"
```

因为 goodsId 早就被我们设置为键值，通过如下代码就可以删除对应的商品：

```
goods.set({goodsId:goodsId});
goods.destroy(); //DELETE 方式
```

但这样并没有从视图中删除，因此我们将该 model 从 Collection 对象 onLineGoodsList 中移除。

```
onLineGoodsList.remove(this.model);
```

在 chrome 中测试"删除商品"功能（图 6-2-4）。

图 6-2-4　在 chrome 中测试"删除商品"功能

6.2.3　实现编辑商品

如图 6-2-1 所示，当鼠标单击"编辑"按钮时，要实现如下流程：

(1)定义一个 that 对象等于当前的 model(因为 this.model 在 fetch 里会失效)。

(2)显示"编辑商品页面"的 div 元素，隐藏它的兄弟 div 元素。

(3)获取当前 model 的 goodsID 值，并重构 url，通过 fetch 获取当前 model 的所有信息，并填写到"修改页面"中对应的表单元素中去。

(4)填在"编辑商品页面"修改商品信息。

(5)鼠标单击“修改”按钮时，提取“修改页面”中所有商品信息，重新构建 url，采用 save 方法将商品修改与服务器同步，并重新给 that 赋值。

(6)在 fetch 函数的外面，为 this. model 重新赋值，即完成商品列表页面的刷新。

“编辑商品页面”界面(图 6-2-5)。

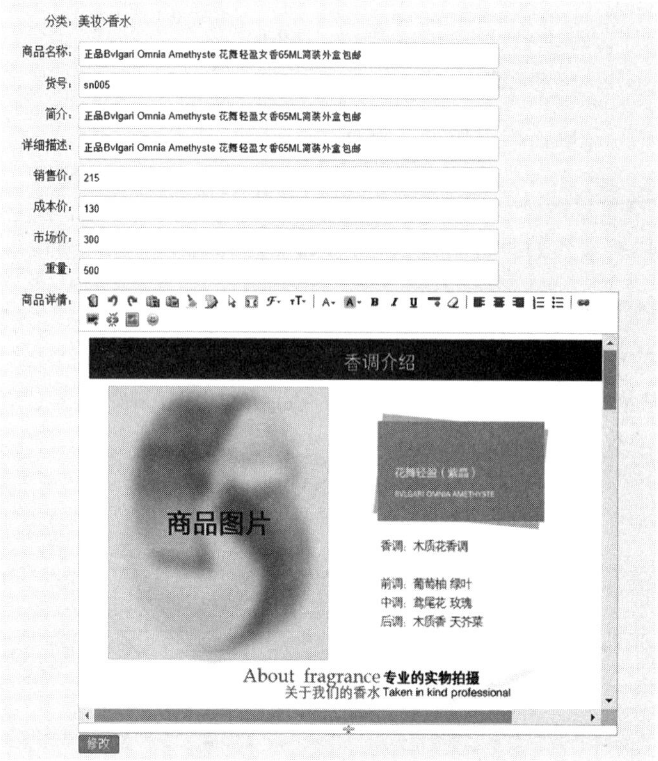

图 6-2-5 “编辑商品页面”

1. 构建 HTML

代码如下：

【代码 6-2-5】admin/main. html 代码片段

```
<div id = "editGoods" class = "main"   style = "display:none;"><! --编辑商品时出现该 div -->
</div>
```

2. 构建 templete 模板

代码如下：

【代码 6-2-6】admin/main. html 代码片段

```
<script type = "text/template"    id = "goodsTemplate">
    <div class = "mainCon " ><h2>编辑商品页面</h2>
 <form id = "editGoods_form">
          <div class = "editGoods-same">
```

```
                <dl><dt>分类:</dt><dd><% = briefGoodsCat2.name %>><% = briefGoodsCat1.name %></dd> </dl>
                <dl><dt>商品名称:</dt> <dd><input type="text" class="text" value="<% = name %>" id="goodsName" placeholder="商品名称"></dd>  </dl>
                <dl> <dt>货号:</dt><dd><input type="text" class="text" value="<% = sn %>" id="sn" placeholder="货号"></dd></dl>
                <dl><dt>简介:</dt><dd><input type="text" class="text" value="<% = brief %>" id="brief" placeholder="简介"></dd></dl>
                <dl> <dt>详细描述:</dt><dd><input type="text" class="text" value="<% = description %>" id="description" placeholder="详细描述"></dd></dl>
                <dl><dt>销售价:</dt><dd><input type="text" class="text" value="<% = price %>" id="price" placeholder=""></dd> </dl>
                <dl> <dt>成本价:</dt><dd><input type="text" class="text" value="<% = cost %>" id="cost" placeholder=""> </dd> </dl>
                <dl><dt>市场价:</dt> <dd><input type="text" class="text" value="<% = mktprice %>" id="mktprice" placeholder=""></dd> </dl>
                <dl> <dt>重量:</dt> <dd><input type="text" class="text" value="<% = weight %>" id="weight" placeholder=""> </dd></dl>
                <dl class="longText"><dt>商品详情:</dt>
                <dd class="introArea">
                  <textarea rows="10" cols="30" id="intro" name="content"><% = intro %> </textarea>
                  </dd>
                  </dl>
                  <dl><dt> </dt>
                   <dd class="btnArea">
                     <a href="#"  class="blueBtn"  id="editGoodsBtn">修改</a>
                    </dd>
                    </dl>
                   </div>
                </form>
        </div>
</script>
```

3. Backbone 代码

代码如下：

【代码 6-2-7】admin/onlineGoods_6. 2. js

```
editGoods :function(){//编辑商品
    var that = this. model;//先定义一个 model 为 that,好在 fetch 函数中运用
   //显示修改页面
    $ ('#editGoods'). show();
    $ ('#editGoods'). siblings(). hide();
    //从当前 model 中去 获取 goodsId
    var goodsId = this. model. get("goods_id");
    //new 一个 model,将 goodsId 传递给它
     var goods = new GoodsItem({goodsId:goodsId});
     //重构 url,调用这个 url,通过 fetch,将 goodsid 拼接到后面获取到商品的全部信息
          var path = "http://localhost:8080/MobileShop";
         var urlRoot = path + "/backbone/goods/union/";
         goods. urlRoot = urlRoot ;
   goods. fetch({
         success:function(model,response){
            //采用模板,将 model 的数据,显示在#editGoods 修改页面上
             var html = _. template($ ("#goodsTemplate"). html(),model. toJSON());
             $ ("#editGoods"). html(html);
             //在 textarea[id = "intro"]上创建一个富文本
             //绑定事件到提交按钮上
         $ ("a#editGoodsBtn"). on('click',function(){//a#editGoodsBtn 这个按钮,不在这个 View 的 this. $ el 范围内,所以不能用上面的 events 来绑定
         //提取数据
     var name = $ ("#goodsName"). val(). trim();
     var sn = $ ("#sn"). val(). trim();
     var brief = $ ("#brief"). val(). trim();
     var description = $ ("#description"). val(). trim();
     var price = $ ("#price"). val(). trim();
     var cost = $ ("#cost"). val(). trim();
     var mktprice = $ ("#mktprice"). val(). trim();
     var weight = $ ("#weight"). val(). trim();
     var intro = $ ("#intro"). val(). trim();
     //下面这三个参数不变化
     var mktEnable = model. get("mkt_enable"). toString()   ;
     var catId = model. get("cat_id"). toString() ;
     var brandId = model. get("brand_id"). toString() ;
```

```
        //构建 url
        var path = "http://localhost:8080/MobileShop";
        var urlRoot = path + "/backbone/goods/";   //这个 API 用于获取到 goodsId
    的全信息
        goods.urlRoot = urlRoot ;
        //设置参数
    goods.set ({ goodsId: goodsId, name: name, sn: sn, brief: brief, description:
    description,price:price,cost:cost,mktprice:mktprice,mktEnable:mktEnable,
    catId:catId,brandId:brandId,weight:weight,intro:intro});
        //与服务器同步
        goods.save();

  that.set({mktprice:mktprice,name:name,price:price,mktEnable:mktEnable});
            });
              },error :function(err){
                console.log(err);
              }
           });
         this.model = that;
        }
```

4. 富文本的实现

在 Chrome 中预览会发现,预览文本框如图 6-2-6 所示。

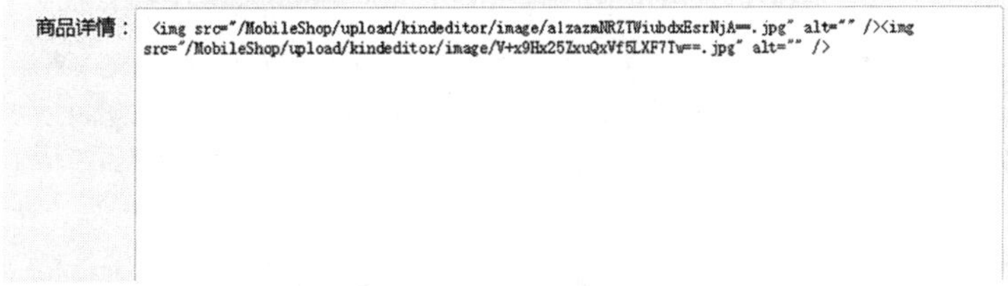

图 6-2-6　预览文本框

效果与图 6-2-5 所示的文本框相差甚远,为了实现图 6-2-6 所示的富文本效果,我们这里选用富文本插件 kindeditor 来完成这一使命。

【知识引申】

KindEditor 是一套开源的在线 HTML 编辑器,主要用于让用户在网站上获得所见即所得编辑效果,开发人员可以用 KindEditor 把传统的多行文本输入框(textarea)替换为可视化的富文本输入框。KindEditor 使用 JavaScript 编写,可以无缝地与 JAVA 程序集成。我们通过网址 http://kindeditor.net 去下载 KindEditor 插件,并在网址 http://kindeditor.net/doc.php 学习 KindEditor 的使用方式。

步骤 1 下载并解压 kindeditor 插件于 plug 文件夹下，在 main. html 页面中引入插件。代码如下：

【代码 6-2-8】admin/main. html　代码片段

```
<link rel = "stylesheet" href = "../plug/kindeditor/themes/simple/simple.css">
<script charset = "utf-8" src = "../plug/kindeditor/kindeditor.js" type = "text/javascript"></script>
<script charset = "utf-8" src = "../plug/kindeditor/lang/zh_CN.js"  type = "text/javascript"></script>
```

步骤 2 创建一个富文本对象。

【代码 6-2-7】的第 19 行处添加如下代码：

【代码 6-2-9】admin/onlineGoods_6. 2. js

```
var editor1 = KindEditor.create('textarea[id = "intro"]',{
    themeType: "simple",
    uploadJson: 'http://localhost:8080/MobileShop/file2/img/upload',
    allowFileManager : true,
    resizeType: 1,
    pasteType: 2,
    syncType: "",
    filterMode: true,
    allowPreviewEmoticons: false,
    items: [
        'source', 'undo', 'redo', 'plainpaste', 'wordpaste', 'clearhtml', 'quickformat',
        'selectall', 'fullscreen', 'fontname', 'fontsize', '|', 'forecolor', 'hilitecolor',
        'bold', 'italic', 'underline', 'hr', 'removeformat', '|', 'justifyleft', 'justifycenter',
        'justifyright', 'insertorderedlist', 'insertunorderedlist', '|', 'link', 'image',
        'unlink', 'baidumap', 'emoticons'
        ],
        afterCreate: function () {
            this.sync();// 同步数据后可以直接取得 textarea 的 value 后面有 console.log("文本框内的数据" + $ ("#intro").val().trim());
        },
        afterBlur: function () {
            this.sync();//同步数据
        },
    });
```

其中 uploadJson: 'http://localhost:8080/MobileShop/file2/img/upload'，是当富文本中上传单张图片时，服务器端处理图片的 url 地址。

再次在 Chrome 中测试，效果如图 6-2-7 所示。

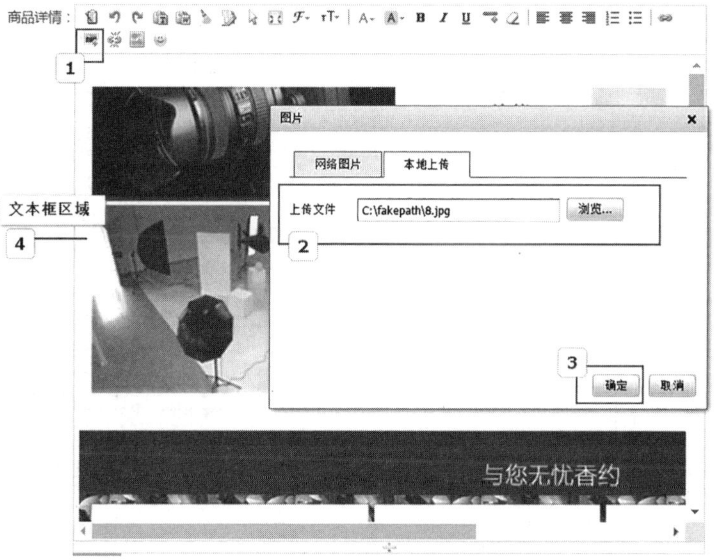

图 6-2-7　富文本图片上传测试

6.2.4　实现搜索商品

当鼠标单击“搜索”按钮时，会根据搜索文本框中填写的关键字在“上架商品”中搜索，并刷新“上架商品”列表。这里不能通过视图（View）GoodsItemView 中的 events 属性去为“搜索”按钮绑定鼠标单击事件，因为该“搜索”按钮并不是 GoodsItemView 的 el 的子元素。通常采用 jQuery 常规的事件绑定去完成。代码如下：

【代码 6-2-10】admin/onlineGoods_6.2.js

```
//绑定事件给搜索按钮
$ ("a#searchBtn").on("click",function(){
var input = encodeURIComponent($ ("#online .searchInput").val().trim(),
'utf8');
  //准备 url
  var path = "http://localhost:8080/MobileShop";
  var url = path+"/backbone/goods/find";
      onLineGoodsList.fetch( {
              reset:true,
              url:url,//也可以在 fetch 时重构 url
              data: $ .param({ input : input}),//将搜索关键字传递给服务器
              success: function(collection, response) {
                goodsListView.render();//重新加载视图
              }
          });
});
```

在 Chrome 中测试,结果如图 6-2-8 所示。

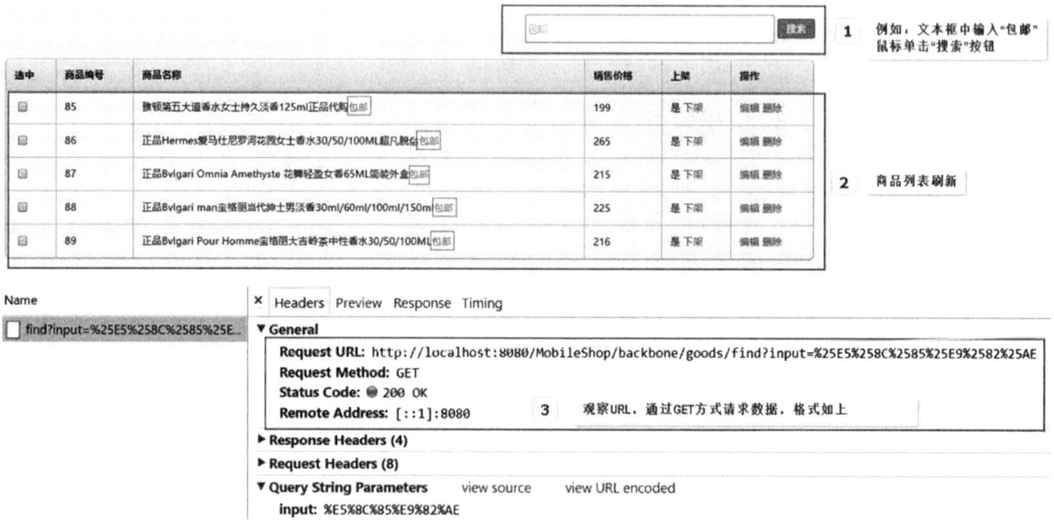

图 6-2-8 “关键字搜索商品”

6.2.5 项目梳理

(1)视图(View)的 events 属性,可以将视图所指向的元素中的 DOM 元素与触发的事件和事件函数绑定。

(2)KindEditor 是一套开源的在线 HTML 编辑器,可以用 KindEditor 把传统的多行文本输入框(textarea)替换为可视化的富文本输入框。

【师傅小结】

通过本项目的学习,掌握 Backbone 框架事件管理机制、模型(Model)、模型集合(Collection)、视图(View)、路由(router)的定义及使用;掌握 Backbone 实现前后端数据交互的流程及方法;掌握 Backbone 实现异步刷新页面的方式及方法如下图所示。

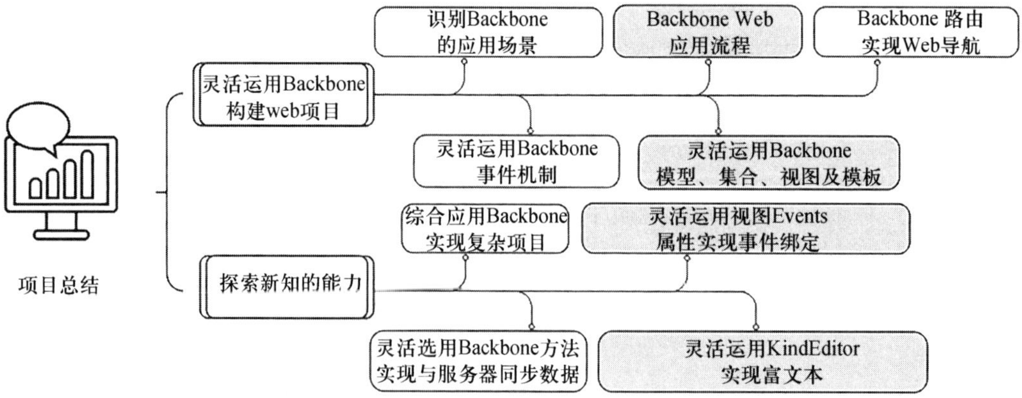

技能训练引导图 4

通过本项目的学习,提高灵活运用 Backbone 构建 Web 项目的能力及探索新知、自学的能力。

【学徒思考】

通过本项目,我掌握了 Backbone 实现前后端数据交互的流程及方法;掌握了 Backbone 实现异步刷新页面的方式及方法。我将进一步思考如何完成如下问题:

(1)Backbone 模块组成。

(2)当 Model 的属性发生变化时,就会促发该 Model 的 change 事件。

(3)已经学习了 6.1.6 中实现“上架商品列表”的步骤及方法,如何自行加载“库存商品”列表页面见下表。

“库存商品列表”API 规划

模块	功能	前台传参	HTTP 方法类型	API 设计
商品	根据页码查询库存商品	pageId	GET	/backbone/goods/page/{pageId}

如下图所示,实现“上架商品列表”中翻页的功能代码。当鼠标“上一页”“下一页”按钮时,获取并显示当页的“上架商品列表”。

翻页

参考 6.2,加载“库存商品”列表页面,如何实现库存商品的“删除商品”“编辑商品”“关键字搜索商品”“商品分页”“修改库存数量”等功能?

【思政园地】

在后台管理模块的构建中,我们要充分认识到信息化对于社会发展的重要意义。后台管理模块是网站运行的核心支撑,它的稳定性和安全性直接影响着网站的服务质量和用户体验。我们要以高度的责任感和敬业精神,精心设计和构建后台管理模块,确保其功能完善、性能优越。要注重数据的安全和保护,采取有效的措施防止数据泄露和滥用。

最后,我们还要注重团队协作和沟通,充分发挥每个人的优势,共同攻克技术难题,提高工作效率和质量。要以积极的态度面对工作中的挑战，不断提升自己的能力和素质，为实现信息化建设的目标贡献自己的力量。

【工作任务实施记录与评价】

1. 搭建 Backbone 应用开发运行环境、创建页面记录

师傅指导记录	工作流程评价	评价成绩
		年　月　日

2. 制作"商品管理"模块导航检查记录

检查质量评价	采用路由完成左右侧面板之间的联动情况	使用 on 方法为对象绑定事件情况	评价成绩	评价日期

3. 制作"上架商品"模块(下架、删除、编辑、搜索)检查记录

检查质量评价	下架功能	删除功能	编辑功能	搜索功能	评价成绩	评价日期

4. 学徒关键职业能力及职业品质、工匠精神评价

项目	A	B	C	D
工作态度				
学习能力				
团队协作				
沟通交流				
编码素养				
认真负责				

5. 页面网址附在此处

附 件

Appendixes

附件1

Web 前端开发

职业技能等级标准

工业和信息化部教育与考试中心

2019 年 3 月

说　明

为贯彻落实《国家职业教育改革实施方案》，积极推动学历证书＋若干职业技能等级证书制度，进一步完善计算机软件行业技术技能专业标准体系，为技术技能人才教育和培训提供科学、规范的依据，工业和信息化部教育与考试中心依据当前计算机软件行业发展的实际情况，在实施工业和信息化人才培养工程Web前端开发专业技术技能人才培养项目的基础上，在教育部的指导下，组织有关专家，编写了《Web前端开发职业技能等级标准》（以下简称“标准”）。

本标准以客观反映现阶段软件开发和互联网行业技术发展水平及其对从业人员的能力要求为目标，明确了具有本专业职业技能的人员的工作领域、工作任务、技能要求和知识要求。

本标准采用功能分析法进行编写，遵循了有关技术规程的要求，既体现了以专业活动为导向、以专业技能为核心的特点，又保证了标准体例的规范化，同时，模块化的结构也使其具有根据技术发展进行调整的灵活性和实用性，以符合培训和评价工作不断发展的需要。

本标准将Web前端开发职业技能分为初、中、高三个等级，其中高级证书持有者具有复杂网页设计开发能力和网站架构设计规划能力；中级证书持有者具有动态网页设计开发能力；初级证书持有者具有静态网页开发能力。

本标准由工业和信息化部教育与考试中心组织编写，参加编写审订工作的主要人员有谭志彬、顾乃杰、朱卫东、何山、龚玉涵、贾振洋、吴善超、罗东阳、朱立、高飞、徐旭、骆彬彬、任远、杨亨冉等，在此表示感谢。

1. 职业技能概况

1.1 名称

Web 前端开发

1.2 职业技能定义

利用 HTML、CSS、JavaScript、网页开发框架等专业知识、方法和工具将产品 UI 设计稿实现成网站的技能。

1.3 职业技能等级

本职业技能共设三个等级，分别为：初级、中级、高级。

1.4 环境

室内，常温。

1.5 职业技能特征

具有较强的逻辑思维能力，拥有良好的编写代码习惯，沟通能力强，具有运用色彩搭配、点线面布局来设计较好用户体验网站页面的能力。

1.6 基本文化程度

高中毕业(或同等学历)。

1.7 职业技能培训要求

1.7.1 培训课时

初级职业技能培训时间不少于 96 标准课时；中级职业技能培训时间不少于 224 标准课时(含初级培训课时)；高级职业技能培训时间不少于 320 标准课时(含初级培训课时和中级培训课时)。

1.7.2 培训教师

企业在职工程师、双师型教师、院校教师。

1.7.3 培训场所设备

计算机、移动终端、服务器、网络交换机、路由器等。

2. 教材

每个级别分别配套有《Web 前端开发》(工业和信息化人才培养工程系列丛书，1+X 证书制度试点培训用书)教材上、下两册，共有 6 本教材。教材与本标准对应，是实施培训的参考依据。

3. 考核方式

Web 前端开发职业技能初、中、高三个级别的考核方式为闭卷考试，采用上机考试形式。考试包括理论考试和实操考试两部分。

理论考试试卷满分 100 分，共 50 道试题，其中单选题 30 道，多选题 15 道，判断题 5 道；实操考试试卷满分 100 分，试卷含 3～5 道实践性试题，试题形式包括案例分析、软件代码编码或是网页效果呈现等。理论考试与实操考试合格标准均为 60 分，两部分考试成绩均合格的学员可以获得相应级别的职业技能等级证书。

4. 标准主要特点

本标准的开发遵循了整体性、规范性、实用性、可操作性等原则。

本标准的开发，充分考虑到了 Web 前端开发从业人员的职业发展路径与成长路径，以职业素养、职业技能、知识水平为主要框架结构，设计了 HTML 基础及 HTML5 标签、CSS 及 CSS3 应用、JavaScript 基本语法与高级编程、ES6 标准、数据库应用、项目模块化开发、各种复杂的交互与优化等知识和能力等模块。面向的主要岗位包括网页设计、网页制作、响应式页面搭建、移动网页制作与设计、网站搭建(门户(行业)网站、交易类网站、企事业网站、娱乐性质网站)、网站规划与设计等。

本标准的核心内容，来源于社会对 Web 前端开发职业活动质量的要求，是衡量从业者（包括正在接受教育与培训的准从业者）胜任 Web 前端开发工作的基本尺度和规范，能够反映当下时期内 Web 前端开发职业教育的人才培养质量规格。

5. 职业素养要求

类别	内容
职业道德	自觉遵守中国软件行业基本公约。
	有良好的知识产权保护观念和意识，自觉抵制各种违反知识产权保护法规的行为。
	能自觉遵守企业规章制度与产品开发保密制度。
	遵守有关隐私信息的政策和规程，保护客户隐私。
合作意识	具有积极协助配合同事完成开发任务的意识。
	讲诚信，坚决反对各种弄虚作假现象，对已经承诺的事，要保证做到。
	能够与项目组人员沟通协调，确定自己的开发任务，理解团队开发任务。
质量意识	遵循从软件需求分析到软件验收完成整个软件生命周期的标准规范。
	执行和遵守软件开发所需的方法、时间进度、制度控制和相关软件开发事项。
	能够根据产品经理和主管的要求修改完善软件，提高代码质量。
	开发过程应遵循企业标准，应依据需求说明书客观地验证软件开发产品。
服务意识	能够与客户和主管及时沟通前端开发任务需求和项目进度状况。
	能及时收集用户反馈，提升前端开发成果的实用性、易用性。
学习意识	能自觉跟踪前端开发技术发展动态，积极参与各种技术交流、技术培训和继续教育活动。
	依据文档编制规范，自觉学习，提高程序编写文档的规范性、准确性和易读性。
	学习标准和操作规范，提高对所使用的软件和相关文档的理解能力，以及对这些软件和文档将要应用的环境的理解能力。
	善于总结开发工作经验，不断提高在合理的时间内以合理的费用创建安全、可靠和高质量软件的能力。

6. 操作规范

Web 前端开发中应遵循以下操作规范：

GB/T 8567—2006 计算机软件文档编制规范。

GB/T 30971—2014 软件工程 用于互联网的推荐实践网站工程、网站管理和网站生存周期。

7. 标准开发的主要方法

标准开发主要采用的方法是功能分析法。

功能分析法是从职业最顶层的大目标(工作领域)出发，逐层确立中目标、小目标(工作任务/职业技能，或称单元/要素），然后根据达到目标（完成职业单元、职业要素)所需的知识、技能以及其他相关能力的要求，确立标准的范围、内容和程度。它以目标为中心，强调实现目标需要具备的手段（知识、方法、工具、技能及其他相关要求）以及实现目标需达到的水平要求。功能分析法步骤如下：

(1)明确某一职业领域的"工作领域"；

(2)分解出这些工作领域的"工作任务 "；

(3)工作任务进一步分解为"次一级功能（sub-functions）"，直到不能再分时，次级功能就被称为标准中的"职业技能"；

(4)分析职业技能所关联的"技能要求"和"知识要求"。

在结构上，本职业技能标准包括五个要素：

(1)工作领域：这是职业技能标准按照工作职责大目标划分后形成的单位；

(2)工作任务：这是职业技能标准的基本组成单位，某一工作任务可以看作是对某一主要工作内容或应完成功能的概括；

(3)职业技能：是工作任务的基本组成单位，可以看作是对具有相对独立价值的某一次级功能所要求能力的描述；

(4)技能要求：即每项能力要素所应达到的操作水平。技能要求在语义内容上一般包括所应达到的操作结果，以及判断操作是否达到所要求结果的评判标准；

(5)知识要求：阐明具有每项技能所应掌握、了解的知识。

8. Web 前端开发(初级)

8.1　培训学时：96 学时。

8.2　衔接中职专业：通信技术、电子与信息技术、电子技术应用、计算机应用。

8.3　衔接高职专业：计算机应用技术、计算机信息管理、软件技术、软件与信息服务。

8.4　接续本科专业：计算机科学与技术、电子信息工程、电子科学与技术、软件工程。

8.5　培养目标：围绕互联网＋、新兴技术行业带来的 Web 前端开发技术技能人才需求，培养具有良好职业道德和人文素养，掌握 Web 前端开发基础知识，具备静态网页设计、开发、调试、维护等能力，能从事 Web 前端软件编码、软件测试、软件技术服务等工作的初级技术技能人才。

8.6　就业方向：主要面向各企事业单位、政府部门等的信息化数字化部门，从事静态网页制作、响应式页面搭建等工作，根据视觉和交互原型要求实现网站页面和交互效果。

8.7　主要职业能力：1)具有前端开发新知识、新技能的学习能力；2)具备静态网站设计与制作能力。

8.8　核心课程与实习实训：(1)核心课程：Web 页面制作基础、HTML5 开发基础与应用、轻量级前端框架、JavaScript 程序设计等。(2) 实习实训：线上实训方式，与项目实例相结合的教学方法，学生通过在线编程环境，完成静态网页制作、专题栏目的静态宣传页(二级网页)制作、动画效果制作等实际项目。

8.9 能力标准与知识要求

工作领域	工作任务	职业技能	技能要求	知识要求
静态网站搭建	1-1 静态网页开发	1-1-1 能使用HTML制作静态网页	1-1-1-S1 能使用HTML文本标签、头部标记、页面创建超链接 1-1-1-S2 能使用创建表格表单功能搭建静态网页	1-1-1-K1 掌握HTML文本标签、头部标记功能 1-1-1-K2 掌握页面创建超链接、创建表格表单功能
		1-1-2 能使用CSS设计页面样式	1-1-2-S3 能使用CSS开发网页样式 1-1-2-S4 能使用CSS美化网页样式 1-1-2-S5 能正确运用Hack原理实现CSS中的样式效果	1-1-2-K3 掌握CSS的选择器、单位、字体样式、文本样式、颜色、背景功能 1-1-2-K4 掌握CSS的区块、网页布局属性的功能
		1-1-3 能使用JavaScript开发交互效果页面	1-1-3-S6 能使用JavaScript开发交互效果页面 1-1-3-S7 能正确选择数据类型、设置变量,能使用运算等基础语言和内置函数实现数据交互 1-1-3-S8 能正确使用JavaScript对象和DOM编程实现交互效果页面	1-1-3-K5 掌握JavaScript基础语言、函数、面向对象的功能
		1-1-4 能使用jQuery开发交互效果页面	1-1-4-S9 能使用jQuery选择器、jQuery中的DOM操作、滚动、图表、布局、文字处理及UI等插件、jQuery事件和动画等功能开发交互效果页面	1-1-4-K6 掌握jQuery中选择、插件、事件和动画的功能
	1-2 静态网页美化	1-2-1 能使用CSS3新特性开发页面样式	1-2-1-S1 能使用CSS3的选择器、边框特性、颜色、字体功能美化网页	1-2-1-K1 了解CSS3新增选择器边框新特性、新增颜色、字体的功能
		1-2-2 能使用HTML标签美化页面	1-2-2-S2 能使用HTML文本标签、图像、头部标记、页面创建超链接、创建表格表单及iframe框架等功能美化网页	1-2-2-K2 理解并掌握HTML文本标签、头部标记、页面创建超链接、创建表格表单等功能的使用方法
动态网站搭建	1-3 动态网页开发	1-3-1 能使用CSS3新特性开发动态页面样式	1-3-1-S1 能使用CSS3特性、动画效果、多列布局以及弹性布局开发动态网页	1-3-1-K1 了解CSS3特性、CSS3动画效果、多列布局以及弹性布局的使用方法
移动端静态网站开发	1-4 移动端静态网页开发	1-4-1 能使用HTML5制作移动端静态网页	1-4-1-S1 能使用HTML5新增语义化元素、页面增强元素与属性及多媒体元素等功能进行移动端页面开发	1-4-1-K1 了解HTML5新增全局属性、结构化与页面增强、表单标签、多媒体元素的使用方法
		1-4-2 能使用CSS3新特性开发页面样式	1-4-2-S2 能使用CSS3的选择器、边框特性、颜色、字体功能设计网页	1-4-1-K2 了解CSS3选择器、边框特性、颜色、字体的功能

续表

工作领域	工作任务	职业技能	技能要求	知识要求
移动端静态网站开发	1-4 移动端静态网页开发	1-4-3 能使用 JavaScript 开发交互效果页面	1-4-3-S3 能使用 JavaScript OOP、原型链、常用设计模式等原生的方式开发网页	1-4-1-K3 了解 JavaScript OOP、原型链、常用设计模式等原生方式开发网页的功能
	1-5 移动端静态网页美化	1-5-1 能使用 HTML5 美化静态网页	1-5-1-S1 能使用 HTML5 新增语义化元素、页面增强元素与属性及多媒体元素等功能美化页面	1-5-1-K1 了解 HTML5 新增全局属性、结构化与页面增强、表单标签、多媒体元素的使用方法
		1-5-2 能使用 CSS3 新特性美化静态页面	1-5-1-S2 能使用 CSS3 的选择器、边框特性、颜色、字体功能美化网页	1-5-1-K2 了解 CSS3 选择器、边框特性、颜色、字体的功能

9. Web 前端开发(中级)

9.1 培训学时:224 学时。

9.2 衔接中职专业:通信技术、电子与信息技术、电子技术应用、计算机应用。

9.3 衔接高职专业:移动互联应用技术、计算机应用技术、计算机信息管理、软件技术、软件与信息服务、移动应用开发、智能产品开发。

9.4 接续本科专业:计算机科学与技术、电子信息工程、电子科学与技术、软件工程。

9.5 培养目标:围绕互联网+、新兴技术行业带来的 Web 前端开发、移动端开发技术技能人才需求,以企业用人为导向,以岗位技能和综合素质为核心,培养具有良好职业道德和人文素养,掌握 Web 前后端数据交互、响应式开发等知识,具备动态网页设计、开发、调试、维护等能力,能从事 Web 前端软件编程、软件测试、软件技术服务、智能终端界面开发等工作的中级技术技能人才。

9.6 就业方向:主要面向 IT 互联网企业、互联网转型的传统型企事业单位、政府部门等的软件研发、软件测试、系统运维部门,从事网站规划与建设、网站开发与维护、关系型数据库开发管理等工作,根据网站开发需求,编制并实施解决方案。

9.7 主要职业能力:(1)具有前端新知识、新技能的学习能力和创新创业能力;(2)具备网站规划与建设能力;(3)具备关系型数据库设计与管理能力;(4)具备网站响应式开发能力;(5)具备数据交互能力。

9.8 核心课程与实习实训:(1)核心课程:MySQL 数据库基础与应用、PHP 技术与应用、Web 前后端数据交互技术、响应式开发技术、网站项目实战等课程。(2)实习实训:线上线下相结合的实训方式,与项目实例相结合的教学方法,以面向门户网站、交易类网站、企事业网站、娱乐性质网站的规划与建设、开发与维护、关系型数据库开发与管理等为实训项目内容,配备一定量的企业实际项目。

9.9 能力标准与知识要求：

工作领域	工作任务	职业技能	技能要求	知识要求
静态网站搭建	2-1 静态网页开发	2-1-1 能熟练使用 HTML 编写静态网页	2-1-1-S1 能熟练使用 HTML 文本标签、头部标记、页面创建超链接、创建表格表单功能搭建静态网页	2-1-1-K1 掌握并熟练应用 HTML 文本标签、头部标记、页面创建超链接、创建表格表单功能
		2-1-2 能使用 CSS 设计网站页面样式	2-1-2-S2 能熟练使用 CSS 设计网页样式 2-1-2-S3 能熟练使用 CSS 美化网页样式 2-1-2-S4 能熟练使用 Hack 原理实现 CSS 中的样式效果	2-1-2-K2 掌握 CSS 的选择器、单位、字体样式、文本样式、颜色、背景的使用方法 2-1-2-K3 掌握 CSS 的区块、网页布局属性的使用方法
		2-1-3 能使用 JavaScript 开发网站交互效果页面	2-1-3-S5 能熟练使用 JavaScript 开发交互效果页面 2-1-3-S6 能熟练使用运算等基础语言和内置函数实现数据交互 2-1-3-S7 能熟练使用 JavaScript 对象和 DOM 编程实现交互效果页面	2-1-3-K4 掌握 JavaScript 基础语言、函数、面向对象功能的使用方法
		2-1-4 能使用 jQuery 开发网站交互效果页面	2-1-4-S8 能熟练使用 jQuery 选择器、jQuery 中的 DOM 操作、滚动、图表、布局、文字处理及 UI 等插件、jQuery 事件和动画等开发交互效果页面	2-1-4-K5 掌握 jQuery 中选择、插件、事件和动画功能的使用方法
		2-1-5 能使用 Bootstrap 前端框架开发页面	2-1-5-S9 能使用 Bootstrap 栅格系统、基本样式、组件、LESS 和 SASS、插件、Bootstrap 定制及优化、Bootstrap 内核解码开发响应式页面	2-1-5-K6 掌握 Bootstrap 布局、组件、基本样式、插件、组件的使用方法
	2-2 静态网页美化	2-2-1 能使用 CSS3 新特性美化网站页面样式和结构	2-2-1-S1 能熟练使用 CSS3 的选择器、边框特性、颜色、字体、盒阴影、背景特性、盒模型、功能美化网页	2-2-1-K1 掌握 CSS3 选择器在页面中插入各种盒子模型、背景样式使用方法
		2-2-2 能运用 HTML 各种标签美化原有静态网页	2-2-2-S2 能熟练使用 HTML 文本标签、图像、头部标记、页面创建超链接、创建表格表单及 iframe 框架等功能美化网页	2-2-2-K2 掌握 HTML 在网页中嵌入多媒体、使用框架结构、网页中使用表格创建表单的使用方法
动态网站搭建	2-3 动态网页开发	2-3-1 能使用 CSS3 新特性设计网站页面样式和结构	2-3-1-S1 能熟练使用 CSS3 的选择器、背景、盒模型、渐变、多列布局等属性开发动态网页	2-3-1-K1 掌握 CSS3 特性、动画效果、多列布局以及弹性布局的使用方法

续表

工作领域	工作任务	职业技能	技能要求	知识要求
动态网站搭建	2-3 动态网页开发	2-3-2 能运用MySQL数据库进行基本的数据管理工作	2-3-2-S2 能使用MySQL基本操作进行数据管理	2-3-2-K2 掌握MySQL中创建表、设置约束、设置自增型字段、表结构的复制、修改表、修改字段、修改约束条件、修改表名、删除表、数据的插入/修改/查询/存储、触发器、事务、视图的使用方法
		2-3-3 能使用PHP制作动态网页	2-3-3-S3 能熟练使用PHP的编码技术操作Mysql数据库,进行动态网站开发。 2-3-3-S4 能使用Session的操作、Cookie的操作开发动态网站	2-3-3-K3 掌握PHP的基础操作、数组函数、面向对象、基本语法、数据类型、数据输出、编码规范、常量、变量、PHP运算符、数据类型转换、条件判断语句、循环控制语句、跳转语句和终止语句、一维数组、二维数组、遍历与输出数组、函数、PHP操作MySQL数据库、管理MySQL数据库中数据的使用方法
		2-3-4 能根据RESTful API规范设计可用的API	2-3-4-S5 能根据HTTP协议方法定义操作,能使用API进行数据筛选、支持大型二进制资源的部分响应与后端进行交互	2-3-4-K4 掌握基本的API设计方法
		2-3-5 能使用Ajax创建动态网页	2-3-5-S6 能熟练使用Ajax中的XML、JSON数据格式与网站后端进行数据交互	2-3-5-K5 掌握Ajax技术,实现异步刷新,异步获取数据的使用方法
		2-3-6 能使用Laravel框架构建动态网站	2-3-6-S7 能熟练使用Laravel的路由、控制器、Blade模板、前端组件构建动态网站	2-3-6-K6 掌握Laravel框架构建动态网站的使用方法
移动端静态网站开发	2-4 移动端静态网页开发	2-4-1 能熟练使用HTML5编写移动端静态网页	2-4-1-S1 能熟练使用HTML5新增语义化元素、页面增强元素与属性及多媒体元素等功能开发移动端页面	2-4-1-K1 掌握HTML5新增全局属性、结构化与页面增强、表单标签、多媒体元素的使用方法
		2-4-2 能运用CSS3特性设计网站页面样式和结构	2-4-2-S2 能使用CSS3的选择器、边框特性、新增颜色、字体、盒阴影、背景特性、盒模型、渐变功能设计移动端静态网页	2-4-2-K2 掌握CSS3选择器、边框特性、颜色、字体、盒阴影、背景特性、盒模型、渐变功能的使用方法

续表

工作领域	工作任务	职业技能	技能要求	知识要求
移动端静态网站开发	2-4 移动端静态网页开发	2-4-3 能使用JavaScript开发网站交互效果页面	2-4-3-S3 能熟练使用JavaScript开发交互效果页面 2-4-3-S4 能熟练使用运算等基础语言和内置函数实现数据交互 2-4-3-S5 能熟练使用JavaScript对象和DOM编程实现交互效果页面	2-4-3-K3 掌握JavaScript基础语言、函数、面向对象功能的使用方法
		2-4-4 能使用Bootstrap前端框架开发页面	2-4-4-S6 能使用Bootstrap栅格系统、基本样式、组件、Less和Sass、插件、Bootstrap定制及优化、Bootstrap内核解码开发响应式页面	2-4-4-K4 掌握Bootstrap布局、组件、基本样式、插件、组件的使用方法
	2-5 移动端静态网页美化	2-5-1 能熟练使用HTML5编写静态网页	2-5-1-S1 能熟练使用HTML5新增语义化元素、页面增强元素与属性及多媒体元素等功能美化页面	2-5-1-K1 理解HTML5新增全局属性、结构化与页面增强、表单标签、多媒体元素的使用方法
		2-5-2 能使用CSS3新特性改变网站页面样式和结构	2-5-2-S2 能熟练使用CSS3的选择器、盒模型、过渡、动画等属性美化网页 2-5-2-S3 使用em/rem/vw/vh等单位开发移动端网页，达到美化网页的效果	2-5-2-K2 掌握CSS3选择器在页面中插入、各种盒子模型、背景样式使用方法
移动端动态网站开发	2-6 动态网页开发	2-6-1 能使用MySQL数据库进行基本的数据管理工作	2-6-1-S1 能使用MySQL基本操作进行数据管理	2-6-1-K1 掌握MySQL中创建表、设置约束、设置自增型字段、表结构的复制、修改表、修改字段、修改约束条件、修改表名、删除表、数据的插入/修改/查询/存储、触发器、事务、视图的使用方法
		2-6-2 能使用PHP制作动态网页	2-6-2-S2 能熟练使用PHP的编码技术操作MySQL数据库，进行动态网站开发。 2-6-2-S3 能使用Session的操作、Cookie的操作开发动态网站	2-6-2-K2 掌握PHP的基础操作、数组函数、面向对象、基本语法、数据类型、数据输出、编码规范、常量、变量、PHP运算符、数据类型转换、条件判断语句、循环控制语句、跳转语句和终止语句、一维数组、二维数组、遍历与输出数组、函数、PHP操作MySQL数据库、管理MySQL数据库中数据的使用方法

续表

工作领域	工作任务	职业技能	技能要求	知识要求
移动端动态网站开发	2-6 动态网页开发	2-6-3 能使用 Ajax 创建动态网页	2-6-3-S4 能熟练使用 Ajax 的 XML、JSON 数据格式与网站后端进行数据交互	2-6-3-K3 掌握 Ajax 技术，实现异步刷新，异步获取数据的使用方法

10. Web 前端开发(高级)

10.1 培训学时：320 学时。

10.2 衔接中职专业：通信技术、电子与信息技术、电子技术应用、计算机应用。

10.3 衔接高职专业：移动互联应用技术、计算机应用技术、计算机信息管理、软件技术、软件与信息服务、移动应用开发、智能产品开发。

10.4 接续本科专业：计算机科学与技术、电子信息工程、电子科学与技术、软件工程。

10.5 培养目标：围绕互联网＋、新兴技术行业带来的 Web 前端开发、移动端开发技术技能人才需求，以企业用人为导向，以岗位技能和综合素质为核心，培养具有良好职业道德和人文素养，掌握 Web 前端框架应用、性能优化与自动化技术等知识，具备前端架构、移动智能终端开发、组件化开发等能力，能从事 Web 前端架构设计、技术选型、组件化等工作的高级技术技能人才。

10.6 就业方向：主要面向 IT 互联网企业、互联网转型的传统型企事业单位、政府部门等的软件研发、软件测试、系统运维部门，从事前端架构设计、移动端项目开发、智能设备前端开发、组件和类库编写等工作，根据网站开发需求，进行架构设计并管理实施解决方案。

10.7 主要职业能力：(1)具有前端新知识、新技能的学习能力和创新创业能力；(2)具备前端架构设计能力；(3)具备移动端开发能力；(4)具备前端组件化能力；(5)具备网站性能优化能力。

10.8 核心课程与实习实训：(1)核心课程：前端高效开发框架技术与应用、性能优化与自动化技术、移动 Web 设计与开发等。(2)实习实训：结合线上线下学习平台与项目实例相结合的教学方法，以前端架构设计、移动前端项目开发、智能设备前端开发、组件和类库的编写等为实训项目内容，同时可以为成绩优秀的学员提供企业实习机会。

10.9 能力标准与知识要求：

工作领域	工作任务	职业技能	技能要求	知识要求
静态网站搭建	3-1 静态网页开发	3-1-1 能熟练使用 HTML 开发静态网页	3-1-1-S1 能结合其他编程语言，综合运用 HTML 文本标签、头部标记、页面创建超链接、创建表格表单等功能搭建静态网页	3-1-1-K1 掌握 HTML 文本标签、头部标记、页面创建超链接、创建表格表单与其它编程语言的综合使用方法

续表

工作领域	工作任务	职业技能	技能要求	知识要求
静态网站搭建	3-1 静态网页开发	3-1-2 能熟练使用 CSS 开发网站页面样式	3-1-2-S2 能熟练使用 CSS 开发网页样式,能正确解决 CSS 编程过程中的问题	3-1-2-K2 掌握 CSS 基本属性、选择器、单位、字体样式、文本样式、颜色、背景、区块、网页布局属性的使用方法
		3-1-3 能熟练使用 JavaScript 开发网站交互效果页面	3-1-3-S3 能熟练使用 JavaScript 开发交互效果网页,能正确解决 JavaScript 编程过程中的问题	3-1-3-K3 掌握 JavaScript 基础语言、函数、面向对象功能的知识
		3-1-4 能利用 jQuery 进行交互效果优化	3-1-4-S4 能熟练使用 jQuery 开发交互网页,能正确解决在 jQuery 编程过程中出现的问题	3-1-4-K4 掌握 jQuery 中选择、插件、事件和动画功能的使用方法
		3-1-5 能使用 Bootstrap 定制和优化响应式页面	3-1-5-S5 能熟练使用 Bootstrap 开发响应式网页,并能解决在应用中出现的问题	3-1-5-K5 掌握 Bootstrap 布局、组件 Sass 功能的使用方法
	3-2 静态网页美化	3-2-1 能使用 CSS3 新特性优化页面样式	3-2-1-S1 能熟练使用 CSS3 的选择器、边框特性、颜色、字体、盒阴影、背景特性、盒模型、渐变、过渡、多列布局、弹性布局等功能并能解决应用中的问题	3-2-1-K1 掌握使用 CSS3 功能解决优化过程中兼容性问题的方法
		3-2-2 能运用 HTML 各种标签美化原有静态网页	3-2-2-S2 能熟练使用 HTML 文本标签、图像、头部标记、页面创建超链接、创建表格表单及 iframe 框架等功能美化静态网页并解决出现的问题	3-2-2-K2 掌握使用 HTML 在网页中嵌入多媒体、使用框架结构、网页中使用表格创建表单等知识以及使用中出现问题的解决方法
动态网站搭建	3-3 动态网页开发	3-3-1 能熟练使用 CSS3 特性调整页面属性	3-3-1-S1 能使用 CSS3 的选择器、边框、颜色、文本效果、字体、盒阴影、背景、盒模型、渐变、过渡、动画、多列布局、弹性布局等特性开发动态网页,并解决动态网页优化问题	3-3-1-K1 掌握 CSS3 新增特性、CSS3 动画效果、多列布局以及弹性布局知识
		3-3-2 能熟练使用 MySQL 数据库进行数据管理	3-3-2-S2 能使用 MySQL 创建表、设置约束、设置自增型字段、表结构的复制、修改表、修改字段、修改约束条件、修改表名、删除表、数据的插入/修改/查询/存储、触发器、事务、视图等功能,解决数据管理应用中出现的问题	3-3-2-K2 掌握 MySQL 中创建、修改、删除表等数据基本操作方法及应用中出现问题的解决方法

续表

工作领域	工作任务	职业技能	技能要求	知识要求
动态网站搭建	3-3 动态网页开发	3-3-3 能熟练使用 PHP 制作动态网页	3-3-3-S3 能熟练使用PHP的编码技术操作 MySQL 数据库,进行动态网站开发 3-3-3-S4 能熟练使用 Session 的操作、Cookie 的操作开发动态网站	3-3-3-K3 掌握 PHP 基本语法、数据类型、数据输出、编码规范、常量、变量、PHP 运算符、数据类型转换、条件判断语句、循环控制语句、跳转语句和终止语句、一维数组、二维数组、遍历与输出数组、函数、PHP 操作 MySQL 数据库、管理 MySQL 数据库中的数据、Session 的操作、Cookie 的操作等功能,掌握应用中出现问题的解决方法
		3-3-4 能运用 API 设计原则,设计可用、易用、可维护的 API	3-3-4-S5 能使用 Restful API 设计跨平台跨语言的数据接口	3-3-4-K4 掌握使用 API 设计原则设计可用、易用、可维护 API 的方法,并掌握应用中出现问题的解决方法
		3-3-5 能熟练使用 Ajax 创建动态网页	3-3-5-S6 能使用 Ajax 的 XML、JSON 数据格式、JSONP 跨域等功能并解决应用中出现的问题	3-3-5-K5 掌握 Ajax 进行数据交互的使用方法,并掌握应用中出现问题的解决方法
		3-3-6 能熟练使用 Laravel 框架构建动态网站	3-3-6-S7 能使用 Laravel 的路由、控制器、Blade 模板、前端组件等功能并解决应用中出现的问题	3-3-6-K6 掌握 Laravel 框架构建动态网站的使用方法,并掌握应用中出现问题的解决方法
	3-4 架构设计	3-4-1 能使用 ES6 新规范构建前端程序	3-4-1-S1 能使用 ES6 基础语法、代码组织构建前端程序并解决在应用中出现的问题	3-4-1-K1 掌握使用 ES6 新规范构建前端程序的方法,并掌握应用中出现问题的解决方法
		3-4-2 能使用 Node. js 构建高性能服务器端环境	3-4-2-S2 能使用 Node. js 的异步编程、异步 IO,包管理以及模块构建高性能服务器端环境,并解决在应用中出现的问题	3-4-2-K2 掌握使用 Node. js 构建高性能服务器端环境的方法,并掌握应用中出现问题的解决方法
			3-4-2-S3 能使用 Node. js Web 应用框架 Express 构建网站	3-4-2-K3 掌握设置中间件来响应 HTTP 请求的方法,并掌握应用中出现问题的解决方法

续表

工作领域	工作任务	职业技能	技能要求	知识要求
动态网站搭建	3-4 架构设计	3-4-3 能掌握Vue前端框架并完成组件封装	3-4-3-S4 能使用Vue组件、工程化工具、路由、Vuex状态管理以及UI库进行组件封装并解决应用中出现的问题	3-4-3-K4 掌握Vue渐进式框架进行网站架构设计的使用方法,并掌握应用中出现问题的解决方法
网站性能优化	3-5 性能优化	3-5-1 能熟练进行HTML、CSS代码结构优化	3-5-1-S1 能熟练使用语义化、代码规范、去掉无意义字符等优化方式进行网页代码结构的优化	3-5-1-K1 掌握使用HTML、CSS进行代码结构优化的方法,并掌握应用中出现问题的解决方法
		3-5-2 能进行图片资源优化	3-5-2-S2 能通过对图片的压缩、优化、加载的方式实现网站图片资源优化	3-5-2-K2 掌握对图片资源优化的方法,并掌握应用中出现问题的解决方法
		3-5-3 能进行前端资源加载优化	3-5-3-S3 能使用HTTP缓存、预加载技术实现前端资源加载优化	3-5-3-K3 掌握前端资源加载优化的方法,并掌握应用中出现问题的解决方法
		3-5-4 能熟练使用Webpack分析项目结构,并将JavaScript模块及其他浏览器不能直接运行的拓展语言打包为合适的格式以供浏览器使用	3-5-4-S4 能熟练使用Webpack的Output出口、Plugin插件、Module模块技术打包网站资源	3-5-4-K4 掌握Webpack打包的基本方法,并掌握应用中出现问题的解决方法
移动端静态网站开发	3-6 移动端静态网页开发	3-6-1 能够利用HTML5进行移动端静态网页优化	3-6-1-S1 能熟练使用HTML5新增语义化元素、页面增强元素与属性及多媒体元素等功能并解决应用中出现的问题	3-6-1-K1 掌握HTML5新增全局属性、结构化与页面增强、表单标签、多媒体元素开发静态网站的知识,并掌握应用中出现问题的解决方法
		3-6-2 能运用CSS3新特性调整页面属性	3-6-2-S2 能熟练使用CSS3的选择器、背景特性、盒模型、多列布局、弹性布局等属性开发移动端网页并 解决应用中出现的问题	3-6-2-K2 掌握CSS3新特性、动画效果、2D、3D功能知识, 并掌握应用中出现问题的解决方法
		3-6-3 能熟练使用JavaScript开发交互效果页面	3-6-3-S3 能熟练使用JavaScriptOOP、原型链、常用设计模式等功能并解决应用中出现的问题	3-6-3-K3 掌握JavaScript OOP面向对象程序设计的方法,并掌握应用中出现问题的解决方法

续表

工作领域	工作任务	职业技能	技能要求	知识要求
移动端静态网站开发	3-6 移动端静态网页开发	3-6-4 能熟练使用 Bootstrap 前端框架进行快捷开发	3-6-4-S4 能熟练使用 Bootstrap 栅格系统、基本样式、组件、Less 和 Sass、插件、Bootstrap 定制及优化、Bootstrap 内核解码等功能并解决应用中出现的问题	3-6-4-K4 掌握 Bootstrap 开发 Web 应用程序和网站前端框架的方法，并掌握应用中出现问题的解决方法
		3-6-5 能熟练使用 Canvas 绘制网页图表、动画等	3-6-5-S5 能熟练使用 Canvas 绘制功能美化网页，并解决应用中出现的问题	3-6-5-K5 掌握使用 Canvas 绘制的方法，并掌握应用中出现问题的解决方法
		3-6-6 能熟练使用 SVG 描述二维矢量图形	3-6-6-S6 能熟练使用 SVG 可缩放矢量图形功能美化网页，并解决应用中出现的问题	3-6-6-K6 掌握 SVG 可缩放矢量图形的使用方法，并掌握应用中出现问题的解决方法
		3-6-7 能熟练使用 Less 实现静态网页的动态样式	3-6-7-S7 能使用 Less 语法进行网页美化，并解决应用中出现的问题	3-6-7-K7 掌握 Less 语法知识，并掌握应用中出现问题的解决方法
	3-7 移动端静态网页美化	3-7-1 能够利用 HTML5 进行静态网页美化	3-7-1-S1 能熟练使用 HTML5 新增语义化元素、页面增强元素与属性及多媒体元素等功能，并解决应用中出现的问题	3-7-1-K1 掌握 HTML5 新增全局属性、结构化与页面增强、表单标签、多媒体元素开发静态网站的知识，并掌握应用中出现问题的解决方法
		3-7-2 能运用 CSS3 新特性调整页面属性	3-7-2-S2 能使用 CSS3 的边框特性、颜色、字体、盒阴影、背景特性、渐变、过渡等属性美化移动端网页并解决应用中出现的问题	3-7-2-K2 掌握解决 CSS3 新特性、动画效果、2D、3D 功能知识，并掌握应用中出现问题的解决方法
移动端动态网站开发	3-8 动态网页开发	3-8-1 能熟练使用 MySQL 数据库进行数据管理	3-8-1-S1 能熟练使用 MySQL 数据库创建表、设置约束、设置自增型字段、复制表结构、修改表、修改字段、修改约束条件、修改表名、删除表、插入/修改/查询/存储数据、触发器、事务、视图等功能进行数据管理，并解决应用中出现的问题	3-8-1-K1 掌握使用 MySQL 中创建修改删除表、数据的基本操作进行数据管理的知识，并掌握应用中出现问题的解决方法

续表

工作领域	工作任务	职业技能	技能要求	知识要求
移动端动态网站开发	3-8 动态网页开发	3-8-2 能熟练使用PHP制作动态网页	3-8-2-S2 能熟练使用PHP的编码技术操作MySQL数据库，进行动态网站开发 3-8-3-S3 能熟练使用Session的操作、Cookie的操作开发动态网站	3-8-2-K2 掌握PHP基本语法、数据类型、数据输出、编码规范、常量、变量、PHP运算符、数据类型转换、条件判断语句、循环控制语句、跳转语句和终止语句、一维数组、二维数组、遍历与输出数组、函数、PHP操作MySQL数据库、管理MySQL数据库中的数据、Session的操作、Cookie的操作等功能和应用中出现问题的解决方法
		3-8-3 能熟练使用Ajax创建动态网页	3-8-3-S4 能使用Ajax的XML、JSON数据格式、JSONP跨域等功能创建动态网页，并解决应用中出现的问题	3-8-3-K3 掌握Ajax进行数据交互的使用方法
		3-8-4 能熟练使用Bootstrap前端框架进行快捷开发	3-8-4-S5 能使用Bootstrap的栅格系统、基本样式、组件、插件、定制及优化等功能，并解决应用中出现的问题	3-8-4-K4 掌握使用Bootstrap布局、组件、Sass功能快捷开发前端框架的知识和解决应用出现问题的方法
		3-8-5 能熟练使用jQuery Mobile开发移动Web网站	3-8-5-S6 能熟练使用jQuery Mobile设计弹出框、设计侧滑面板、设计相册、设计九宫格、设计通讯录组建Web网站，并解决应用中出现的问题	3-8-5-K5 掌握使用jQuery Mobile创建移动Web应用的方法，并掌握应用中出现问题的解决方法
	3-9 架构设计	3-9-1 使用ES6新规范构建前端程序	3-9-1-S1 能使用ES6基础语法、代码组织构建前端程序并解决在应用中出现的问题	3-9-1-K1 掌握使用ES6新规范构建前端程序的方法
		3-9-2 使用Node.js构建高性能服务器端环境	3-9-2-S2 能使用Node.js的交互模式、事件循环、函数路由构建高性能服务器端环境	3-9-2-K2 掌握使用Node.js构建高性能服务器端环境的方法
		3-9-3 能熟练使用Vue框架进行用户界面构建	3-9-3-S3 能使用Vue组件、Vue工程化开发、Vue路由、Vue状态管理进行网站架构设计	3-9-3-K3 掌握使用Vue渐进式框架进行网站架构设计的方法

续表

工作领域	工作任务	职业技能	技能要求	知识要求
移动端性能优化	3-10 性能优化	3-10-1 能熟练进行 HTML、CSS 代码结构优化	3-10-1-S1 能熟练使用语义化、代码规范、去掉无意义字符等优化方式进行网页代码结构的优化	3-10-1-K1 掌握使用 HTML、CSS 进行代码结构优化的知识
		3-10-2 能进行图片资源优化	3-10-2-S2 能对图片的压缩、加载的方式实现网站图片资源优化	3-10-2-K2 掌握对图片资源优化的方法
		3-10-3 能进行前端资源加载优化	3-10-3-S3 能使用 HTTP 缓存、预加载技术实现前端资源加载优化	3-10-3-K3 掌握前端资源加载优化的方法
		3-10-4 能熟练使用 Webpack 分析项目结构，并将 JavaScript 模块及其他浏览器不能直接运行的拓展语言打包为合适的格式以供浏览器使用	3-10-4-S4 能熟练使用 Webpack 的 Output 出口、Plugin 插件、Module 模块技术打包网站资源	3-10-4-K4 掌握 Webpack 打包的基本方法

附件2
学徒岗位标准

Web前端开发学徒岗位标准

试点专业名称	软件技术
学徒岗位名称	Web 前端开发
岗位工作描述	1. 掌握 Web 前端开发基础知识。 2. 具备静态网页设计、开发、调试、维护等能力。 3. 能从事 Web 前端软件编码、软件测试、软件技术服务等工作。
工作场所与使用工具	办公室、电脑、Bootstrap、Webstorm、Eclipse
职业安全与规章制度	1. 办公室人员需遵守公司的保密规定，输入电脑的信息属公司机密，未经批准不准向任何人提供、泄露。违者视情节轻重给予处理。 2. 办公室人员必须按照要求和规定采集、输入、输出信息，为领导和有关部门决策提供信息资料（采集、输入信息以及时、准确、全面为原则）。 3. 信息载体必须安全存放、保管，防止丢失或失效。 4. 办公室人员应爱护各种设备，降低消耗、费用。对各种设备应按规范要求操作、保养。发现故障应及时报请维修，以免影响工作。对各种软件按规范操作。 5. 严禁工作期间看电影、玩游戏等做各种与工作无关的事。如有违反，执行相关的罚款制度。 6. 公司内部电脑禁止非公司人员使用。
职业道德与素质要求	1. 自觉遵守中国软件行业基本公约。 2. 有良好的知识产权保护观念和意识，自觉抵制各种违反知识产权保护法规的行为。 3. 能自觉遵守企业规章制度与产品开发保密制度。遵守有关隐私信息的政策和规程，保护客户隐私。 4. 遵循从软件需求分析到软件验收完成整个软件生命周期的标准规范。 5. 执行和遵守软件开发所需的方法、时间进度、制度控制和相关软件开发事项。 6. 能够根据产品经理和主管的要求修改完善软件，提高代码质量。 7. 开发过程应遵循企业标准，应依据需求说明书客观地验证软件开发产品。 8. 依据文档编制规范，自觉学习，提高程序编写文档的规范性、准确性和易读性。 9. 学习标准和操作规范，提高对所使用的软件和相关文档的理解能力，以及对这些软件和文档将要应用的环境的理解能力。

续表

试点专业名称	软件技术			
行业企业职业行为规范	1. 具备良好的职业道德和法律意识，能做到遵守法律法规，文明上网、守法上网，对待工作认真负责、积极进取、乐于奉献，自觉遵守中国软件行业基本公约。 2. 具备良好的语言、文字表达能力、阅读能力，能表达、理解项目要求。 3. 具备良好的团队合作能力和人际交往能力，与团队成员积极配合完成任务。 4. 具备良好的心理调适能力，能通过公司活动提高排解压力、缓解焦虑的能力，并能自觉、能动、有选择地改造和利用环境。 5. 具备良好的学习与创新能力，能根据公司项目任务制订工作计划，通过师傅带学及自学提高学习效率、质量和学习能力。			
对应职业资格	Web前端开发			
岗位工作任务（或项目）	工作过程与技术、质量要求	专业知识要求	技术技能要求	综合职业能力要求
1. 网站实战入门	下载安装相关软件，准备软件、硬件环境及初步开发环境测试。使用HTML文档结构开发首页面。通过需求分析落实网站模块，与公司沟通需求文档情况准备软件、硬件环境及初步开发环境测试。熟悉目录结构，制作图文混排页面，包括插入图片，使用相对路径与绝对路径，使用figure标签、figcaption标签为图片添加标题。制作表格，用户登录表单，用户反馈表单，超链接。	1. 认知理解HTML。 2. 理解HTML目录结构。 3. 认知理解Web前端。 4. 理解编写网页时的布局思想。	1. 掌握HTML构建图文、表格类页面的方法。 2. 掌握HTML构建表单、超链接等页面的方法。 3. 掌握构建规划Web前端系统的步骤及方法。 4. 熟练掌握创建网页的步骤及方法。	1. 具有计算机应用相关的信息安全、知识产权保护和质量规范意识。 2. 具有获取前沿技术信息、学习新知识的能力。 3. 具有熟练的信息技术应用能力。 4. 具有良好的职业道德，能自觉遵守行业法规、规范和企业规章制度。 5. 具有良好的人际交往、团队协作能力和客户服务意识。
2. 网站实战进阶	在师傅带领与指导下，熟悉CSS样式，CSS样式表分类，选择器，美化页面的页脚；制作苏宁易购网站商品列表页（包括商品展示列表，商品排序模块，关键字搜索）。	1. 认知理解CSS。 2. 理解CSS样式与分类	掌握制作商品页面的方法。	1. 具有代码规范、注释规范意识。 2. 具有获取前沿技术信息、学习新知识的能力。 3. 具有团队合作能力及组织意识。 4. 遵循从软件需求分析到软件验收完成整个软件生命周期的标准规范。

续表

岗位工作任务（或项目）	工作过程与技术、质量要求	专业知识要求	技术技能要求	综合职业能力要求
3. 网站实战完善	在师傅带领与指导下，熟悉JS，创建JS脚本，制作下拉菜单；制作苏宁易购网站首页交互；制作频道模块选项卡动态效果；制作用户注册表单验证。	1. 认知理解JavaScript编程。 2. 理解JavaScript脚本。	1. 掌握JavaScript编程基本方法。 2. 掌握使用JavaScript。制作网站首页的交互的方法。 3. 掌握用户注册表单验证的方法。	1. 具有代码规范、注释规范意识。 2. 具有学习与创新能力：主动学习、善于学习、按目标制订学习计划。 3. 遵循从软件需求分析到软件验收完成整个软件生命周期的标准规范。
4. 网站动态代码优化	在师傅带领与指导下，熟悉jQuery；使用jQuery选择器，创建第一个jQuery页面；使用jQuery控制CSS样式；使用jQuery制作苏宁易购网站首页分类导航交互；制作商品详情页动效。	1. 认知理解jQuery。 2. 理解jQuery与CSS的关系。	1. 掌握jQuery事件。 2. 掌握jQuery控制CSS的方法。 3. 掌握首页分类导航交互的方法。	1. 具有利用互联网进行自主知识探索的能力。 2. 具备团结协作精神。 3. 具备一定的创新意识。
5. 管理员管理模块构建	在师傅带领与指导下，熟悉Ajax，熟悉JSON；能够增删改查管理数据（包括加载管理员列表，删除管理员，添加管理员，修改管理员）。	1. 认知理解Ajax。 2. 认知理解JSON。 3. 理解jQuery对Ajax请求	1. 掌握jQuery Ajax重构登录方法。 2. 掌握数据的增删改查原理。	1. 具有计算机应用相关的信息安全、知识产权保护和质量规范意识。 2. 具有获取前沿技术信息、学习新知识的能力。 3. 养成严谨、细心的职业素养。
6. 后台管理模块构建	在师傅带领与指导下，熟悉Backbone，能够创建Backbone页面；实现“商品管理”模块导航，实现“上架商品”模块（下架、删除、编辑、搜索）。	1. 认知理解Backbone类库。 2. 理解Backbone事件管理机制。 3. 理解Backbone模型	掌握Backbone实现商品的增删改查。	1. 养成严谨、细心的职业素养。 2. 具有良好的职业道德，能自觉遵守行业法规、规范和企业规章制度。 3. 具有良好的人际交往、团队协作能力和客户服务意识。

续表

岗位工作任务（或项目）	工作过程与技术、质量要求	专业知识要求	技术技能要求	综合职业能力要求
职业品质与工匠精神案例	作为“软件开发技能人才”的优秀代表，刘泽认为，“坚持做一件事情几十年，做到精益求精，是一件很酷的事情。” 刘泽在大学期间所学的专业是计算机科学与技术，自 2018 年毕业至今所从事的工作均与数据相关。2020 年，刘泽加入大汉三通，现任高级开发工程师一职，主要负责大汉三通“汉武际”平台与 5G 消息融合通信平台的开发工作。 5G 商用标志着中国移动互联网进入 3.0 时代。2021 年，大汉三通发布 5G 战略品牌“汉武际”并启动“汉武际 5G RCS+”战略。针对 5G 消息融合通信平台，刘泽还主导 5G 消息对接运营商的迁移，开发融合消息策略发送器(Union Message Startegy Sender，UMSS)。其主导开发的数据库文档自动生成工具有效提高了整个项目的研发效率。 对此次获得“软件开发技能人才”称号，刘泽谦逊地说道：“得知获奖的消息后，我其实是有些懵的，在想自己是否真的担得起‘人才’二字。”同时，刘泽表示，这次获奖是对自己和团队工作成果的一种肯定，也是一种激励，今后将继续努力，争取在工作中取得进一步突破。以“工匠精神”为准则，与公司同频，稳健前行。 所谋者为所爱，是职业生涯一大幸事。刘泽说道：“我在软件领域从业四年，个人的看法是，软件开发行业最根本的优势之一在于生产力的解放。对外，通过代码开发可以简化或省去大量重复性的人工劳动；对内，在开发过程中不停迭代进化，从业者自身能力也会得到有效提高，从而形成良性循环。” 在从业体会方面，刘泽认为当代人应当具备工匠精神：“首先是敬业，我们应该把重心放在工作上，不能做一名投机者；其次是精益，这是工程师一项非常重要的职业素养，程序员这一职业锻炼的是自身‘coding’(程序设计)的能力；最后是专注，对待工作专注，对待产品严谨。”			
职业生涯发展规划	Web 前端的职位规划： 职业方向定位 1. 资深 Web 前端工程师。 2. 资深 Web 架构师。 3. 自己创业。			

附件3
学徒岗位课程标准

Web前端开发学徒岗位课程标准

<table>
<tr><td>试点专业名称</td><td colspan="3">软件技术</td></tr>
<tr><td>学徒岗位课程名称</td><td colspan="3">Web前端开发</td></tr>
<tr><td>学徒岗位课程工作描述</td><td>在师傅的指导带领下，运用Web前端系统相关理论知识，熟悉前端页面，了解使用群体。明确业务流程、页面设计、技术方案、项目任务。</td><td>学徒工作学习周数</td><td>16周</td></tr>
<tr><td>课程教学目标与学习产出</td><td colspan="3">职业素质目标：(可量化考核)
1. 代码及注释规范。
2. 与企业的专业技术人员进行专业领域的交流。
3. 团队文化、团队项目规划、项目任务计划、项目任务分配、项目任务实施、项目任务测试、项目任务展示、项目任务互评、项目实施总结。
4. 意识创新、理论创新、方法创新、项目(作品)创新能力。
专业知识目标：(可量化考核)
1. 认知理解HTML。
2. 理解HTML目录结构。
3. 认知理解Web前端。
4. 理解编写网页时的布局思想。
5. 认知理解CSS。
6. 理解CSS样式与分类。
7. 认知理解JavaScript编程。
8. 理解JavaScript脚本。
9. 认知理解jQuery。
10. 理解jQuery与CSS的关系。
11. 认知理解Ajax。
12. 认知理解JSON。
13. 理解jQuery对Ajax请求</td></tr>
</table>

续表

课程教学目标与学习产出	14. 认知理解 Backbone 类库。 15. 理解 Backbone 事件管理机制。 16. 理解 Backbone 模型 **职业能力目标(技术技能和岗位从业能力):** 1. 规范网站目录结构,包括标题、分隔线、段落、列表。制作图文并茂的页面、表格、表单、超链接。 2. 熟悉 CSS 样式,CSS 样式表分类,选择器,美化页面的页脚;制作苏宁易购网站商品列表页(包括商品展示列表,商品排序模块,关键字搜索)。 3. 熟悉 JS,创建 JS 脚本,制作下拉菜单;制作苏宁易购网站首页交互;制作频道模块选项卡动态效果;制作用户注册表单验证。 4. 熟悉 jQuery;使用 jQuery 选择器,创建第一个 jQuery 页面;使用 jQuery 控制 CSS 样式;使用 jQuery 制作苏宁易购网站首页分类导航交互;制作商品详情页动效。 5. 熟悉 Ajax,熟悉 JSON;能够增删改查管理数据(包括加载管理员列表、删除管理员、添加管理员、修改管理员)。 6. 熟悉 Backbone,能够创建 Backbone 页面;实现"商品管理"模块导航,实现"上架商品"模块(下架、删除、编辑、搜索)。
学徒岗位课程实施工作场所与使用工具	办公室、电脑、Bootstrap、Webstorm、Eclipse
学徒岗位课程实施岗位职业安全与规章制度	1. 办公室人员需遵守公司的保密规定,输入电脑的信息属公司机密,未经批准不准向任何人提供、泄露。违者视情节轻重给予处理。 2. 办公室人员必须按照要求和规定采集、输入、输出信息,为领导和有关部门决策提供信息资料(采集、输入信息以及时、准确、全面为原则)。 3. 信息载体必须安全存放、保管,防止丢失或失效。 4. 办公室人员应爱护各种设备,降低消耗、费用。对各种设备应按规范要求操作、保养。发现故障,应及时报请维修,以免影响工作。对各种软件按规范操作。 5. 严禁工作期间看电影、玩游戏等做各种与工作无关的事。若有违反,执行相关的罚款制度。 6. 公司内部电脑禁止非公司人员使用。
行业企业工作学习职业行为规范	1. 具备良好的职业道德和法律意识,能做到遵守法律法规,文明上网、守法上网,对待工作认真负责、积极进取、乐于奉献,自觉遵守中国软件行业基本公约。 2. 具备良好的语言、文字表达能力、阅读能力,能表达、理解项目要求。 3. 具备良好的团队合作能力和人际交往能力,与团队成员积极配合完成任务。 4. 具备良好的心理调适能力,能通过公司活动提高排解压力、缓解焦虑能力,并能自觉、能动、有选择地改造和利用环境。 5. 具备良好的学习与创新能力,能根据公司项目任务制定工作计划,通过师傅带学及自学提高学习效率、质量和学习能力。
企业师傅、专业指导教师配置与教学要求	1. 热爱软件技术事业,对培养软件技术人才有充分热情,具有良好的政治思想素质和职业道德。 2. 具备丰富的解决问题能力,善于沟通和表达,掌握行业知识进行技能的传授和讲解能力。 3. 工作能力突出,善于"传、帮、带",近三年在企业工作中,没有违纪、违章、违规等行为。 4. 取得软件技术专业的中级及以上技能等级证书,如:软件工程师、软件架构师,或具有软件技术领域独特专长的能工巧匠。

续表

企业师傅、专业指导教师配置与教学要求	5. 接受过专门的职业教育或系统的软件技术职业技能培训。 6. 有制定、实施培训方案的能力，具备良好的语言表达能力和沟通交流能力。 7. 身体健康，心理健康，能坚持正常工作，男性55岁以下、女性50岁以下。
可考取的职业资格证书、行业或企业证书	Web前端开发工程师(初级)

岗位工作学习任务(或项目)	工作学习内容	工作学习组织	学习产出考核标准	工作学习时间(周)
1. 网站实战入门	1. 搭建开发环境。 2. 开发出首页面。 3. 熟悉目录结构。 4. 制作图文混排页面。 5. 制作表格。 6. 制作表单。 7. 制作超链接。	采用“工学交替”模式，在企业一线岗位、学院工作室进行专业学习与实训。	项目考核	4
2. 网站实战进阶	1. 熟悉CSS。 2. 制作××网站商品列表页。	采用“工学交替”模式，在企业一线岗位、学院工作室进行专业学习与实训。	项目考核	2
3. 网站实战完善	1. 创建JS脚本。 2. 制作下拉菜单。 3. 制作网站首页交互。 4. 制作频道模块选项卡动态效果。 5. 制作用户注册表单验证。	采用“工学交替”模式，在企业一线岗位、学院工作室进行专业学习与实训。	项目考核	2
4. 网站实战代码优化	1. 使用jQuery选择器，创建第一个jQuery页面。 2. 制作jQuery控制的CSS样式。 3. 制作网站首页分类导航交互。 4. 制作商品详情页动效。	采用“工学交替”模式，在企业一线岗位、学院工作室进行专业学习与实训。	项目考核	2
5. 管理员模块构建	1. 使用原生JavaScript代码实现Ajax工作流程。 2. 使用jQuery、Ajax等制作管理员登录功能。 3. 加载管理员列表。 4. 删除管理员。 5. 添加管理员。 6. 修改管理员。	采用“工学交替”模式，在企业一线岗位、学院工作室进行专业学习与实训。	项目考核	2
6. 后台管理模块构建	1. 创建Backbone页面。 2. 制作“商品管理”模块导航。 3. 制作“上架商品”模块(下架、删除、编辑、搜索)。	采用“工学交替”模式，在企业一线岗位、学院工作室进行专业学习与实训。	项目考核	4

续表

职业品质与工匠精神培养	1. 热爱祖国，拥护党的基本路线，具有坚定正确的政治方向，树立科学的世界观、正确的人生观和价值观。 2. 具有遵纪守法的观念，良好的思想品德、社会公德、职业道德和感恩之心。 3. 具有一定的体育基本知识，掌握科学锻炼身体的基本方法和技能，具有健康的体魄和良好的心理素质。 4. 具有吃苦耐劳的精神。 5. 具有一定的信息收集处理能力、分析问题、解决问题能力以及终身学习能力。 6. 具有必备的基础理论知识和专业知识，能进行需求分析、网站设计、编码、系统调试、测试及网站发布等技能。
工作学习资源	菜鸟教程
学徒工作学习组织管理计划	1. 学徒工作计划 2. 学徒学习计划 3. 专题研修计划
学徒考核评价方案	1. 考核内容。选择能够全面反映学生(学徒)综合素质的内容作为考核评价内容：学生(学徒)在每个项目实践单元的工作态度、工作表现等；学生(学徒)的理论知识掌握程度和处理问题能力；学生(学徒)的项目完成效果。除此之外，还有一些灵活的考核评价因素。 2. 考核时间。采用分阶段考核的方法，在每一项实践内容结束后进行考核。 3. 考核人员。考核人员应具有权威性和代表性，多方评价，体现公平、公正的原则。包括专任教师、企业师傅、行业专家和学生等。 4. 考核形式。考核形式可以灵活多样，综合运用实际操作、作品展示、现场答辩、技能比赛、项目开发、撰写文档等多种手段对职业技能和职业素养进行评价。 5. 考核成绩评定。考核成绩评定应考虑多方因素，确定合理的比例，如学徒工作态度、工作表现等占 20%，平时成绩占 20%，项目考核占 60%。 6. 评价等级。考核后应分出等级，包括优秀、良好、中等、及格、不及格等，一般 90 分及以上为优秀，80～89 分为良好，70～79 分为中等，60～69 分为及格，60 分以下为不及格。 7. 考核结果处理。考核评价后对考核结果制定相关处理办法：考核不及格者，需要进行补考和重修。对于缺勤 1/3 的同学禁止参加考核，重修后方能参加考核。对于综合考评优秀的学生(学徒)给予一定的奖励。
学徒岗位认证条件	Web 前端开发工程师证书

参 考 文 献

1. 匡成宝．HTML语言的网页制作方法与技巧探讨[J]．电脑迷，2017，(03)：190-191.

2. 张欣欣．HTML及百度地图API在WebGIS中的应用实例研究[J]．江苏科技信息，2017，(07)：63-65.

3. 王秀萍，季金奎．Word转换成HTML的方法探析[J]．福建电脑，2017，(01)：166-23.

4. 马凌熙．关于ASP程序在HTML中的调用[J]．电子制作，2016，(24)：45.

5. 罗正蓉，范灵．应用HTML和CSS制作网页[J]．科技展望，2016，(26)：10.